玉米无膜软管微喷绿色栽培

玉米二比空高质高效绿色栽培

玉米保护性耕作绿色高效栽培

玉米套作红干椒绿色栽培

玉米大垄双行膜下节水滴灌高效栽培

玉米高密绿色栽培（品字型一穴四株）

玉米膜下节水滴灌二比空绿色高效栽培

玉米膜下节水滴灌大垄双行绿色高效栽培

玉米增施有机肥绿色栽培

玉米保护性耕作绿色栽培

玉米、大豆2:2套作栽培

玉米高密栽培拔节期

玉米高密栽培品字型阶梯布局

玉米高密栽培灌浆期

小麦复种大豆

小麦复种大白菜

辽绿 29 号种植图

辽红 7 号

辽红 5 号

辽红 6 号

北票市红干椒栽培

红干椒栽培

东豆 339

东豆 29

东豆 88

东豆 1201

玉米大斑病

玉米顶腐病（拔节期）

玉米丝黑穗病

玉米瘤黑粉病

玉米青枯病

高粱丝黑穗病

高粱细菌性红条病

谷子白发病

草地贪夜蛾成虫

玉米二代黏虫

玉米金针虫危害

玉米螟危害雌穗

大田作物
模式栽培与
病虫害绿色防控

艾玉梅　主编

化学工业出版社

·北京·

内容简介

本书围绕绿色生产和病虫害防控，是农业科技人员研究制定的主导产业品种及技术模式，是引导农民科学规范选择新品种、先进适用技术，加快农业科技成果转化，推进现代农业和乡村振兴发展，保障大田作物有效供给、促进农民持续增收的科技支撑。本书内容分为 9 个部分：玉米主推品种及技术模式；春小麦栽培及下茬复种技术；高粱栽培主推品种及技术模式；谷子绿色生产高效栽培；绿豆绿色生产高效栽培；特色产业红干椒主推品种及技术模式；大豆绿色生产高效栽培；花生生产概况与配套栽培技术；大田农作物病虫害发生规律与绿色防控技术。内容通俗易懂，为技术培训、科研、推广提供了科学依据和参考借鉴。该书具有较强的针对性、政策性、前瞻性和可操作性。本书适合农技人员、新型经营主体和广大农民参考阅读。

图书在版编目（CIP）数据

大田作物模式栽培与病虫害绿色防控/艾玉梅主编．
—北京：化学工业出版社，2022.5
ISBN 978-7-122-40925-6

Ⅰ.①大…　Ⅱ.①艾…　Ⅲ.①作物-大田栽培②作物-病虫害防治　Ⅳ.①S31②S435

中国版本图书馆 CIP 数据核字（2022）第 040243 号

责任编辑：李　丽		文字编辑：张春娥	
责任校对：边　涛		装帧设计：关　飞	

出版发行：化学工业出版社
　　　　　（北京市东城区青年湖南街 13 号　邮政编码 100011）
印　　装：涿州市般润文化传播有限公司
710mm×1000mm　1/16　印张 14¾　彩插 4　字数 295 千字
2022 年 7 月北京第 1 版第 1 次印刷

购书咨询：010-64518888　　售后服务：010-64518899
网　　址：http://www.cip.com.cn
凡购买本书，如有缺损质量问题，本社销售中心负责调换。

定　　价：69.00 元　　　　　　　　　　　

编写人员名单

主编

艾玉梅

副主编

张继强　朱晓华　王　影　赵文戈　郑淑荣

编写人员

时春利	刘长春	宋兆军	宋卫丽	王玉兰
李彦龙	史永祥	宋金荣	吴学敏	刘海川
张　信	王东兴	王晓光	谭丽芹	苏东波
甄士成	李喜国	梁　健	王兴胜	宋　莉
胡成江	孙淑梅	季　力	王晓娜	张学利
王晓林	张华仁	边桂丽	邹雪波	杨　一
谷立军	付秀会	艾玉梅	张继强	朱晓华
	王　影	赵文戈	郑淑荣	

前言

为全面贯彻落实中央一号文件和省委农村工作会议精神，深入实施乡村振兴战略，助力打赢脱贫攻坚战，北票市农业技术推广中心组成科技特派员工作团，分别对技术推广示范、人员培训指导、产品研发销售和协调对接需求等农村科技相关产业进行全领域、全流程、全链条服务。

北票市农业技术推广中心紧紧围绕"四区两基地"建设中的设施农业集聚区、红干椒产业的特色农业优势区，本着杂粮产业绿色农业示范区新发展理念，坚持以供给侧结构性改革为主线，围绕乡村振兴，全力服务实体经济，不断开创北票市农业发展新局面；为充分发挥专家技术人员在农业生产中的专家特长和技术优势，把专家团队的技术优势打造成脱贫攻坚的加速器，为北票市农业产业发展提供技术支撑，从而有效地促进农民增收、农业发展、农村振兴。

北票市主导产业品种及技术模式，为引导全市农技人员和农民科学规范选择新品种和先进适用技术，加快农业科技成果转化应用，推进现代农业和乡村振兴发展，保障全市粮食、杂粮、特色红干椒农产品有效供给，以及促进农民持续增收提供了强有力的科技支撑。

本书内容分为 9 个部分：玉米主推品种及技术模式；春小麦栽培及下茬复种技术；高粱栽培主推品种及技术模式；谷子绿色生产高效栽培；绿豆绿色生产高效栽培；特色产业红干椒主推品种及技术模式；大豆绿色生产高效栽培；花生生产概况与配套栽培技术；大田农作物病虫害发生规律与绿色防控技术。编写时力求内容通俗易懂，体现一定的针对性、政策性、前瞻性和可操作性，可在一定程度上为技术培训和科研推广等提供科学依据和参考借鉴。

由于编写时间仓促，书中不妥或疏漏之处难免，敬望专家及科技人员和农民朋友赐教指正。

编者
2021 年 1 月

目录

第一章
玉米主推品种及技术模式

第一节　玉米品种简介

1. 联达坤瑞 522

【品种主要性状】生育期 127 天左右，比对照先玉 335 生育期早 1 天，需活动积温 2742℃左右，属于中晚熟玉米单交种。幼苗芽鞘紫色，叶片绿色，株高 275 厘米，叶缘紫色，穗位 106 厘米，花药浅紫色，颖壳绿色，花丝绿色，苞叶中等长度。果穗筒型，穗长 26～28 厘米，穗粗 5.5 厘米，穗行数 18～20 行，行粒数 39 粒，穗轴红色，籽粒黄色、马齿型，出籽率 89.5% 左右。百粒重 45.8 克。倒伏率 0.5%，倒折率 0.5%。容重超过国家优质米标准，根系发达，长势健壮，抗旱、抗倒伏、抗虫能力强，高抗丝黑穗病，高抗大小斑病，抗青枯病、病毒病等多种病害，抗早衰能力强，活秆成熟。

【人工接种鉴定】感大斑病；感灰斑病；中抗茎腐病；抗丝黑穗病；抗穗腐病。

【品质化验分析】籽粒粗蛋白含量 9.37%；粗脂肪含量 4.41%；粗淀粉含量 74.21%。

【主要优点】植株清秀，茎秆坚韧，抗逆性好，活秆成熟，高产稳产。

【主要特点及注意事项】喜肥水，选择高肥水地块种植。

【适应性】一般亩产 950 千克。该品种在适宜的气候、土壤、管理条件下有很高的增产潜力，高产潜力在 1200 千克以上。

【栽培措施】在中等以上肥力地块种植，适宜密度为 3500～4000 株/亩（1 亩＝666.67 平方米），根据气候适时播种。

【适宜种植区域】辽宁、吉林地区，适于有效积温≥2750℃地区，中等以上肥力地块种植，凡种植郑单958、先玉335的种植区均可种植。

【种植季节】4月15日至5月15日，适宜种植区域根据当地气候情况酌情适时播种。

2. 优迪501：国审玉20180067

【特征特性】东华北中熟春玉米组出苗至成熟133天，与对照先玉335相当。幼苗叶鞘紫色，叶片绿色，叶缘紫色，花药浅紫色，颖壳浅紫色。株型半紧凑，株高321厘米，穗位高114厘米，成株叶片数20片。果穗筒型，穗长20.1厘米，穗行数16～18行，穗粗5.1厘米，穗轴红色，籽粒黄色、马齿型，百粒重36.1克。接种鉴定，感大斑病，中抗丝黑穗病，中抗穗腐病。

【品质分析】籽粒容重738克/升，粗蛋白含量8.08%，粗脂肪含量3.66%，粗淀粉含量76.90%，赖氨酸含量0.25%。

【产量表现】2016～2017年参加东华北中熟春玉米组区域试验，两年平均亩产847.7千克，比对照先玉335增产3.8%。2017年生产试验，平均亩产816.7千克，比对照先玉335增产6.1%。

【栽培技术要点】各种不同肥力地块均可种植，清种亩播种密度4000～4500株。亩施农家肥2000～3000千克，复合肥20～30千克一起施入作底肥，拔节期每亩追施尿素25～30千克或使用玉米专用长效肥40～50千克作底肥深施，另加10千克磷酸二铵作口肥一次性施用。播种时可采用种子包衣剂拌种或药剂拌种防治地下害虫，大喇叭口期用颗粒剂或赤眼蜂防治玉米螟虫。

3. 隆平205：国审玉20196141

【特征特性】东华北中晚熟春玉米组出苗至成熟129天，比对照郑单958早熟1天。幼苗叶鞘紫色，叶片绿色，叶缘紫色，花药紫色，颖壳紫色。株型半紧凑，株高282厘米，穗位高106厘米，成株叶片数21片。果穗筒型，穗长19.6厘米，穗行数16～18行，穗粗5.2厘米，穗轴白，籽粒黄色、马齿型，百粒重38.0克。接种鉴定，中抗大斑病、丝黑穗病、茎腐病、穗腐病，感灰斑病。品质分析，籽粒容重757克/升，粗蛋白含量9.47%，粗脂肪含量3.21%，粗淀粉含量74.83%，赖氨酸含量0.33%。

【产量表现】2017～2018年参加东华北中晚熟春玉米组绿色通道区域试验，两年平均亩产802.9千克，比对照郑单958增产8.61%。2018年生产试验，平均亩产758.1千克，比对照郑单958增产5.05%。

【栽培技术要点】建议在积温2750℃以上地区种植，中等肥力以上地块栽培，4月下旬至5月上旬播种，每亩种植密度4000～4500株。

4. 联达618

【特征特性】春播生育期127～128天左右，需有效积温2700℃，株型紧凑，株高245～255厘米，穗位100～105厘米，果穗筒型、均匀、不秃尖。穗长

20～23厘米，穗行数18～20行，穗轴红色，籽粒黄色，粒型为深马齿，米质好，百粒重48.6克，出籽率高。茎秆坚韧，根系发达，抗旱性强，高抗倒伏。适宜中等以上肥力地块种植，亩保苗3500～4000株。

米质优：角质含量高、高于国家一级粮食标准。

产量高：平均亩产950千克、高产潜力每亩在1200千克以上。

容重高：经检验测定，籽粒容重高达788克/升，超过国家优质米标准。

粮价高：优质的玉米、一等的粮价。

5. 锦育118

【申请者】沈阳市于洪区金源农业高科技研究所

【选育者】沈阳市于洪区金源农业高科技研究所

【品种来源】辽4336×J288

【特征特性】辽宁省春播生育期127天，比对照短1天。品种株型紧凑，株高约284厘米，穗位约120厘米，成株约21片叶。果穗长筒型，穗长约20.6厘米，穗行数16～18行，穗轴红色，籽粒黄色，籽粒类型为马齿型，百粒重约39.8克，出籽率85.0%，倒伏（折）率0.0%。经鉴定，抗大斑病，感茎腐病，抗穗腐病，抗丝黑穗病，感灰斑病。经测定，籽粒容重762克/升，粗蛋白含量10.54%，粗脂肪含量4.73%，粗淀粉含量70.08%。

【产量表现】2017年参加中晚熟组区域试验初试平均亩产978.7千克，比对照铁研58增产7.7%，比辅助对照宏硕899增产6.3%；2018年复试平均亩产968.8千克，比对照铁研58增产4.6%，比辅助对照宏硕899增产4.1%；2018年参加同组生产试验，平均亩产968.8千克，比对照铁研58增产4.1%，比辅助对照宏硕899增产3.8%。

【栽培技术要点】该品种是高产稳产型玉米杂交种，适宜肥力中等以上的地块种植，保苗3800～4500株/亩。播种前可采用种衣剂拌种或药剂拌种防治地下害虫；放赤眼蜂防治玉米螟虫。

【适宜地区】适宜在辽宁境内≥10℃、活动积温在2800℃以上的东华北中晚熟春玉米类型区种植。

6. MY318

【审定编号】辽审玉20200021

【品种名称】MY318

【申请者】辽宁省沃丰农业科技有限公司

【育种者】抚顺市农业科学研究院、辽宁省沃丰农业科技有限公司

【品种来源】抚188×抚107

【特征特性】辽宁省春播生育期127天，比对照短1天。品种株型紧凑，株高283厘米左右，穗位99厘米左右，成株约20片叶。果穗筒型，穗长约21.0厘米，穗行数约16～18行，穗轴红色，籽粒橙黄色，籽粒类型为半马齿型，百

粒重约 36.1 克，出籽率 85.1%。经鉴定，中抗大斑病，中抗灰斑病，抗穗腐病，抗茎腐病，抗丝黑穗病。经测定，籽粒容重 774 克/升，粗蛋白含量 10.62%，粗脂肪含量 3.26%，粗淀粉含量 75.39%。

【产量表现】2018 年参加辽宁省玉米品种联合体试验中熟组区域试验，初试平均亩产 742.7 千克，比对照先玉 335 增产 2.9%；2019 年复试平均亩产 780.0 千克，比对照先玉 335 增产 4.4%；2019 年参加同组生产试验，平均亩产 754.1 千克，比对照先玉 335 增产 4.0%。

【栽培技术要点】选择肥力中等以上地块种植，适宜清种，保苗 4000 株/亩，施农家肥 2000～3000 千克/亩，随整地施入作底肥，施复合肥 35 千克/亩，随播种施入作底肥，玉米大喇叭口期追施尿素 25 千克/亩，或播种前一次性施玉米专用肥约 50 千克/亩作底肥，注意种肥隔离。播种前可采用种子包衣剂拌种或药剂拌种防治地下害虫。

【审定意见】该品种符合辽宁省玉米品种审定标准，通过审定。适宜在辽宁省≥10℃、活动积温 2650℃以上的中熟玉米类型区种植。

7. 2017 审定品种丰鼎 475

【品种标准（特征特性）】丰鼎 475（LT30）幼苗叶鞘紫色，次生根紫色，第一叶勺子形，叶色深绿，株型上冲，根系发达，抗倒、抗病。株高 291 厘米，穗位 102 厘米，雄穗分枝 4～6 个，花粉黄色，花丝粉红色，穗轴红色，穗行 16.8 行，穗长 20.5 厘米，穗粗 5.2 厘米，行粒数 39 粒，干粒重 383 克，出籽率 87.8%，穗型筒型，粒型半硬粒，粒色黄色，容重 769 克/升，商品性优，生育期 128 天，与对照先玉 335 相比晚 1 天。

【特征特性】品种主要优点、缺陷及应当注意的问题：丰鼎 475（LT30）抗倒，种植密度在 4200 株/亩左右，喜水喜肥，注意防治玉米螟。

8. 泓欣 599

【主要特性】该品种生育期 128 天左右，株高 280 厘米，穗位 115 厘米，植株健壮，株型紧凑，成株叶片数 20～22 片。果穗长筒形，穗长 26 厘米，穗行数 16～20 行，穗轴粉红色。籽粒橘黄色，百粒重 47 克，出籽率高达 88%，深马齿形粒。

【品种特点】该品种出芽率高，拱土能力强。出苗整齐，抓苗快。果穗均匀，内外一致，无空秆。轴细粒深，出籽率极高，米质特优、容重高。根系发达，抗倒伏、抗病虫能力极强。抗大、小斑病及丝黑穗病。抗旱性强、活秆成熟。

【栽培措施】适时播种，地温需达到 10℃以上，把握墒情适时播种。

【合理密植】最佳种植密度亩保苗 3800 株。

【科学施肥】施足底肥、促苗早发，氮磷钾及微量元素配合施用。

【适宜地块】该品种适应性广，平地、坡地、沙土地、黄土地、涝洼碱地均可种植。

【适应性】一般亩产 850～900 千克。高产地块，管理得当亩产可达 1200 千克。

【适宜区域】辽宁、吉林、河北，内蒙古、山西等大部地区均可种植。

【种植季节】4 月 20 日至 5 月 20 日根据当地积温情况适时播种。

9. 金世 566

【主要性状】生育期 128 天，需≥10℃、有效积温 2800℃ 以上。株型紧凑，叶片上冲，幼叶鞘紫色，株高 250～255 厘米，穗位 90～95 厘米，成株约 21 片叶。果穗筒型，穗长 23～25 厘米，穗行数约 18～20 行，穗轴紫红色，籽粒橙黄色，籽粒类型为深马齿型，角质含量高，百粒重约 49 克，出籽率高达 90%。根系发达，活秆成熟，适合机械化采收。

【产量表现】一般亩产 1000 千克，高产地块具有 1200 千克的增产潜力。

【抗性鉴定】经鉴定，高抗大斑病，高抗穗腐病，抗茎腐、丝黑穗病。

【栽培措施】该品种适应性广，平地、山坡地、涝洼地均可种植。推荐密度：山坡地亩保苗 3500 株，平原地亩保苗 3800 株，合理的定苗密度，可将产量最大化。

【种植季节】一般适宜播种期为 4 月 20 日至 5 月 20 日，具体播种时间结合当地气候条件决定。

【适宜区域】在辽宁、河北、山西、内蒙古、吉林、黑龙江等适宜种植先玉 335、郑单 958、裕丰 303 等品种的地区均可种植。

10. 中元 999

【生育期】东华北春播生育期 127 天左右，与对照相当。

【特征特性】株高 268～286 厘米，穗位高 106～126 厘米，穗行数可达 20 行，出籽率可达 90%。籽粒容重 770 克/升（国家一级粮食容重≥720 克/升的标准），穗轴红色，籽粒黄色，籽粒为马齿型。

抗性强：经人工接种鉴定，中抗大斑病，抗茎基腐病、抗灰斑病，抗弯孢菌叶斑病，感丝黑穗病。

产量高：辽宁省区域试验 2014 年平均亩产 898 千克，比对照增产 9.9%；2015 年生产试验年比对照增产 10.0%；2016 年生产试验比对照增产 7.6%。

适应广：辽宁、吉林、山西、河北、内蒙古、天津等晚熟春播区，4 月 20 日至 5 月 30 日，据当地积温情况春播种植。

【栽培措施】辽宁、吉林地区亩保苗 3300～3500 株为宜。5 厘米地温稳定在 10℃ 以上适时播种。该品种增产潜力较大，施足底肥、及时追肥，注意氮磷钾平衡施肥。

11. 盈育 688

【特征特性】生育期 127 天，需≥10℃、有效活动积温 2700℃。果穗长筒型，穗轴红色，穗行数 18～20 行，穗长 25 厘米左右，穗粗 5.3 厘米左右，米质金黄纯角质粮。株型半紧凑，株高 275 厘米，穗位 90 厘米。高抗大斑病，抗倒伏，抗旱，抗丝黑穗病，高抗茎腐病。

【产量表现】肥水条件好的地块具有每公顷 17500 千克以上的增产潜力。

【栽培要点】适时播种，亩保苗 4000～4500 株。

【适宜区域】吉林省中熟区，黑龙江第一积温带，内蒙古中熟，辽宁凡种植先玉 335、Z658、裕丰 303 区域均可种植。

12. 兴业 606

【特征特性】该品种平均生育期 128 天左右，株高 270 厘米，穗位 100 厘米，幼苗叶鞘为绿色，果穗锥形，穗长 25～28 厘米，穗行数 18～20 行，封顶好，白轴，粒深，轴细，籽粒金黄，粒型为半马齿型，米质优，百粒重 43 克，出籽率 88.1%，抗大斑病、穗腐病、茎腐病，综合抗性好。

【产量表现】该品种一般亩产 850～900 千克，高产地块具有 1000 千克以上的增产潜力。

【栽培要点】应选择中等肥力以上地块种植，亩保苗 4000 株。

【适宜区域】辽宁、内蒙古、河北、山西、吉林≥10℃、活动积温在 2800℃ 以上的中晚熟类型区种植。

13. 龙鸟 77：辽审玉 20200243

【特征特性】该品种平均生育期 128 天左右，品种株型半紧凑，株高 286 厘米左右，穗位 110 厘米左右，成株约 20 片叶。果穗筒型，穗长 28～30 厘米，穗行数 18～20 行，穗轴白色，籽粒肉色，籽粒类型为半马齿型，百粒重 42.5 克，出籽率 87.1%，抗大斑病、中抗灰斑病、抗丝黑穗病。籽粒容重 782 克/升。

【产量表现】该品种一般亩产 900 千克，高水肥地块具有 1000 千克以上的增产潜力。

【栽培要点】适宜中上等肥力地块种植，适宜密度 4000 株/亩。

【适宜区域】辽宁、内蒙古、河北、山西≥10℃、活动积温在 2800℃ 以上的中晚熟类型区种植。

14. 兴业 3804：辽审玉 20190174 号

【特征特性】辽宁省春播生育期 128 天，品种株型半紧凑，株高 276 厘米左右，穗位 100 厘米左右，成株约 20 片叶。果穗筒型，穗长约 25～29 厘米，穗行数 18～20 行，穗轴红色，籽粒黄色，籽粒类型为半马齿型，百粒重约 42.2 克，出籽率 87.0%。抗大斑病，中抗茎腐病，抗丝黑穗病。籽粒容重 767 克/升。

【产量表现】一般亩产 900 千克，高水肥地块具有 1000 千克以上的增产潜力。

【栽培要点】兴业 3804 属中晚熟大穗型品种，综合抗性好，高产稳产，喜肥喜水，适合中等以上地力的平地、坡地、岗地和洼地种植。清种、间种及套种都可以，适宜密度为 3800 株/亩左右。

【适宜区域】辽宁、吉林、黑龙江第一积温带、河北、山西、内蒙古≥10℃、活动积温在 2800℃以上的中晚熟春玉米类型区种植。

15. 兴业 100：辽审玉 20200133

【特征特性】辽宁省春播生育期 125 天，品种株型半紧凑，株高 260 厘米左右，穗位 90 厘米左右，果穗筒型，穗长约 24～25 厘米，穗行数 16～18 行，穗轴红色，籽粒橙黄色，籽粒类型为半马齿型，百粒重约 40 克，出籽率 89.5%。抗大斑病，抗穗腐病，中抗茎腐病，抗丝黑穗病。籽粒容重 785 克/升。

【产量表现】一般亩产 900 千克，高水肥地块具有 1100 千克以上的增产潜力。

【栽培要点】喜肥喜水，适合中等以上地力的平地、坡地、岗地和洼地种植。清种、间种及套种都可以，适宜密度为 4000 株/亩左右。

【适宜区域】黑龙江第一积温带、辽宁、吉林、河北、山西、内蒙古≥10℃、活动积温在 2600℃以上的中晚熟春玉米类型区种植。

16. 兴业 402：辽审玉 20180129

【特征特性】该品种生育期 127 天左右，株型紧凑，株高 270 厘米，穗位高 110 厘米，成株叶片数 20 片。果穗筒型，穗长 23 厘米左右，穗轴红色，籽粒金黄色、半马齿型，穗行数 16～18 行，百粒重 44.5 克，出籽率 86.7%，米质优，抗倒伏。

【产量表现】该品种适应性强，平均亩产量 1055 千克，具有每亩 1130 千克以上增产潜力。

【适应性】抗穗腐病、抗丝黑穗病、抗茎腐病。米质特优。

【栽培措施】选择肥力较好的土地种植，春播每亩保苗 3500～3800 株（每公顷保苗 52500～57000 株），适宜清种，注意防治地下害虫。

【适宜区域】辽宁、吉林、黑龙江第一、第二积温带、内蒙古、河北、山西≥10℃、活动积温 2650℃以上的地区均可种植。

17. 兴业 177：辽审玉 20190164

【特征特性】辽宁省春播生育期 127～129 天，该品种株型紧凑，株高 275 厘米，穗位高 110 厘米，果穗筒型，穗长约 22～24 厘米，穗行数约 16～18 行，穗轴红色，籽粒黄色、半马齿型，百粒重 40.8 克，出籽率 87.5%。抗大斑病、抗穗腐病、抗丝黑穗病、中抗茎腐病。籽粒容重 740 克/升。

【产量表现】该品种适应性强，平均亩产量 900 千克左右，高产地块亩产可达 1000 千克以上。

【栽培要点】选择中等以上肥力地块种植，亩保苗 3500 株。

【适宜区域】该品种适宜在辽宁省、吉林南部、内蒙古、河北、山西≥10℃、活动积温 2800℃以上的晚熟玉米类型区种植。

18. 富民 105：吉审玉 20190027

【特征特性】幼苗叶鞘紫色，叶片绿色，叶缘绿色，花药浅紫色，颖壳绿色。株型紧凑，株高 248 厘米，穗位高 101 厘米，成株叶片数 19 片。花丝浅紫色。果穗筒型，穗长 18.9 厘米，穗行数 14～16 行，穗轴红色。籽粒黄色、马齿型，百粒重 40.8 克。籽粒容重 772 克/升，粗蛋白含量 9.72%，粗脂肪含量 3.8%，粗淀粉含量 75.54%，赖氨酸含量 0.27%。出苗至成熟比对照先玉 335 晚 1 天。

【栽培措施】中等肥力以上地块栽培，4 月下旬至 5 月上旬播种。一般每公顷保苗 6.0 万株。底肥每公顷施用农家肥 22500 千克、玉米专用复合肥 525 千克，拔节后每公顷追施尿素 375 千克。

【接种鉴定】中抗大斑病，感灰斑病，抗丝黑穗病，中抗茎腐病，感穗腐病。

19. 北试 171：辽审玉 20190204

【特征特性】该品种生育期 127 天，与对照先玉 335 熟期相同。株型半紧凑，株高 286 厘米，穗位 101 厘米，全株叶片数 21 片。果穗筒型，穗长 20.5 厘米，穗行数 18～20 行，穗轴红色，籽粒黄色，粒型半马齿，百粒重 35.5 克，出籽率 87.5%。

经沈阳农业大学植物保护学院田间接种抗病鉴定结果为：抗大斑病、高抗茎腐病、抗穗腐病、抗丝黑穗病、感灰斑病。经农业部谷物及制品质量监督检验测试中心（哈尔滨）检测结果为：籽粒容重为 771 克/升，粗蛋白含量 9.43%，粗脂肪含量 3.46%，粗淀粉含量 73.84%。主要优点为抗病性、抗倒性好，出籽率较高，高产稳产。主要缺点为感灰斑病。

20. 米多 16

【特征特性】该品种生育期 129 天，与对照郑单 958 熟期相同。株型半紧凑，株高 278 厘米，穗位 96 厘米，全株叶片数 20 片。果穗筒型，穗长 21.5 厘米，穗行数 16～18 行，穗轴红色，籽粒黄色，粒型半马齿，百粒重 32.8 克，出籽率 87.5%。

经沈阳农业大学植物保护学院田间接种抗病鉴定结果为：高抗丝黑穗病，中抗大斑病、灰斑病，抗穗腐病，感茎腐病。经农业部谷物及制品质量监督检验测试中心（哈尔滨）检测结果为：籽粒容重为 762 克/升，粗蛋白含量 10.53%，粗脂肪含量 3.54%，粗淀粉含量 73.36%。主要优点为抗病性好、出籽率高、高产稳产，主要缺点为感茎腐病。

21. 玉米甜糯 7526

【主要性状】果穗均匀靓丽，苞叶浓绿耐贮运，株高 250 厘米，穗位高 100 厘米。果穗筒型，穗长 23～25 厘米，穗行数 16～18 行，穗轴白色，籽粒白加紫，口味甜加糯，从出苗至鲜食采收期 75 天左右。

【栽培要点】应选择肥力较好的地块种植，亩保苗 3000～3500 株。

22. 青贮玉米金岛 6：品种登记号 N098

【特征特性】幼苗叶片绿色，株型半紧凑，株高 330 厘米，穗位 130 厘米左右，总叶片数 22 片左右。

【品质】2016 年经北京农学院植物科学技术学院检验检测，全株蛋白含量 7.91%，淀粉含量 39.62%，中性洗涤纤维含量 32.55%，酸性洗涤纤维含量 15.57%。

【抗性】2016 年经吉林省农业科学院植物保护研究所鉴定，中抗茎腐病，感弯孢菌叶斑病，中抗大斑病，高抗丝黑穗病。

【试验情况】2014～2015 年、2016 年分别在内蒙古自治区组织区域试验和生产试验，区域试验 5 点平均鲜重 108.3 吨/公顷、干重 36.2 吨/公顷，生产试验 5 点平均鲜重 36.2 吨/公顷。

【适宜区域】内蒙古≥10℃、活动积温 2700℃以上的青贮玉米种植区域。

第二节　玉米保护性耕作及全程机械化栽培技术模式

该技术模式是在取消传统翻耙压整地作业情况下，直接采用免耕播种机来进行精量播种施肥作业。其优点是免去整地作业环节，减少机具进地次数，保墒抢农时，培肥地力，节省间苗等作业，大幅度降低作业成本；用宽窄行有利于发挥玉米群体边行优势，优化群体结构；采用从整地、播种、田间管理、收获等各个环节全程机械化作业，有利于降低成本。尤其是玉米籽粒田间机械收获能够减少果穗贮运、晾晒、脱粒等作业环节，而且还会减轻晾晒、脱粒过程中的籽粒霉烂与损失。最终实现规模化生产，大大降低劳动强度，节约成本，提高劳动效率，增加农民收入。

（1）选地　没有进行耕整地的地表。

（2）整地　一般免耕播种作业不需要提前整地，但是可以根据需要，每间隔 2～4 年，进行一次深松作业。

（3）品种选择　根据当地生产实际，选择早熟、中矮秆、耐密、抗倒伏的玉米品种，品种株高在 2.5～3.0 厘米，穗位整齐度好，品种叶片上冲，叶片的夹角≤45°，茎基部三个节间长度平均≤3 厘米，茎粗系数（茎粗/株高×100%）在 1.0%±0.1% 左右，穗位高系数（穗位高/株高×100%）≤45%。如兴业 402、辽单 588、坤瑞 522、联达 F085、隆平 205、京科 968 等。

（4）播种

① 播种时间　按农艺要求，适时进行免耕播种作业。通常在 4 月 20 日至 5 月 15 日之间，土壤耕层 5～10 厘米地温稳定通过 8～10℃，土壤含水量达到

15%以上时即可播种。

②播种要求　在春季没有进行整地作业的地表上，使用免耕播种施肥机直接进行破茬、开沟、施肥和播种作业。进行平作条件下的精量和侧深施肥，一般播种深度4～5厘米，墒情不足应适当增加播深1～2厘米。底肥施肥量为：施三元复合肥N、P、K（15、15、15）375～450千克/公顷，施肥深度为12～16厘米，并同时随播种施入口肥磷酸二铵112.5～150千克/公顷。

③种植模式和密度　根据播种品种和种植要求，按种植密度所要求的行距调整农机具进行播种。

④配套机械　玉米免耕精量播种及专用长效肥料一次性深施免中耕技术需要有适合的农业机械设备配套，目前的农业播种机械有2BC-4型勺轮式精密播种机，2MF-2（4）型指夹式精密播种机，2BQ-4型、2BFM2D型免耕精密播种机，2B-4型四行气力式精密播种机，2BS1-2110型碎茬精量播种施肥机，2BF-702B、2BQM-3型免耕精量播种施肥机等，这些机械基本上都能满足这些技术的需要，漏播率低，播后保苗率≥85%，单粒率大于97%，不伤种，可实现一次性侧深施免中耕作业。

（5）机械化中耕除草　通常在进行免耕播种的同时，实现苗带药剂灭草，选择68%乙草胺·莠去津·2,4滴丁酯悬乳剂150～189毫升/亩、40%异丙草胺·莠去津悬乳剂200～250毫升/亩、55%乙草胺·莠去津悬乳剂200～300毫升/亩、68%扑草净·乙草胺·2,4滴丁酯乳油200～230毫升/亩其中的一种除草剂兑水22.5千克以上进行地面喷雾封闭除草，最好在无风、早上10点前或下午4点后施药。也可以在满足要求的情况下，采用无人机进行施药。目前喷洒除草剂或农药的主要是喷杆式喷药机，作业幅宽有15～30米、8～16米、6～8米三种，分别与大、中、小型拖拉机配套；配套机械有：药箱800L 18M喷杆式喷雾机，药箱1000L 18M喷杆式喷雾机，药箱400L 6M喷杆式喷雾机，药箱600L 10M喷杆式3W、3WQ、3WX型喷雾机。也可以采用播种机自带的喷药装置，实现苗带喷药。

（6）病虫害防治　玉米病虫害按照DB21/T 1418进行防治，农药使用按照GB 4285要求实施。

（7）收获及秸秆还田

①玉米机械化收获　玉米植株苞叶变黄松散，籽粒成熟，籽粒含水量≤25%以下时，进行机械化收获籽粒。若玉米已达完熟期，但籽粒水分难以降至25%以下时，用玉米收获机直接收获玉米果穗。

②秸秆还田　收获机同时将秸秆粉碎直接撒扬到田间，利用秸秆地面粉碎机械切碎秸秆后，进行耙压，将秸秆压到耕层达到腐烂还田。为了加速秸秆的腐烂速度，可增施5～7.5千克尿素氮肥并加入秸秆腐化剂5千克，以提高还田效果。收获后的秸秆实现地表覆盖，具有防风固沙、减少风蚀和水蚀、保护土壤的作用。同时也为秸秆覆盖免耕播种创造了条件。

北票市台吉营乡保护性耕作播种（指导团队为辽宁省农业科学院）

第三节　玉米增施农家肥深松单粒精播绿色模式

北票市地处农牧交错地带，畜牧养殖业十分发达，猪、牛、羊、禽存栏贮量在全省处于首位，通过畜牧养殖业过腹还田，实现绿色种植。北票市农技推广部门广泛发动养殖规模在50头（猪、牛、羊）以上规模的大户进行有机肥替代化肥，开展"化肥零增长"行动，逐步实现了主食玉米的有机生产和优质优价，开创了种地、养地相结合，种植业和养殖业融合发展的新局面。

具体技术模式是选用适宜高产耐密多抗品种＋单粒精播＋增施有机肥＋生物防治＋秸秆还田＋化学除草＋机械化收获。关键技术介绍如下：

一是选用良种。选择熟期适宜，丰产稳产性好，抗病抗逆特别是高抗玉米大斑病、玉米螟，后期脱水快，适宜全程机械化作业的优良玉米品种。如联达522、联达F085、联达816、东单1331、杂5、兴业402、京科968等。

二是增施有机农肥。利用播种施肥机，在精量播种的同时，亩施有机肥1500千克，深施磷酸二铵10千克、尿素3千克、硫酸钾5千克、硫酸锌1千克，施肥深度在种侧下方10厘米左右。

三是合理密植。待土壤温度稳定通过7℃时开始播种，一般年份适宜播期为4月20日至5月1日；利用精量播种机进行单粒精播，播种深度在5厘米左右；留苗密度每亩4000～4500株，墒情不足应采取播后浇灌溉水，确保出苗齐、全、壮。

四是化学除草。播种后出苗前，土壤墒情适宜时用48％丁草胺·莠去津、

50％乙草胺等除草剂，兑水后进行封闭除草。

五是保墒增温。玉米 3~4 叶期，利用拖拉机进行中耕，中耕深度 20 厘米以上，达到保墒增温、蓄水提墒、促进土壤养分释放的目的，为玉米根系生长创造良好的环境条件。

六是适时追肥。拔节至小喇叭口期（7~9 叶），在玉米根部 5~10 厘米处进行侧深施追肥，侧深施深度在 10 厘米左右；亩施尿素 15 千克。

七是病虫害防治。种子全部采用种衣剂包衣，防治地下害虫和丝黑穗病，利用赤眼蜂防治玉米螟。

八是机械收获。在玉米籽粒含水量降至 25％以下时，利用四行玉米联合收割机收获玉米籽粒。

北票市农家肥施用地块

第四节　玉米单粒精播密植保护性耕作铁茬直播节本绿色模式

选用适宜高产耐密多抗品种＋单粒精播密植＋保护性耕作＋侧深施肥＋生物防治＋秸秆覆盖还田＋机械化收获。

用秸秆残茬覆盖地表，尽量减少耕作，实行少免耕施肥播种等措施，可以提高天然降水的利用率和土壤肥力，增强土壤蓄水保墒能力，减少水土流失，保护农田，减少农业生产投入，降低农业生产成本，保证粮食稳产、高产，提高雨养旱作农业综合生产能力，实现经济、社会、生态效益有机结合。

北票市北部乡镇离内蒙古科尔沁草原更近，春季大风扬沙比较严重，保护性耕作可减少农田大风扬尘 35.9％~58.8％，提高土壤含水量 9.3％~25％，增加土壤有机质含量 0.3~0.94 克/千克，农作物增产 3% 以上，坚持数年效果可观。关键技术介绍如下：

一是选用良种。选择熟期适宜、高产稳产、耐密抗倒、抗病抗逆，特别是高抗玉米大斑病、丝黑穗病、玉米螟，后期脱水快、适合全程机械化作业的优良玉米品种（联达 522、联达 F085、东单 1331）；种子发芽率≥95%、活力高、顶土能力强、发苗快。

二是合理密植。利用免耕播种机进行单粒精播，播种深度 5 厘米左右；留苗密度每亩 4000 株左右，耐密性好的品种可适当增加密度。

三是保护性耕作。技术要点：前茬作物留茬收获后秸秆还田要覆盖均匀，覆盖率不低于 30%，玉米留茬覆盖处理的茬高应不低于 20 厘米。免耕播种机原垄迎茬直播，苗带宽度（开沟宽度）仅为 2 厘米左右，没有开闭垄，有效保持土壤墒情和生态环境。要求作业无堵塞，播种质量好，亩用籽粒量 1.5~2.5 千克，播种深度控制在 3~5 厘米，墒情好时可偏浅，墒情差时可偏深。施肥深度一般为 5~8 厘米（种肥分离），即在种子下方或侧方 4~5 厘米，亩用长效缓释肥 30 千克或二铵 15 千克、硫酸钾 15 千克、尿素 15 千克。

四是适时播种。待土壤温度稳定在 7℃时开始播种，一般年份适宜播期为 4 月下旬至 5 月上旬。

五是化学除草。播种后出苗前，土壤墒情适宜时用 40% 乙阿合剂或 48% 丁草胺·莠去津、50% 乙草胺等除草剂，兑水后进行封闭除草。也可在玉米出苗后用 48% 丁草胺·莠去津或 4% 烟嘧磺隆等除草剂兑水后进行苗后除草。

六是适时追肥。拔节至小喇叭口期（7~9 叶），在玉米根部 5~10 厘米处进行侧深施追肥，侧施深度 10 厘米左右，亩施尿素 15 千克。

七是病虫害防治。种子全部采用种衣剂包衣，防治地下害虫和丝黑穗病，利用赤眼蜂或 Bt 颗粒剂或糖醋溶液防治玉米螟。

八是机械收获。可用玉米联合收割机收获后秸秆还田，或割晒机高留茬收获后进行秸秆粉碎还田，达到保护土壤、减少风蚀和有效水分蒸发、提高天然降雨利用率，进而起到保墒养地的作用。

成本效益：以平均亩产 750 千克、价格 1.8 元/千克计算，每亩目标产量收益 1350 元；亩均成本投入 700 元；亩均纯收益 650 元。

第五节　玉米大垄双行膜下节水滴灌高质高效绿色模式

玉米大垄双行膜下节水滴灌具有"两节、两省、两改、两增"的优点。"两节"，一是节水，亩节水 150 立方米（1.5×10^5 千克，150 方），二是节肥，肥料利用率从原来的 30％提高到 70％；"两省"，即用一体机播种省工省时；"两改"，一是改善土壤结构，二是改善田间通风透光条件；"两增"，即增产增收。技术要点介绍如下：

一是品种选择。推荐品种有隆平 205、兴业 402、联达 F085、联达 6124、东单 1331。

二是深松整地与施肥。播前深松整地 30 厘米以上，整平耙细。根据地力采取测土配方施肥，亩施有机肥 3000 千克以上，化肥施用量控制在 30 千克以下，氮肥结合灌水，采取水肥一体化管理。

三是种植形式采用大垄双行，大垄 100 厘米，中间种植两行玉米，大行距 60 厘米，小行距 40 厘米，采取机械平地起台直播，台面宽 60 厘米，台底宽 80 厘米，台高 10 厘米左右。

四是采用一体机播种。集播种、施肥、覆膜、铺管、除草五位一体一次性完成。播深 4～6 厘米，播种密度每亩 4000 株左右，播种时一次侧深施入长效缓释肥 20 千克或二铵 15 千克、硫酸钾 15 千克、尿素 15 千克。采用 40％乙阿合剂或 48％丁草胺·莠去津、50％乙草胺等除草剂苗前封闭除草。

五是节水滴灌、水肥一体化。采用干播湿出，播后滴灌上水，玉米全生育期滴灌 8～10 次，每次灌水量 20～30 立方米，亩灌水定额 200～300 立方米。全生育期需氮肥（N）20～25 千克，按照苗肥 10％、拔节肥 20％～30％、大喇叭口期攻穗肥 40％～45％、吐丝期攻粒肥 20％～30％比例，结合灌水，实行水肥一体化施用。

六是绿色防控病虫害，用人工饲养的赤眼蜂防治玉米螟，保持环境良好。

七是机械化收割。适当延时收获，以保障玉米籽粒充分成熟，充分利用秸秆营养增加千粒重，提高产量。

八是收获后立即着手机械回收管带和残膜，然后进行秋整地，结合整地进行秸秆还田，亩还田量 750 千克，不断培肥地力，形成可持续发展能力。

北票市大垄双行膜下节水滴灌播种现场

膜下节水滴灌播种后地块

第六节　玉米套种红干椒栽培技术模式

　　间作套作的目的是做到用地与养地相结合，促进生态环境改善和资源永续利用，牢固树立并贯彻落实"创新、协调、绿色、开放、共享"的新发展理念，实现"藏粮于地，藏粮于技"科技创新模式。针对北票市区域特点和农业产业特色，每年种植辣椒面积在 15 万亩左右，2021 年计划在北部、东部辣椒主产区乡镇实施玉米与辣椒套作，技术要点介绍如下：

一、关键环节

　　(1) 种植形式采取 4：2 模式；以辣椒生产为主，辣椒品种可选用鲁红 8 号、辽红 3 号、干鲜两用辽红 5 号，栽培方式按常规进行，大垄双行覆膜栽培，密度在 4500～5000 株/亩。

　　(2) 间套作玉米，在辣椒定植期间，进行玉米播种，播种大约在 5 月 1 日前后，品种可选择稀植大穗品种兴业 3804、宇单 818，密度控制在 1200 株/亩以内。通过玉米与辣椒的间套作可明显改善 7～8 月份辣椒田间的光照条件，有效减少辣椒的日灼病果，减少病虫害发生，改善辣椒品质，增加总体收入，基本做到了"辣椒不减产，玉米是白捡"。

二、技术内容

1. 玉米栽培技术

　　(1) 整地做畦　冬前秋翻，耕深 20 厘米左右，翻后细耙要施足底肥。未经秋翻的地块，先顶凌耙地，后顶浆起垄。玉米套种红辣椒种植方式采用 1 米两行一带玉米、2 米四行一带红辣椒。玉米带直播两行玉米进行覆膜形成一带玉米，小行距 40 厘米，大行距 60 厘米，玉米株距 29 厘米；红辣椒种植带先起垄形成畦，台面宽 65～70 厘米、高 10～15 厘米，2 米四行一带红辣椒，形成两个一米的垄台种植红辣椒，每一垄台面栽植两行辣椒，小行距 40 厘米，大行距 60 厘米，红辣椒穴距 33 厘米，一穴两株。玉米和红辣椒都是需肥较多的作物，在秋整地做垄的同时，每亩需施农家肥 4～5 立方米。

（2）选用良种，合理密植　玉米红辣椒套作的田块，土壤肥力都比较好，要充分发挥其增产潜力，必须选择高产稳产的玉米杂交种，如兴业 402、坤瑞 522、宁玉 309、兴业 3804 等均可种植。玉米亩保苗可达到 4500 株。套种玉米一定不能少于清种玉米的株数。

（3）玉米适宜播期　在玉米畦垄种植两行，小行距 40 厘米，株距 29 厘米，亩保苗 4000～4500 株，亩播种量 3.5 千克，覆土 4～5 厘米厚。随播种亩施口肥硫酸铵 5～10 千克、磷酸二铵 15～20 千克。为防治地下害虫，每亩随播种可沟施甲拌磷颗粒剂 2～2.5 千克，播后及时镇压提高作业质量，保证全苗。

（4）田间管理

① 玉米苗期管理　苗期要实行蹲苗，做到促下控上，原则上蹲黑不蹲黄、蹲肥不蹲瘦、蹲湿不蹲干。

② 拔节孕穗期管理　玉米拔节到抽穗前，是生长速度最快、需肥水较多的时期，要追好攻秆肥。但拔节后的第一次追肥却不宜多，否则会出现生长过旺、贪青徒长现象。一般需亩追施硫酸铵 20 千克。当玉米生长到喇叭口前期（13～16 片）时，正是生长量大和雌穗分化的旺盛时期，要追好攻秆肥，每亩追施尿素 15～20 千克，追肥要用追肥器深施。

③ 辅助授粉，促早熟　人工辅助授粉是减少秃尖、缺粒，提高玉米产量的一项有效措施。当玉米吐丝 30%～40% 和 60%～70% 时，各进行一次辅助授粉。方法是，选晴天上午 9～11 时，用手敲摆玉米秆，促使散粉即可，一般可增产 10%。玉米在乳熟期到腊熟期，要采取拔大草、放秋垄、打枯叶等措施，对促进早熟丰产有一定的作用。

④ 防治虫害　玉米虫害主要是黏虫和玉米螟虫。玉米进入拔节中期（6 月下旬至 7 月上旬），要特别注意黏虫对玉米的危害。达到防治指标时，可亩用 0.04% 除虫精粉 2.5～3 千克进行喷粉。在玉米喇叭口期发现玉米螟，虫害花叶率达 10%～15% 时，可用 3% 呋喃丹或 5% 甲拌磷颗粒 0.5 千克拌细砂 20 千克，撒在心叶内，每株用量 2 克即可。

⑤ 适期收获　在玉米 80% 以上植株的苞叶变黄、籽粒硬化时，为成熟期，以玉米果穗下垂为收获适期。

2. 红干椒栽培技术

（1）种子处理　采用干籽直播，播前将种子整理干净，稍加晾晒后即可播种。

（2）播种前准备

① 育苗床准备　每亩辣椒苗需苗床 3～5 平方米。

② 床土准备——配制床土　播种床土：播种床土疏松度要大，即有机肥等材料比例较大，园土的体积稍小些，有利于提高土温、保水、扎根和出苗。床土配方：播种床床土配方（按体积计算）为 1/3 园田土、1/3 细炉渣、1/3 马粪；移苗床床土配方（按体积计算）为 2/3 园田土、1/3 马粪。

③ 床土消毒　用 50％多菌灵可湿性粉剂与 50％福美双可湿性粉剂按 1：1 混合，或 25％甲霜灵可湿性粉剂与 70％代森锰锌可湿性粉剂按 9：1 混合，按每平方米用药 8～10g 与 15～30kg 细土混合，播种时 2/3 铺在床面、1/3 覆在种子上。

（3）播种　播种前将苗床铺平、压实、浇透水，待水渗下后撒施 1/3 的药土（每平方米用纯多菌灵 8～10 克兑细土 3 千克）种子均匀点播在床面上，播种完毕再撒施剩下的 2/3 药土，然后覆营养土 0.8～1 厘米。可分两次覆盖，第一次薄些，等到吸湿后再覆第二次，这样可以防止猝倒病。

覆土和盖地膜：播种后，立即覆盖，防止晒干和底水过多蒸发，盖土黏性不可过大，防止硬盖，盖土厚度因种子大小而不同，一般为 0.5～1.5 厘米。盖土后立即盖地膜，出苗前不宜浇水，必须靠保湿来保证正常出苗。发现出苗后立即将地膜撤掉。

（4）苗期管理

① 温度管理　辣椒苗期对温度的要求比较高。播种后注意保温，日温低于 15℃、夜温低于 5℃，幼苗停止生长，时间过长会出现死苗。

② 水分管理　苗期需水少，保护地育苗苗期要控水防徒长，幼苗出土到第一片真叶展开期间，尽量不浇水，防止降低温度，而且湿度过大会造成幼苗徒长和猝倒病的发生。后期要适当喷水或浇小水。

③ 间苗　幼苗长出 1～2 片真叶时间苗，并除去杂草。

④ 分苗　可节省育苗用地、促进根系发育，保证小苗生长营养面积，能使秧苗生长整齐一致、生长健壮，提高抗病能力，从而提高产量、增加效益。

⑤ 壮苗标准　株高 18 厘米，茎粗 0.4 厘米，10～12 片叶，叶色浓绿，现蕾，根系发达，无病虫害。

⑥ 苗龄　冬春茬及春茬辣椒苗龄以 80～100 天为宜。此期辣椒幼苗出现大蕾，叶片展开 10 片左右，株高 20 厘米左右，茎粗约 0.3 厘米。

（5）定植前准备

① 前茬为非茄科蔬菜，尽量避免重茬、迎茬。

② 整地施肥　按大小行做高畦，大行距 60 厘米，小行距 40 厘米，覆地膜。基肥品种以优质有机肥、其他常用化肥、复合肥等为主；在中等肥力条件下，结合整地每亩施优质有机肥（以优质腐熟猪厩肥为例）5000 千克、氮肥——尿素 8.7 千克、磷肥——过磷酸钙 42 千克、钾肥——硫酸钾 8 千克。

（6）定植　定植前一天要用蚜螨净等灭蚜药剂和病毒灵 500 倍液防病防蚜。

① 定植期　5 月上中旬。

② 定植密度　不同品种密度不同，北票地区一般 4500 株/亩。

(7) 田间管理

① 水分　在定植时应灌透水，几天后再少灌一次缓苗水，然后精细中耕蹲苗，夏季高温期要夜灌降温保苗，多雨季节要注意雨后排水松土保根保秧。开花坐果后追肥灌大水促进开花结果。果实开始红熟后控制用水到停止灌水，促进果实红熟，防止植株贪青徒长降低红果产量。

② 施肥管理　根据辣椒的需肥规律，在辣椒栽培中除施足基肥外，还要进行追肥。追肥一般分阶段进行，定植初期轻施肥，每亩尿素 10 千克；现蕾开花时稳追肥，每亩尿素 15 千克、磷酸二铵 10 千克；结果时重追肥，每亩尿素 10 千克、磷酸二铵 25 千克、硫酸钾 10 千克。从现蕾后开始喷 0.2％的硼砂，2～3 次。

③ 防治病虫害　及时除草、用药防治病虫害。

④ 植株调整　及时打掉主茎上的老叶和主杈以下的小枝、腋芽、侧芽。及时去掉门椒。立秋后所结果实无法自然红熟，最好打掉群尖，一般在拔棵前 30～45 天打群尖。

⑤ 化学催红　在拔椒前 10～15 天（9 月下旬），喷施上海产 40％的乙烯利 700～800 倍液，每亩椒田用原液 150～250g（药成本 3～4 元）。要求在阴天或傍晚弱光下喷施，要喷得细致、均匀，使全株果、叶着药 5～7 天后大部分绿叶变黄，红椒果变紫红，青椒果变鲜红，青嫩幼小椒果变为浅黄色。比不喷药椒田提前拔椒腾茬 5～7 天，红果率增加 18％以上。

(8) 采收、晾晒　果实达到红熟辣椒采收标准时采收，分一次采收和多次采收。红干辣椒成熟标志是 85％以上呈现紫红色，底层果实已经干缩，晚秋来霜前 2～3 天即可收获。收获方法：整株拔起，最好多带一些根茎，以利于果实的后熟和转红。拔起后捆成捆，头朝上堆在空地上晾晒 3～4 天，待叶干后抖落叶片，再根朝上晒 2～3 天，这样反复几次，整株 7 成干时，根和根相对双排堆起，头朝外，不要堆得太实，过几天翻一次堆，将上面的翻到下面，直到用手捏果实无空气、用手转果实不再转动，表明已干透，即可上垛贮存。码垛时必须根对根，枝头朝外累垛，垛高 1.6 米以下。垛底铺木杆等，防垛底受潮造成辣椒霉烂。码垛后，初期经常检查垛中央干湿情况，如有热量及时翻垛。自然风干，再摘取果实摊开晾干，还可采取人工加温烤干。采收后及时进入干制程序。

三、效益分析

亩收获红辣椒 320 千克，每千克 12 元，产值 3840 元；亩收入玉米 300 千克，每千克 1.8 元，产值 540 元；亩投入 2600 元，种植玉米套作辣椒亩纯收 1780 元。

四、适宜范围

玉米套作红干椒高效栽培技术适宜朝阳市红辣椒种植区。

玉米、红干椒 2 : 4 套作模式（6 月 23 日图片）

玉米、红干椒 2 : 4 套作模式（9 月 11 日图片）

第七节　玉米与大豆间套作技术模式

套作的目的在第六节已加以介绍，这里不再赘述。大豆是公认的养地作物，与玉米作物间套作，可以改善玉米品质，减少化肥用量，培肥地力。

一、关键环节

（1）种植形式　可采用 4 : 4 或 4 : 2 的种植模式，玉米采取大垄双行，选择紧凑耐密品种联达 F085、联达 816 等，密度适当增加到 4500～5000 株/亩。

（2）大豆品种　可选择分枝有限生长型，如东豆 88、铁豆 48、东豆 1201 等品种。

二、技术内容

(1) 推广高产专用品种，加大种植密度　品种在农业生产要素中始终处于最为先决、最为关键、最为核心的生产要素之一。首先要选对品种，优化品种结构，推广株高适中、耐密、中晚熟靠群体密度增产的优良品种，把最好的品种种植到最适宜的地方。玉米主打品种是兴业 402、坤瑞 522，亩保苗 4000 株左右，比常规均匀垄种植普遍提高密度 500～1000 株/亩。大豆选择丰产性好、株矮、分枝少、结荚多的品种东豆 88，密度 8000 株/亩。

(2) 采取玉米/大豆交互换带立体少耕，高效生态种植形式　玉米/大豆为4：4，它的好处是：

① 高矮棵作物搭配，形成立体种植、立体采光，提高了复种指数，实现了一地多收。

② 充分发挥了边际效益，玉米都是边行，通风透光，光合效率高。特别是对处于玉米中部对产量形成起关键作用的"穗三叶"光合生产环境得到改善，光合生产率明显增强。因此有群众说"玉米不减产，大豆是白捡。"

③ 采取玉米/大豆模式，不仅当季作物高产，最为重要的是为下一年再创高产打下了良好的基础。因为大豆茬免耕，来年铁茬直播玉米，特别是大豆茬的根瘤固氮作用，为土壤留下了氮肥，是典型的环境友好型作物。豆科作物在提倡低碳经济的今天，应大力发展。

大豆茬的土壤微生物还有改良土壤的作用，有利于形成团粒结构，豆科作物对磷的需求敏感，我们可以利用以磷调氮、以水调肥，减少来年下一季作物用氮总量，实现低碳生产模式。控制面源污染，由于一深一浅、一高一低的作物搭配，也能实现种地、养地相结合。

三、隔年隔带旋耕深松生态整地技术

隔年隔带旋耕深松是耕作制度的一项改革。大豆茬免耕明年铁茬直播玉米，摈弃了传统的全田翻耙压整地，而是只旋耕玉米带，深松 40 厘米，打破犁底层，形成虚实并存的土壤结构，防止地表水径流，增强了土壤持水能力，形成"土壤水库"，做到了"蓄住天上水，保住地下墒"。

大豆茬铁茬越冬，可对农田起到防风固沙的作用，豆科作物固氮本身就是低碳经济，降低了边际成本。因此，采用这项技术可以实现资源节约、高效生态和绿色低碳的生态环保目标。

四、测土配方平衡施肥技术

"民以食为天，土以肥为本"，沃土是实现高产的基础，保持这个基础的核心就是持续不断地向农田施入大量的有机肥。总体的施肥目标是把农肥增上去、把化肥降下来，总的原则是"多施农肥，限量化肥，稳氮、增磷、补钾、调微"，并做到以磷调氮和以水调肥。目标产量1000千克的投肥指标是：①农肥4000千克，底肥氮、磷、钾复合肥35千克，追肥尿素35千克混合锌肥1千克。②大豆每亩底肥施二铵10千克、尿素5千克、硫酸钾13千克、锌肥0.5千克；亩追施尿素7.5~10千克。要求底肥深施、种肥隔离（在这里我们呼吁政府尽快出台土地保育政策，鼓励农民多施农家肥）。

五、生态防治病虫害技术

玉米大豆立体栽培，田间通风透光条件好，本身就降低了玉米病害发生的风险，生育期间基本不感病。北票市玉米主要病虫害是玉米螟，目前重点推广人工饲养赤眼蜂防治技术，每30米放一赤眼蜂卵块，杜绝了农药污染。大豆食心虫用敌敌畏沾秆熏蒸防治，保持农产品绿色、安全、环保。

六、节水灌溉技术

（1）充分利用地下水　在全面完成土地整理的基础上，打井配套水利设施，采取地下管灌节约用水、因需供水、以水调肥，特别要注意后期水肥管理。

（2）主动截留天上水　采取间套作并隔年隔带深松整地模式，使土壤形成虚实并存的结构，能够有效立足长远发展，坚持走节水农业和自然农业的技术发展道路。

七、化控技术

① 为了防治徒长，大豆在初花期一定要喷施15%的多效唑，亩施可湿性粉剂50克，兑水50千克喷雾。矮化植株，防止倒伏，提高成荚率，效果较好。

② 玉米在9~12片叶时，根据田间长势，如有徒长现象，也可用多效唑控制。

八、秸秆还田技术

沃土是实现粮食高产的基础，保持这个基础的核心是建立农业生态内部的物质流和能量流的良性循环，形成循环农业经济，把从土壤中取走的东西，再通过农业生态链补偿回来，一是间接通过养殖业过腹还田，二是把秸秆直接粉碎，结合旋耕还田。秸秆还田的好处是，既增加了土壤有机质，又给予了农田急需的钾肥。

九、提倡机械化种植

向精准农业发展，做到机整地、机播、机管、机收等全程机械作业。

综上所述，可概括为一个充分发挥；两个建立结合；三个改善提高；三个实现。

一个充分发挥：充分发挥了边际效益。

两个建立结合：①建立了"土壤水库"，贮水与节水相结合；②建立了农业生态内部物质流和能量流的良性循环，用地与养地相结合。

三个改善提高：①改善了玉米生长的外部环境，提高了通透性。②改善了土壤理化性质，提高了土壤肥料的利用率。③改善了田间温、光、水、气、肥等资源条件，增加了种植密度，提高了复种指数，实现了一地多收。

三个实现：①地下实现了沃土，提升了农产品品质；②地上实现了高产高效；③总体实现了增强农业后劲和可持续发展的战略目标。

玉米、大豆 2：2 套作栽培（彩图）

第八节　玉米比空种植单粒精播密植高效绿色模式

具体的模式为：耐密多抗品种＋比空种植模式＋单粒精播密植＋生物防治＋全程机械化作业，关键技术介绍如下：

一是选用增产潜力大，抗病性强，生育期在 128～130 天以内的高产稳产、耐密的优质玉米品种（如联达 522、联达 F085、东单 1331）统一播种。种子质量要求纯度不低于 98%，净度不低于 98%，发芽率不低于 95%，含水量不高于14%。玉米比空种植模式栽培技术即玉米"双行紧靠"栽培，种植两垄空一垄，三垄为一组，将其三垄应栽的株数集中在两垄上，再增加 10%～15% 的密度，北票市目前玉米生产行距多数在 45～50 厘米，把株距调整到 20～21 厘米，亩保苗 4000 株左右。施肥也是将其三垄的肥施入两垄中，而且空垄也可以种植矮棵作物，增加效益。

二是尽早采用大型农机具（如 904、1004、1304 等）旋耕、灭茬、深松、施肥、起垄、镇压一次作业完成，达待播状态，耕深 20 厘米以上，垄距 50 厘米，做到垄向直、无漏耕、无坷垃。

三是测土配方施肥。根据测土数据和专家推荐施肥量科学施肥，缺啥补啥，做到两个"三结合"即农肥、化肥、微肥三结合和底肥、种肥、追肥三结合，空垄不施肥、不播种，推荐底肥施用量为二铵 15 千克、硫酸钾 15 千克、尿素 15 千克。

四是田间管理。定苗后至拔节期要及时打杈去分蘖，去除田间杂草。适时追肥，拔节至小喇叭口期（7~9 叶），在玉米根部 5~10 厘米处进行侧深施追肥，侧施深度 10 厘米左右，亩施尿素 15 千克。

五是病虫害防治。种子全部采用种衣剂包衣，防治地下害虫和丝黑穗病，利用赤眼蜂或 Bt 颗粒剂或糖醋溶液、无人机统一防治玉米螟。

六是机械收获。可用玉米联合收割机收获后秸秆还田，或割晒机高留茬收获后进行秸秆粉碎还田，达到保护土壤、减少风蚀和有效水分蒸发、提高天然降雨利用率的效果，最终起到保墒养地的作用。玉米"二比空"种植模式目的就是利用空垄的边际效应增加田间通风透光量，改善玉米生长环境，达到增产增收的目的。

成本效益：以平均亩产 850 千克、价格 1.8 元/千克计算，每亩目标产量收益 1530 元；亩均成本投入 720 元；亩均纯收益 810 元。

第九节　玉米高密绿色技术模式

2018 年龙瑶玉米栽培专业合作社引入创新性的玉米品字型密植模式，这一超高产的新模式，首先是宽窄行播种，存在大小垄；其次是增加密度，如原品种种植密度为每亩 4000 株，可增加 30%~40%，亩密度达 5200~5600 株。宽窄行、大小垄实现了种植布局上宽松与紧凑有机结合，宽松形成边际效应，通风透光性强，利于光合作用形成光合产物，从而产量增加，紧凑则实现了亩有效株数增加，而群体密度增加充分发挥了增产潜力。2019 年在大三家镇大三家村种植 96 亩玉米，亩产达 1000 千克。

玉米高密绿色技术模式包含三大要点：宽窄行大小垄、四株一单元、品字型阶梯型布局。所谓宽窄行大小垄，是指每个宽行距为 80 厘米、窄行距为 40 厘米，形成 1.2 米一带，每一带两条小垄，这样就形成了宽窄行大小垄。四株一单元是指纵向排列四株玉米形成一个单元，株与株之间距离为 5 厘米，合计每个单元长度为 20 厘米，同时单元与单元之间距离为 78~80 厘米。品字型阶梯型种植，是指大小垄的每个种植单元之字型交叉种植布置，整体上呈品字型平面结构。

高密绿色技术模式采用配套研发的专用播种机，种肥同播可以铺设滴灌管带，进行节水滴灌栽培，解决了北票市春季因干旱，种子和肥料需一同播入、大喇叭口期追施尿素一次的实际需求。

1. 技术模式

耐密多抗品种＋大垄双行种植模式＋单粒精播密植＋生物防治＋全程机械化作业。

2. 关键技术

（1）品种选择　选用抗逆性强的品种，生育积温达 2700~3000℃，生育期

130 天以内，株型紧凑耐密、籽粒角质或半马齿型，连续三年当地种植且表现性状良好的品种（如联达 522、联达 F085、东单 1331）。种子质量按单粒精播要求选种，纯度大于 98%，净度大于 98%，发芽率大于 95%，含水量达 14%。亩保苗 5000～6000 株。

（2）整地　可采用免少耕或 3～5 年深翻整地技术，前三年采用灭茬浅耕整地，第 4 年或第 5 年采用大型农机具深松、耕深 25cm 以上。

（3）播种　采用配套专用播种机，按宽窄行距分别为 80 厘米、40 厘米，单元穴距 78 厘米，一单元四株，株距 5 厘米，亩株数达 5000～6000 株。开沟、播种、施肥、覆滴管、覆土一站式完成播种作业。

（4）测土配方施肥　需肥量：每生产 100 千克玉米籽粒需氮 2.57 千克、磷 0.86 千克、钾 2.14 千克。

目标产量：900 千克。

施肥方案一：亩施有机肥 2000～3000 千克，长效缓控释肥 40～45（26-12-12）千克，再加入 7.5 千克二铵、8 千克硫酸钾肥作底肥随播种一次性施入。大喇叭口期亩追施尿素 15～20 千克。

施肥方案二：玉米专用复合肥（26-12-12）40 千克和硫酸锌 2 千克作底肥，追肥尿素 25 千克分次施入，在拔节期施入 15 千克、孕穗期施入 10 千克。

（5）田间管理　定苗后至拔节期要及时打杈去分蘖，去除田间杂草。

① 苗期　以培育壮根为主，水分适量，提高地温，促进根系生长，苗期以播种水出苗，然后控制灌水，一直到拔节前。

② 拔节期　是玉米需肥量的最高峰，占玉米一生所需肥料的 2/3。根、茎、叶生长速度快，玉米生长时期进入生殖生长期，雌雄分化阶段，此期追施尿素肥每亩 15 千克。

③ 抽雄期、开花期　对水分、温度要求严格。抽雄期对温度要求为 24～26℃，低于 20℃，就会造成抽穗延迟，对土壤中的水分含量要求是不低于田间持水量的 40%；开花期要求土壤含水量不低于田间持水量的 70%，对温度要求为 25～27℃，此时期一定要加强对田间持水量和温度的管理，加强水分和肥料的施入，气温过高可通过滴灌水来降低田间温度，适宜的水分和温度才利于授粉，提高产量。根据施肥原则可在吐丝期结合灌水亩施尿素 5 千克。

④ 灌浆期　灌浆期是产量形成的关键期，一定要保障水分的供应，水分影响穗粒数、空秆、突尖及千粒重。这一时期田间持水量应达到 60%。

⑤ 病虫害防治　种子全部采用种衣剂包衣，防治地下害虫和丝黑穗病，利用赤眼蜂卵块或 Bt 颗粒剂或糖醋溶液等进行生物防治玉米螟，也可采用飞防技术进行药剂防治地下害虫，在花丝期，用 50% 辛硫磷 1000 倍液进行无人机喷雾飞防。

⑥ 防徒长　在玉米 9～11 片叶时，如果遇降雨量充足的年份造成营养生长过盛，可用矮壮素或吨田宝亩施入 40 克进行喷雾，能够有效抑制徒长，矮化植株促进生殖生长，达到增加产量的目的。

（6）机械收获　用玉米联合收割机收获后秸秆还田，或割晒机高留茬收获后进行秸秆粉碎直接还田，秸秆还田能够偿还作物生产从土壤中吸收的钾元素，秸秆粉碎后覆盖于地表既可减少风蚀土壤，又可防止土壤中水分蒸发，达到保墒养地的作用。机械收获可以减少人工投入、降低成本，起到降耗增效的作用。

成本效益：以平均亩产 1000 千克、价格 1.6 元/千克计算，每亩目标产量收益 1600 元；亩均成本投入 720 元；亩均纯收益 880 元。

高密绿色增产机理：一是宽窄行小行距 40 厘米、大行距 68 厘米，增加田间通风透光量，行行都有边际效应，从而增加了产量；二是单元四株每株间距 5 厘米，增加了群体密度，亩株数达 5000 株以上，有效穗数增加，产量增加；三是品字型布局，减少田间植株叶片之间遮光，提高光合作用，光合产物增加，从而产量增加；四是分次施肥，进行追肥提高肥料利用率，减少化肥施入量，节约资源，利于环境保护，实现控肥增效；五是秸秆还田，增加土壤有机质含量，进行了培肥地力，利于生态发展。

玉米高密栽培配套播种机

玉米高密栽培播种后

玉米高密栽培拔节期（彩图）

玉米高密栽培品字型阶梯布局（彩图）

玉米高密栽培灌浆期（彩图）

第二章

春小麦栽培及下茬复种技术

第一节　小麦生物学基础和群体理论

要种好小麦，就要去认识和掌握小麦生长发育的客观规律，使得人们的栽培管理措施符合这个规律，进而达到提高产量的目的。以下通过对小麦生物学基础和群体理论的论述，阐明了小麦生长发育的若干规律及其与环境条件的关系，这是小麦产量建成的基础，是合理运用栽培技术措施的依据。

一、小麦的一生

（1）概念　小麦的一生是指从种子萌发到产生新的种子。自出苗至成熟所经历的时间（天）一般称为生育期。北方地区的冬小麦生育期通常为 260～280 天，春小麦为 70～90 天。

小麦在其一生中，从小到大，通过吸收作用、光合作用、蒸腾作用、同化物的转化与分配等生理活动，完成根、茎、叶、蘖、穗和籽粒的形成和发育，进而形成产量。

（2）关于生育时期　在生产上，为便于农事活动，根据器官形成的顺序和外部所呈现的明显特征，把小麦的整个生育期划分为若干个生育时期。这些生育时期通常包括出苗期、三叶期、分蘖期、拔节期、孕穗期、抽穗期、开花期和成熟期。冬小麦还包括越冬、返青期和起身期。

通过对小麦生育时期的观察，可便于人们掌握小麦生长发育进程，进而合理运用肥水措施，所以准确地认识掌握各生育时期的标准是非常必要的。各生育时期的记载标志，通常以全田植株达到该期标准的 50%计，用日/月表示。

各生育时期植株的形态特征标准如下所述。

出苗：小麦第一片真叶露出地表 2~3 厘米。

分蘖：小麦基部，第一个分蘖伸出叶鞘。

越冬：冬前气温下降 2~4℃，植株基本停止生长，小麦开始越冬。

返青：翌春，气温回升到 3℃左右时，小麦开始恢复生长，年后长出的第一片叶长达 1~2 厘米。

起身：年后第一片绿叶的叶鞘显著伸长，其叶枕与年前最后一叶的叶枕距离约 12 厘米，此时基部第一伸长节伸长（生理学拔节）。

拔节：基部第一伸长节，伸出地表长达 1.5~2 厘米，用手能摸到。

孕穗（挑旗）：小麦最末一片叶子（旗叶）从前片叶的叶鞘中全部展出。

抽穗：穗顶部从叶鞘中伸出。

开花：抽穗后 4~5 天，花药从颖壳中吐出。

成熟：小麦籽粒成熟区分为乳熟、蜡熟和完熟三个时期。蜡熟末期是小麦粒重最大、品质最好的收获期。故将此期定为小麦成熟期。

（3）管理上所划分的三个阶段　从栽培角度看，小麦一生各器官的形成过程可用三个生长阶段概括，即营养生长阶段、并进生长阶段、生殖生长阶段。

三个阶段分别决定着小麦的穗数、粒数和粒重。它们既有区别又有联系。小麦高产栽培，既要注意到三个阶段的各异性，又必须重视它们的统一性。前一阶段是后一阶段的基础，后一阶段是前一阶段的发展，三个阶段的生长中心不同，各有其主要矛盾，栽培管理的主攻方向也不一样。

二、小麦的阶段发育

（1）所谓小麦的阶段发育可做这样的概述：在小麦从种子萌发到形成种子的生活周期中，需要循序渐进地渡过几个质变不同的阶段，才能完成个体发育的全过程，建成器官，产生种子，留下后代，这种区分为不同阶段的质变过程称为阶段发育，其中每一个具体质变阶段为一个发育阶段。小麦阶段发育具有一定的顺序性、不可逆性、局限性和特定条件性。

小麦的根、茎、叶、穗、花等器官形成，都是在一定的发育阶段的基础上实现的，即在不同的发育阶段形成不同的器官。

（2）春化阶段与光照阶段是近年来研究得比较清楚并且与生产关系比较密切的两个阶段，春化阶段在前，光照阶段在后。小麦完成春化阶段与光照阶段都需要具备温度、光照、水分、空气和矿物养分等综合条件，但是前者的决定因素是温度、后者的决定因素是每日的光照时数。

小麦不同品种，完成阶段发育对温度、光照反应程度是不一样的。根据品种通过春化阶段对温度要求的高低和时间的长短，把小麦区分为春性、半冬性和冬性三种类型；根据品种通过光照阶段对光照长短的敏感程度，区分为反应迟钝、反应中等和反应敏感三种类型。

应该指出，这里所区分的春性、冬性与通常所说的春小麦、冬小麦是截然不同的两种概念。冬、春小麦的区分主要依据是播种期，春季播种的为春小麦，秋（冬）季播种的为冬小麦。所以有些地方的冬小麦并不是冬性品种而是春性品种。例如四川、广东等地种的冬小麦，实质是春性品种，而辽春 18 号小麦是春性、光照敏感型品种。

（3）小麦的阶段发育特性是它们在系统发育过程中长期同化所在外界环境条件的结果。了解小麦的阶段发育特性在生产上有助于正确指导引种工作和运用栽培措施，如同纬度引种、确定播种期等。

三、种子萌发与出苗

（1）**小麦种子的构造**　小麦的种子为颖果，多椭圆形，根据种皮的颜色区分为红皮小麦、白皮小麦。通常白皮小麦较红皮小麦皮薄、透性强、休眠期短、发芽快。辽春 18 号小麦是红皮。

小麦种子的构造包括皮层、胚和胚乳三大部分。皮层起保护作用，胚是种子的生命所在，它是未来植株的雏体，由它发芽、出苗长成植株；胚乳是种子生命的物质基础，为胚萌发及幼苗初期生长提供营养和能量，也是人们食用的主要部分。具有发育能力的种子，必须具有完好的胚和充实的胚乳。大粒种子胚大、胚乳营养物多，出苗率高，幼苗健壮。

（2）**小麦种子的发芽、出苗和三叶期**　具有发芽能力的种子，渡过休眠，完成后熟作用以后，在适宜的水分、氧气和温度条件下就能萌发。种子萌发，在种子内部要经历吸水膨胀、物质转化和生物生长三个过程。

种子萌发后，其外部形态的明显变化是：首先种子吸水膨胀；不久胚根鞘突破种皮而萌发，称为"露嘴"，当胚根长到与种子等长、胚芽达到种子的一半时，谓之"发芽"；胚芽鞘向上生长顶出地面，为"出土"；胚芽鞘见光后停止生长，第一片绿叶从中伸出，当第一片叶长出芽鞘 2 厘米时，即为"出苗"。

小麦出苗后，大约经历 12～15 天便相继长出第二、第三片叶子，达到三叶期。小麦自第一片叶伸出芽鞘，植株便开始由胚乳营养向独立营养过渡，在第三片叶出现前，胚乳营养消耗殆尽，此即小麦的"离乳期"。此期是小麦生长发育的关键时期，小麦开始分蘖，发生次生根，春小麦同时进入幼穗分化阶段。此期如果土壤养分不足，缺乏水分，分蘖和穗分化将受到严重影响，可造成分蘖缺位、苗弱穗小。因此，通常人们所说小麦"种肥不可不施，也不可多施"就是这个道理，加强麦田三叶期的苗情管理是非常重要的。

（3）**影响萌发出苗的因素**　小麦种子发芽出苗要求适宜的水分、温度和空气。生产上影响小麦出苗率和出苗速度的因素有很多，其主要有种子质量、品种特性、温度、水分、播种深度、土壤空气和整地质量等。

品种特性和种子质量是影响发芽出苗的内因。品种之间的差异主要是休眠期的长短，种子质量决定于籽粒的大小。但是无论哪类品种，都必须保持完好的胚，才具有发芽能力。

其他因素均属于外因，种子发芽与出苗，对温度、氧气、水的要求均有一个适宜的范围。一般为小麦种子吸水达自身干重的45%～50%，在温度为2℃的条件下即能萌发，发芽最适温度为12～20℃，适宜的土壤含水量为田间最大持水量的70%左右，土壤水分过多，氧气不足，能引起种子自养呼吸，产生酒精，对发芽出苗不利。由于小麦种子发芽出苗与温度有密切的关系，所以小麦从播种到出苗所需要的积温可用公式：$\sum t=50+10n+20$计算，式中，t表示从播种到出苗所需的昼夜平均积温，℃；50为种子吸水膨胀到萌发所需昼夜平均积温，℃；10为幼芽鞘出土到第一片绿叶露出芽鞘长达2厘米时所需昼夜平均积温，℃；n为覆土深度，厘米。

例如，当播深为4厘米时，$\sum t=50+10\times4+20=110$℃，即在正常情况下，小麦从播种到出苗所需积温为110℃，根据多年气象资料推知播种后的昼夜平均气温即可估算出从播种到出苗所需的日数。朝阳市春小麦从播种到出苗的时间为25天左右。

四、小麦的根、茎、叶

(1) 根　小麦的根是纤维状须根系，由初生根和次生根组成。初生根又称种子根，细而长，在第一片叶出土前，由胚根和侧生胚根发育而成，通常1～5条，多者7～8条。初生根水平伸展较差，但入土较深，深者可达1.5～2米，其吸收作用主要发挥在出苗到拔节前，直到次生根发生并进入旺盛功能期之后，其作用才逐渐减弱，但直到植株成熟前，仍保持吸收活力，对于旱地春小麦来说，次生根发生较少，初生根的作用更为重要。

次生根比初生根粗壮，根毛密集，根量较大，当幼苗长出4片叶子时，在地中茎上面的分蘖节上长出次生根，每节发根1～3条，随着发根节位依次向上推移，根数不再继续增加。次生根入土较浅，多集中在20～30厘米耕作层内。次生根发生之后，随根系的伸长和根数的增加，吸收作用增强。次生根在小麦的营养体建造和产量形成上起着决定性作用。

根深则叶茂，小麦高产必须培育强壮的根系。根量的大小，生长的好坏，除了受品种特性、种粒大小影响外，还受环境条件的制约，小麦根系在2℃条件下就能生长，最适温度为10～20℃，超过30℃根系生长受抑制，所以适期早播能延长根系的生长时间，对促进根系生长有很大作用。根系一般要求土壤含水量为最大持水量的70%～80%，土壤干旱，根系发育特别是次生根发育受阻，水分过多，通气不良，根系生长也受抑制，氮肥过多易造成地上部徒长，磷肥有促进根系发育的作用，氮磷配合效果最好。

(2) 茎　小麦的茎由节和节间组成，节间数早在幼穗分化前就已定型，小麦茎区分为地下、地上两部分，地下部分节间不伸长，缩合在一起称分蘖节，地上部节间伸长称为节间茎秆。小麦节间伸长从基部第一伸长节开始，依次向上，并且有重叠性。节间长度自下而上递次增加，顶部节间最长，几乎占全株的40%~50%，基部1~2节间最短，一般为3~4厘米或10~12厘米。据研究，穗下节间长度与穗部产量性状密切，相关系数达到0.68，穗下节间长有利形成大穗。

倒伏是小麦生产中的一大问题，近年来由于高产、耐肥、矮秆品种的问世和推广，这一问题基本得到了解决，但是如果栽培管理不当，仍存在倒伏问题。倒伏一般与株高、茎秆韧性、基部节间长短有密切关系。研究小麦抗倒力可以用抗倒指数表示：$\lambda = f/b$，式中，λ表示抗倒力；b表示株高；f表示穗部重量。

此公式表明，抗倒力和穗部承受的重量成正比，而和植株高度成反比。许多资料表明，株高80~100厘米，基部第一节间长不超过5厘米，第二节间长不超过10厘米，是抗倒的指标。

茎的生长受温度、水分、养分和光照的影响很大，气温在10℃以上，节间开始伸长，随温度升高而加快，如果温度控制在12~16℃，有利于形成矮壮的茎秆，水肥不足植株变矮、细弱，氮肥和水分过多，尤其在缺乏磷、钾的情况下，或者密度过大透光不良均会引起基部节间徒长，造成倒伏。

（3）叶

① 叶的生长功能和分组　小麦的一生，主茎叶片数在一定的生态区域是比较稳定的，冬小麦通常为12~14片，春小麦为7~9片。一株小麦（包括主茎和分蘖）一生能分化出很多叶片，它们随时间的推移由下而上逐次伸出展开、衰老、交替更新着，并肩负着不同时期的功能。

根据小麦叶片出生时间和作用，可划分为上、中、下三种功能叶。

下部叶片近根叶，定型于拔节前，其作用主要在于拔节前以其光合作用产物供应分蘖、根系和中部叶片的形成以及幼穗早期分化和基部节间的伸长。

中部叶片，指旗叶和旗下以外的茎生叶，在拔节到孕穗期间定型并进入功能盛期。其光合产物供应茎秆生长和充实、上部叶片的形成以及穗的进一步分化发育。

上部叶片，即旗叶和旗下叶。其光合产物供应花粉粒发育、开花受精、籽粒形成和籽粒灌浆。

怎样提高经济产量？第一要合理加大叶面积和延长功能期，尤其是增大和延长旗叶和旗下叶的功能期对产量形成有重要作用，旗叶在小麦一生中所积累的光合产物占总光合产物的一半；第二是提高光合作用强度；第三是减少光合产物消耗；第四是提高经济系数。

② 叶片、叶鞘、节间等器官的同伸关系　小麦茎秆上的同一节位器官包括叶片、叶鞘、节、节间、节根和蘖芽。同一节位器官伸长的先后顺序依次为叶片、叶鞘、节间和蘖芽及节根。

由于同一节位器官按一定的先后顺序伸长，故同一时间伸长的器官（简称同伸器官）必然在不同的节位上。其规律是：当主茎某个叶片（用 n 表示）开始伸长时，与其同时伸长的器官是 $n-1$ 叶鞘和 $n-2$ 节间。例如当主茎第 13 片叶开始伸长时，与其同时伸长的是第 12 叶鞘和第 11 节间。

追肥、浇水能促进叶片和节间的生长，但肥水效应并不作用在当时可见叶片上，而是作用在 $n+2$ 或 $n+3$ 叶片上，和 $n+2-2$ 或 $n+3-2$ 节间上。例如：当在可见叶片为 11 片追肥、浇水时，受促进的叶片应为 $11+2=13$ 片或 $11+3=14$ 片，受促进的节间为 $11+2-2=11$ 或 $11+3-2=12$ 节间，即在可见叶为 11 片追肥、浇水时，能促进第 13 叶片或第 14 叶片伸长，与其同时伸长的是第 11 节间或第 12 节间。理解了同伸关系和肥水效应，就可以预见追肥浇水后小麦的长相和长势，从而克服盲目性。

五、分蘖及其成穗

分蘖是小麦重要的生物学特性之一，分蘖的多少，生长的壮弱是决定群体结构好坏和个体发育健壮程度的重要标志，与产量有着密切的关系。

(1) 分蘖的作用　分蘖穗是构成产量的重要组成部分；分蘖是壮苗的重要标志；分蘖是环境与群体的"缓冲者"；分蘖有再生作用。

(2) 分蘖的基本规律　分蘖发生在分蘖节上，当小麦长出第三片叶时，基部长出胚芽鞘蘖，大田生产条件下，胚芽鞘蘖往往不出现，故在小麦长出四片叶时，发生第一个分蘖。

分蘖出现之后，随着主茎每长一片叶子，分蘖也随之长一片叶子。当分蘖长出三片叶时，分蘖本身便发生次级分蘖。通常称主茎上的分蘖为一级分蘖，一级分蘖发生的分蘖为二级分蘖，以此类推。

主茎叶片与分蘖出现有同伸关系，胚芽鞘伴随第三片叶同时发生，第一蘖伴随第四片叶同时发生，依此类推，据此关系，可推算某一叶位的主茎最高蘖位，主茎最高蘖位 $=n-3$（n 代表主茎叶龄），从而又可以推算出某一叶龄时单株的分蘖数。每一叶龄组的分蘖数为前两个叶龄组分蘖数之和。

一株小麦能发生几个、十几个甚至几十个分蘖，能发育成穗的为有效分蘖，中间夭亡不能发育成穗的为无效分蘖。在生产条件下，冬小麦分蘖成穗率一般为 $25\%\sim40\%$，高者 50%，春小麦为 $5\%\sim20\%$，高者 30%。

随着每发生一个分蘖，便在分蘖节处长出 $1\sim2$ 条次生根，分蘖多，次生根也多，即使分蘖中间夭亡，根系仍然可以为主茎服务。

(3) 分蘖的消长动态及成穗规律

① 分蘖的消长动态　小麦开始分蘖之后，分蘖数由少变多，发展到一定时期，又由多变少，这种不断发生、发展和消亡的过程便构成了小麦的分蘖消长动态。

② 辽宁春小麦的分蘖消长动态　早春三月末播种，四月上中旬出苗，四月底五月初开始分蘖，五月中旬拔节，在此半个月内分蘖不断发生，数量增加，群体增大，出现分蘖高峰。拔节后分蘖向两极分化，主茎和大蘖迅速生长，最后抽

穗成为有效蘖，发生晚的高位小蘖生长减慢、停止，最终死亡成为无效蘖。到6月初抽穗开花，两极分化结束，稳定最后的穗数。

分蘖两极分化的原因：主要决定其有无足够的发育时间和植株营养代谢方向的转移。

小麦拔节之前，生长中心是长根、分蘖、长叶，为了繁茂个体，扩大群体，营养中心是尽可能地满足分蘖等营养器官对养分的需求。小麦拔节之后，生长中心转向穗器官分化形成，营养分配中心也随之转向穗部器官。这时小麦得不到母体的营养，自身生长时间短，生长量小，自养能力弱，结果导致死亡。环境条件越恶劣、越严重，如水肥不足、密度过大、播种晚的麦田，小麦分蘖和成穗率都低。

③ 分蘖成穗规律　在生产条件下，冬小麦主茎和冬前早生低位蘖成穗率高，后生春季分蘖成穗率低，甚至不成穗。春小麦没有冬前和冬后之分，成穗规律基本类同，只是分蘖期短、数量少而已。

④ 影响分蘖的因素　a. 品种特性；b. 温度；c. 土壤水分；d. 覆土深度；e. 营养面积；f. 肥料。

⑤ 提高分蘖成穗率的途径　a. 适当降低基本苗数和改变种植方式；b. 提高地力；c. 加强春季肥水管理；d. 深耕断根控制无效分蘖。

六、穗的形成及促进大穗途径

（1）穗的构建　小麦穗子属穗状花序。其构造如下：

穗　　　穗轴————————若干穗轴节片组成

　　　小穗　2 片护颖

　　　　　小穗轴

　　　　　　　3～9 朵小花　　1 片外颖

　　　　　　　　　　　　　　1 片内颖

　　　　　　　　　　　　　　1 枚雌蕊

　　　　　　　　　　　　　　3 枚雄蕊

　　　　　　　　　　　　　　2 枚鳞片

（2）穗的分化形成　小麦植株进入光照阶段，茎生长锥开始伸长，幼穗分化开始。北方冬小麦始于春季返青期，春小麦始于三叶期。从生长锥开始伸长到四分体形成，即幼穗分化经历的时间，北方冬小麦为 50～60 天，在东北春小麦为 30～40 天。

小麦穗子分化分为八个时期：伸长期、单棱期、二棱期、护颖原基形成期、小花原基形成期、雌雄蕊原基形成期、药隔分化期、四分体形成期。这里从单棱期到小花分化期是争取小穗数的关键时期；小花分化到药隔期是争取小花数的关键时期；药隔期到四分体是防止小花退化的关键时期。争取穗大粒多，要围绕穗子的形成规律，正确运用栽培措施。

（3）提高小麦穗粒数的途径　争取穗大粒多，考虑两个方面：一是促进幼穗的分化形成，争取多分化出几个小穗、小花；二是在已有分化数量的基础上尽可能减少退化，提高结实率，二者哪个容易奏效呢？据研究在一定的生态区域内，气候条件是比较稳定的，在稳定的气候条件下，穗分化的时间也是比较稳定的，故在稳定的时间内分化出的小穗、小花数是有限的。然而，在不同的肥水条件下，小穗、小花的有效率差异很大。因此，在促进穗大粒多方面，加强水肥管理，减少小穗、小花退化，提高结实率是容易办到的。所以，提高小麦穗粒数的途径，不是主要靠增加每穗小穗数或增加小花数，而主要是在一定小穗、小花数基础上，防止小穗、小花的退化，最大限度地提高小穗、小花的结实率，春小麦原基形成过程时间短，因此应在培养壮苗的基础上力争分化较多的小穗和小花，并提高结实率。

七、籽粒形成和提高粒重的途径

（1）抽穗开花　冬小麦拔节后约经 25～35 天、春小麦约经 15～25 天抽穗，抽穗后 2～5 天开始开花。小麦抽穗、开花，主茎穗早于分蘖穗，就一穗来说中部花先开，后渐及上部、下部，同一小穗是向顶式。一穗开花时间 3～5 天、全田 6～7 天，开花时间以上午 9～11 时、下午 3～6 时最盛，开花后 24～36 小时完成受精过程。

小麦开花时要求天气晴朗，最适温度 18～20℃，最低温度 9～11℃，高于 30℃，且土壤水分不足伴随干热风受精不良，结实率降低；适宜湿度为 70%～80%，低于 20% 或湿度过大，开花遇雨，花粉粒吸水膨胀破裂，也降低结实率。

（2）籽粒形成与灌浆　小麦开花受精后 10～15 天，籽粒外形基本形成，胚已具有发芽能力，籽粒灰绿色，内含物由清水状渐转清乳状，含水率 70% 以上，这段时间称小麦籽粒形成期。也有人称该期之初为"坐脐"，之末尾为"多半仁"。乳熟期一般为 10～12 天，温度低、湿度大可延长到 16～18 天。乳熟期灌浆加速，干物质迅速增加，乳熟末期含水率降到 45% 左右，胚乳由清乳状变为乳状乃至面筋状，籽粒体积达到最大，即"顶满"。蜡熟期大约经过 5～6 天，蜡熟末期是小麦最适收获期，此时植株及籽粒特征是：茎秆、叶片、穗均呈黄色。仅穗下第一节间黄中显绿，籽粒千粒重达到最大值，含水率降到 20%～22%，胚乳蜡质状，硬而不坚，能用指甲划断。完熟期，籽粒水分降到 20% 以下，籽粒坚硬，即"硬红"。植株枯黄，穗头下弯，收获延迟，易落粒，粒重降低。

影响籽粒发育的因素有：①温度，②光照，③土壤水分，④矿物营养。

（3）提高粒重的途径　要从增加籽粒干物质积累的来源、扩大籽粒容量、延长灌浆时间、加强灌浆强度和减少籽粒干物质消耗上加以考虑。

八、小麦的群体结构

（1）群体的概念　大田生产的小麦是一个群体，所谓群体，是由许多个体组成，但又不等于若干个体的简单集合，它有其自己的特征、特性和发展规律。

群体以个体为基础，个体是群体的组成单位，群体与个体存在着对立统一关系，个体的数量、分布、长相决定着群体的状态，群体的大小结构又影响个体的生长发育。

小麦籽粒产量由穗数、粒数和粒重三个因素构成，穗数反映群体的大小，粒数和粒重标志个体的生育情况。它们之间体现了作物与环境、群体与个体生长的复杂关系。高产群体就要协调好这些关系，使产量三因素平衡在较高的水平上。

（2）群体结构　麦田的群体结构是指群体的大小、分布、长相、组成和动态变化，它表现群体的基本特性，是对个体产生影响的根源，与产量关系密切。

（3）群体与个体的关系　群体与个体的关系比较复杂，既决定于土、肥、水条件，又与品质特性有关，同时又不断地受到栽培技术措施的影响，处理好二者的关系才能实现穗多、穗大、粒饱的目的。

在低产条件下，群体与个体间的矛盾不突出，主要是小麦植株生长发育与土、肥、水的矛盾。

在中产条件下，群体与个体间的关系比较复杂，它们之间的矛盾，随着个体生长发育和群体的发展而发生变化。播种出苗期，主要矛盾是种子萌发出苗对环境条件的要求，决定基本苗多少，是群体大小的基础。苗期，在群体与个体的矛盾中，个体是主要方面，个体决定着群体大小，是决定穗数的关键。拔节以后，群体增大，群体环境发生变化（主要是光），群体与个体矛盾激化，是决定穗粒数的关键时期。抽穗开花以后，个体营养器官生长停止，群体基本稳定，个体与群体矛盾缓和，主要矛盾转为个体内部的物质转化，是决定粒重的重要时期。

在高产条件下，群体与个体关系协调，群体结构合理，小麦群体发展与个体生长自始至终沿着高产方向发展，穗数、粒数、粒重平衡在较高的水平上。

（4）建立高产群体结构　小麦高产群体结构的建立是依据当地自然条件、生产条件、品种特性和技术措施综合考虑的，目的在于使群体的大小、分布、长相和组成等有利于群体与个体的协调发展，有利于经济有效地利用光能和地力，最终达到高产、稳产、优质、低消耗的目的。

建立高产结构，重视后期结构的合理性是非常重要的。但是，后期合理结构必须以前期为基础，所以不能忽视小麦前期的结构状况。例如，前期发育较好的群体，往往由于遇到不良的气候条件或人为干预不当，后期会转为差的群体；反之，因为人的努力，措施运用得当，促控合理，原来不良的群体会发展成良好群体。所以，创造高产结构，要有动态观点，随时了解掌握群体的发展动态，分析群体与个体的关系，环境条件的变化，在措施上要做到瞻前顾后、恰到好处。

另外，建立高产结构要重视群体的自动调节作用，自动调节作用是通过反馈作用进行的。

根据北票市的自然条件特点，综合一些科研资料和生产经验，提出下述指标，作为建立合理群体的参数。

春小麦基本苗每亩不应少于 30 万，以 35 万～40 万为宜，最高分蘖数 90 万～100 万，有效穗 40 万～50 万。春小麦最大叶面积指数都应争取达到 5～6，叶不早枯，麦苗分布均匀，中期生长合拍，底节不超过 5 厘米，底二节不超过 10 厘米，株高整齐，麦脚干净利落，秆壮不倒，正常落黄，经济系数在 0.4 左右。

第二节　春小麦栽培

一、春小麦的生育特点

（1）生育期短，生长速度快，春小麦的全生育期只有冬小麦的三分之一，从出苗至成熟为 70～100 天，各生育时期与冬小麦的差异，主要是春小麦的分蘖时期即营养生长期显著缩短，冬小麦从出苗至拔节除去越冬生长停止期，有 80～90 天的生长时间，而春小麦从出苗至拔节只有 25 天左右，由于春小麦营养生长时间短，分蘖阶段只有 15 天左右，因而分蘖数少，分蘖成穗数也低，根系发育较弱，尤其次生根远不如冬小麦发达，易脱肥早衰，故必须依靠主茎成穗。

春小麦营养生长期缩短，生长发育速度相应快，所以在栽培上，对基础条件、播种质量及前期管理要求更为严格，稍一疏忽就会形成弱苗，一旦形成弱苗就很难赶上壮苗，从而造成减产。

（2）幼穗分化开始早，进程快。春小麦幼穗分化始于三叶期，与分蘖同时开始，并且幼穗分化过程也显著缩短，北方冬小麦、小麦穗分化期一般为 50～60 天，而东北春小麦穗分化时间仅为 30～35 天，几乎仅是冬小麦的一半时间，因而减少了每穗的小穗和小花数，如果苗弱穗头就更小了，所以在栽培上，肥水要提前，早管早促，施足底肥，增施种肥，防止脱肥。

综上原因，春小麦生产上，常因穗数不足及粒少而影响产量，这是必须重视的。

二、栽培技术

1. 做好播种前准备工作

① 选择地块，精细整地　小麦对土壤的要求是：有机质丰富、结构良好、养分充足、保水力强、通风性能良好的中土壤，土壤容重是每立方厘米 1.14～1.26 克，pH6.8～7，耕层含盐量不得高于 0.25%。

高产麦田要求土层深厚，土壤肥沃，土地平整。具体指标：熟土层 24 厘米以上，孔隙度 50%～55%，有机质 1.2% 以上，全氮 0.06% 以上，速效钾 60 毫克/千克以上，速效磷 20 毫克/千克以上，速效氮 50 毫克/千克以上。

按小麦对土壤要求选好地块以后，播前抓紧时间整地，深翻细整，打碎坷垃，清除残茬，保好墒情，做好畦，修好田间灌溉渠道，配套水利灌溉设施，搞好冬灌，每亩灌水 50～60 立方米，播前达到："深、齐、平、松、碎、净、墒"七字要求。

② 施足基肥，施用种肥　小麦是"胎里富"作物，对底肥和种肥要求较高。以农家肥作底肥，肥效长，养分全，又能增强地力，大约每生产 50 千克子粒，需向土壤补充 2000 千克质量较好的有机肥，结合耕翻，施入土层与土壤混合效果最好。

种肥能壮苗保蘖，增强抗寒能力。机械播种亩施磷酸二铵 20 千克加 5 千克尿素，从小麦的需肥规律来看也必须施足底肥，施用磷肥和种肥，苗期生长量小，吸收养分较少，到拔节期，吸收量急剧增加；开花以后，又逐渐减少，春小麦对氮、钾吸收以拔节至孕穗期最高，开花至乳熟期次之，磷在拔节后吸收量增加，但是苗期需磷量少，磷酸对小麦分生组织的生长影响很大，对生根增叶有很大作用，所以生产上磷肥必须作种肥和底肥，早期施用最好。

③ 选用良种，做到良种良法配套　选用的品种是辽春 18 号小麦，特性是春性、对光照敏感，生育期 70～90 天，株高 84 厘米，叶浓绿，叶耳红色，穗层较整齐。叶片较窄，剑叶披散，秆壮，根系较发达，穗纺锤形，穗码较多，结实性好，长芒，壳白、红粒，硬质，千粒重 38.7 克，抗黑穗病、秆锈病，不抗白粉病。

2. 做好播种

① 适时早播，适当浅播　小麦种子在 0～3℃ 的条件下就能萌发。当春季平均昼夜气温回升到 2～4℃ 时，土壤化冻 5 厘米，春小麦即可顶凌播种。春小麦适时早播，苗全、苗壮，能获得高产。

春小麦适时早播，能提高产量，要从生态条件和春小麦的生育特性两方面加以分析。

就生态条件而言：春小麦多分布在高纬度、高海拔地区，这些地区早春气温低，上升较晚，出苗后又上升很快；春季风大，土壤失墒快，大部分地区春末夏初多干旱；小麦生育后期又多干热风和阴雨天气，这些情况都决定了春小麦需要早播。

就春小麦生育特性而言：a. 早播初生根发育好，入土深，抗寒和吸肥能力强；b. 早播可以延长出苗至拔节的时间，分蘖较多，分蘖成穗率较高，穗分化开始早，分化时间相对延长，有利形成大穗；c. 早播能早熟，减轻高温、多雨等不利因素的影响，减轻秆锈病、根腐病和麦秆蝇的危害；d. 早播可以利用早春较好的土壤墒情，提高出苗率。辽宁省春小麦一般在3月中旬到4月初播种。

播种时要适当浅播，以1寸（1寸=0.0254米）左右为好，浅播有利于早出苗和幼苗早发。

② 适当增加播种量　由于春小麦分蘖少，成穗率低，故以主茎成穗为主来达到一定的亩穗数，一般播种量为每亩20千克。

确定适宜播种量是小麦合理密植的前提，它关系到群体的大小和穗数的多少。确定播种量要以小麦产量构成和高产群体结构理论为依据，以增产为目的。确定密度的基本原则是：薄地宜稀，中肥地宜密，高肥地宜稀；分蘖力强的品种宜稀、弱的品种宜密，晚播麦田要增加播种量。

③ 提高播种质量　播种质量的好坏是影响苗全、苗齐、苗匀、苗壮的重要因素，对播种质量的要求是：播量准确，下种均匀，畦行整齐（畦宽1~2米播6行），无漏播和重播，覆土深浅适宜，防治地下害虫，每亩随种下氮、磷肥各5千克以及硫酸锌1.5千克，覆土深度要求3~4厘米，黏土浅些，砂土深些。

3. 前期早促早管

① 出苗后，及时查田验苗。二叶期疏松表土，增湿保墒，促进根系生长。三、四叶期耙苗除草，但整地质量差，坷垃大地块伤苗严重，不宜耙青苗。

② 在分蘖后期、拔节初（生理拔节），压青苗，有促根蹲节、壮秆防倒作用。压青苗一定掌握好时期，否则，早压无作用，晚压影响发育，穗子变小。

4. 加强肥水管理

春小麦第一次应用肥水在三叶期，能促低位分蘖早生快发，提高分蘖成穗率，促幼穗分化，有显著的增产作用。此外，还要注意在拔节及孕穗期适时浇水和适当追肥，防止后期贪青或早衰。

三次追肥，要本着"前重后轻"的原则，重追三叶肥，结合灌水亩追施尿素20~25千克，补追拔节肥和孕穗肥。

小麦的灌水要根据土壤墒情、气候条件和苗情三方面考虑。小麦不同生育期对土壤水分的要求都有一个适宜的界限：出苗至拔节要求土壤水分为最大持水量的70%左右，拔节至抽穗为80%，抽穗至成熟为70%~75%，而朝阳地区从春小麦的播种至分蘖，降水只能满足40%，分蘖至抽穗只能满足30%，只有蜡熟后，如果遇到正常年份降水才能满足需水或大于需水，水是小麦生产的主要障碍因素，因此麦田必须实行水利化。

春小麦一般浇四次水，结合追肥在三叶期、拔节期、孕穗期和灌浆期进行。

三叶水宜早不宜迟，灌水量要大，浇足灌透；拔节水要看苗情，适时适当；孕穗水要及时；灌浆水，量不可大，浇"跑马水"。群众说法是："头水满，二水赶，三水及时，四水洗个脸"，当然也不能生搬硬套，如果遇到特别干旱的年份要增加灌水次数。

有条件的小麦扬花后期到乳熟期间，向叶片喷施少量肥料如每亩喷 50 千克 0.2%～0.3%磷酸二氢钾 1～2 次，或喷施宝两次，有较好的增产效果。

5. 病虫害的防治

危害小麦的虫害主要是麦蚜和二代黏虫。麦蚜在小麦抽穗以后发生可用乐果乳剂或乐果粉进行防治。二代黏虫每年六月上中旬发生，主要危害叶片，可用菊酯类农药的溶液喷雾防治。小麦的病害主要是锈病和白粉病，辽春 18 号小麦抗锈病能力较强，一般不发病或发病较轻，白粉病个别年份发病较重，小麦锈病和白粉病均可用"粉锈宁"每亩 30 克兑水 50 千克喷雾防治。

6. 适时收获

收获是小麦生产中的最后一个环节，必须抓紧抓好。

一是掌握火候适时收割，群众说"麦收一响""收麦如救火"，就是说小麦成熟来得及，收割要快，尤其是麦收季节雨季将临，不及时收割损失严重。

蜡熟末期是小麦最适收获期，适时收获千粒重高，品质好；过早收获，子粒成熟度不够，不便脱粒，粒重低；延迟收获，呼吸、淋溶作用使粒重变轻，并且易落粒，损失大。

二是做好麦收前脱粒机械、场地、晾晒及防雨设施等的准备工作。

三是在收获前和在麦收过程中，做好选种、留种工作，种子田严格去杂去劣、早收早放，防止混杂。

7. 合理安排

加强套种作物水肥管理，对复种地块，麦收后立即整地，突击抢种抢栽下茬作物。

第三节　小麦品种简介

审定编号：国审麦 2007024
品种名称：辽春 18 号
选育单位：辽宁省农业科学院作物研究所
品种来源：辽春 10 号变异株系选育而成的小麦品种
省级审定情况：2005 年辽宁省农作物审定委员会审定
特征特性：春性，早熟，生育期 75 天左右，成熟期比对照辽春 9 号早 3 天左右，幼苗直立，叶色浓绿。株高 84 厘米左右。株型紧凑，叶片较窄，剑叶披散，穗层较整齐。穗纺锤形，长芒，白壳，红粒，硬质。平均穗粒数 27.1 粒，千粒重 38.7 克。抗倒性较好。熟相较好。

抗旱性鉴定：抗旱性中等。

抗病性鉴定：高抗秆锈病，中抗至中感叶锈病，高感白粉病。

2005 年、2006 年分别测定混合样：容重 786 克/升、容重 801 克/升，蛋白质（干基）含量 17.71％、17.83％，湿面筋含量 37.7％、39.4％，沉降值 55.5 毫升、47.3 毫升，吸水率 60.8％、61.5％，稳定时间 9.1 分钟、7.9 分钟，延伸性 17.0 厘米、16.8 厘米，拉升面积 111 平方厘米、141 平方厘米。

产量表现：2005 年参加东北春麦早熟旱地组品种区域试验，平均亩产 260.1 千克，比对照辽春 9 号增产 5.4％；2006 年续试，平均亩产 274.1 千克，比对照辽春 9 号增产 9.4％；2006 年生产试验，平均亩产 294.3 千克，比对照辽春 9 号增产 10.1％。

栽培技术要点：每亩适宜基本苗 40 万苗左右。该品种对农药"阿特拉津"敏感，不适合在前茬喷洒过"阿特拉津"的田块上种植。长到 4～5 个叶时及时使用除草剂除草。蜡熟末期及时收获，防止麦穗遇雨发芽和子粒霉变。

审定意见：该品种符合国家小麦品种审定标准，通过审定。适宜在辽宁沈阳和锦州、内蒙古赤峰和通辽、河北张家口及天津的春麦区种植。

第四节　小麦下茬复种套作栽培技术

一、小麦套玉米吨粮田栽培技术

1. 小麦栽培技术

（1）水肥条件，围水种麦　必须选择平肥、有灌溉条件集中连片的田块，做到冬前整地作畦，一般畦长 30～50 米。要主渠固定，支、毛渠配套，同时力争做到秋前施肥，并进行冬灌。

（2）栽培形式　北票市小麦套玉米吨粮田，带宽多为 1.6～2.0 米，在 0.8～1.2 米畦内播 5～9 行小麦，在 0.8 米畦台上种两行玉米。玉米小行距 0.4 米，一般株距 0.2 米，亩保苗 3300～3500 株（紧凑型玉米亩保苗 4000～5000 株）。

（3）品种选择　选用"辽春 18 号"小

西关镇小麦辽春 18

麦良种。该品种具有抗病、抗逆性强、产量高、品质好等优点，一般亩产可达400千克左右。

（4）种子处理　播前先将种子晾晒2～3天，用18％的盐水选种；用5％甲拌磷2.5千克拌细土30千克，随播种沟施，防治地下害虫。再每亩用种子重量2％的立克秀可湿性粉剂拌种，以提高小麦的光合作用和抗旱抗病能力。为增加小麦千粒重，还可以用稀土160克拌种。

（5）施肥　播前亩施优质农肥3立方米以上，播种时施入二铵10～15千克/亩作种肥。三叶期每亩追施尿素30千克，孕穗期每亩再追10千克。为促进麦苗粗壮，防止倒伏，在抽穗及灌浆期每亩分别用5毫升喷施宝兑水60千克喷雾，可增产10％～15％。为保穗长，在拔节和孕穗期用0.05％～0.07％稀土喷雾，亩喷肥液60千克，7～10天喷一次（喷稀土勿同碱性农药混合）。

（6）密度　3月15日至25日播种完。亩用种量12～13千克，一般小麦套种亩保苗24万～26万棵，群体密度28万～32万穗。

（7）灌水　主要是灌好三叶、拔节、孕穗、开花、灌浆、麦黄六次水。如春季干旱要灌一次蒙头水，以利抓全苗，灌水后要及时破除板结层。

（8）田间管理　2叶1心至3叶前压青或踩麦，搂麦2～3次，4～5叶期用72％ 2,4-D丁酯50克兑水60千克喷雾，防治灰菜、苋菜等阔叶杂草。

（9）防治病虫害　小麦主要病虫害是锈病、白粉病、蚜虫、黏虫，在小麦抽穗后用40％乐果乳油稀释800倍液，或者用2.5％溴氰菊酯乳油3000～4000倍液进行喷雾，防治蚜虫；乳熟期用47.7％高氯·毒死蜱1500倍液或20％氯氟氰菊酯1000倍液喷雾，防治黏虫。6月上旬对锈病、白粉病用2 5％粉锈宁可湿性粉剂1500～2000倍液进行喷雾防治。

（10）适时收获　当小麦进入蜡熟末期，要采用机械突击抢收，做到边收边打，颗粒归仓。

2. 套种玉米栽培技术

套种是一种巧用生长季节和空间，充分利用地力、热量资源，改善群体环境的良好种植形式。小麦套种玉米重点抓住以下几个主要环节：

（1）整地做畦　冬前秋翻，耕深20厘米左右，翻后细耙要施足底肥。玉米打垄和小麦作畦一起进行。未经秋翻的地块，要顶凌耙地、顶浆起垄。目前米麦套种方式多采用1.6米（0.8：0.8）、1.8米（1.0：0.8）、2.0米（1.2：0.8）三种形式。除1.6米带宽外，1.8米和2.0米带宽都便于机械打垄。玉米畦台面宽65～70厘米、高10～15厘米，每一垄台面种植两行玉米，小行距40厘米。玉米是需肥较多的作物，在秋整地做垄的同时，每亩需施农家肥3～4立方米。

（2）选用良种，合理密植　米麦套作的田块，土壤肥力都比较好，要充分发挥其增产潜力，必须选择高产稳产的玉米杂交种，如恩喜爱298、郑单958、宁玉309、北育288等均可种植。种植密度应按土壤肥力、品种特性灵活确定。选择株高 2.5～2.8 米的中秆杂交种，亩保苗 3300～3500 株；株高 2～2.5 米的中矮杂交种，亩保苗 3500～4000 株；紧凑型玉米亩保苗可扩大到 4500～5000 株。套种玉米一定不能少于清种玉米的株数。

（3）玉米适宜播期　确定播期，应按春小麦的长势而定。当麦苗长到 3～4 片叶时，此时播种玉米适宜，大约在 5 月上旬。过早或过晚播种都不利于彼此之间的生长发育。播种方法是采用人工条播手摆籽。在玉米畦垄种植两行，小行距 40 厘米，株距 17～20 厘米，亩保苗 3300～3500 株，亩播种量 3.5 千克，覆土 4～5 厘米厚。随播种亩施口肥硫酸铵 5～10 千克、磷酸二铵 15～20 千克。为防治地下害虫，每亩随播种可沟施甲拌磷颗粒剂 2～2.5 千克，拌砂土 30～35 千克。墒情不好时，要坐水播种。要做到行正垄直，深浅一致，点种均匀，接上湿土，踩好底格，播后及时镇压提高作业质量，保证全苗。

玉米与小麦套作

（4）田间管理

① 玉米苗期管理　为促进快出苗、出齐苗，在幼苗两片叶展开时应浅锄松土，破除硬壳。3 片叶时疏苗，5 片叶时定苗。要实行蹲苗，做到促下控上，对播种过深的地块，要"扒土晒根"。原则上蹲黑不蹲黄，蹲肥不蹲瘦，蹲湿不蹲干。

② 拔节、孕穗期管理　玉米拔节到抽穗前，是生长速度最快、需肥水较多的时期，要追好攻秆肥。但拔节后的第一次追肥却不宜多，否则会出现生长过旺、贪青徒长现象，一般需亩追尿素 10 千克。当玉米生长到喇叭口前期（13～16 片），此时是生长量大和雌穗分化的旺盛时期，要追好攻秆肥，每亩追施尿素 15～20 千克或硫酸铵 40 千克，追肥要刨坑深施盖土。追肥前要注意及时掰掉分蘖，应随见随掰，彻底清除。当小麦收获后要及时给玉米进行培土。抽穗及灌浆期遇旱要及时灌水。

③ 辅助授粉，促早熟　人工辅助授粉是减少秃尖、缺粒，提高玉米产量的一项有效措施。当玉米吐丝 30%～40% 和 60%～70% 时，各进行一次辅助授粉。方法是，选晴天上午 9～11 时，用手敲摆玉米秆，促使散粉即可，一般可增产 10%。玉米在乳熟期到腊熟期，要采取拔大草、放秋垄、打枯叶等措施，这对促进早熟丰产有一定的作用。

④ 防治虫害　玉米虫害主要是黏虫和玉米螟虫。玉米进入拔节中期（6 月下旬至 7 月上旬），要特别注意麦田黏虫对玉米的危害。达到防治指标时，可亩用 0.04% 除虫精粉 2.5～3 千克进行喷粉。在玉米喇叭口期发现玉米螟，虫害花

叶率达 10%～15% 时，可用 5% 甲拌磷颗粒 0.5 千克拌细砂 20 千克，撒在心叶内，每株用量 2 克即可。

小麦机收后

⑤ 适期收获　在玉米 80% 以上植株的苞叶变黄、籽粒硬化时，为成熟期，以玉米果穗下垂为收获适期。

二、小麦套种大葱高产栽培技术模式

小麦套种大葱技术已在北票市不少地方广泛应用。此项技术不仅能保证小麦的单位面积产量，还可增加效益，因此很有推广价值。

1. 整地、施肥、做畦

选择土质肥沃、土层深厚、有水源条件的平整地块。秋末翻地，亩施优质农肥 3000～4000 千克、二铵 20 千克同时施入土壤，然后做畦。畦宽 80 厘米，小麦宽 50 厘米，形成小麦套大葱 80∶50（厘米）的垄作形式。春麦播种前，将套栽大葱的畦搂平并从中间开沟，再亩施 2000 千克农肥和 10 千克复合肥，土肥充分混合，整平待栽。

2. 套栽大葱

（1）品种选择　套栽大葱多为干葱，供冬季食用，一般选用品质好、耐贮藏的山东章丘大葱、大梧桐等品种。

（2）育苗

① 选地、施肥、做畦　育苗地应选择土壤肥沃、土质疏松的地块，深翻耙细，整平做畦。畦宽 1 米、长 7 米，亩施优质农肥 4000 千克、磷酸二铵 7.5 千克。

② 播种　播前先将种子进行处理，用 50～55℃ 的温水浸泡种子 20 分钟捞出，这样操作既可杀死表皮病菌，又可促进发芽。播种时间，套栽葱在头年白露

前 8～10 天为宜。每亩播种量 3 千克，可栽 20 亩生产田。播种时把畦内灌足水，待水渗后将种子均匀撒在畦内，覆土 1 厘米厚。

③ 苗期管理　播后冬前应控制水肥，以防贪长。封冻前可浇 2～3 次水，保持土壤湿润。小雪前后，结合浇灌粪浇足冻水，或灌水后铺撒一层圈粪，以保护幼苗越冬。开春后如果土壤干旱，4 月中旬可浇一次返青水，但水量不能大，浇水不能太早，以免降低地温，然后蹲苗 10～15 天。立夏前开始追肥灌水，一般追 1～2 次肥，每次亩追尿素 30～40 千克，灌水 4～5 次。

（3）移栽

① 移栽时间　适宜时间为 6 月上旬或中旬。栽葱不能太晚，否则收后大葱不充实，干葱率低，品质差。

② 整地、挑秧　栽前要对葱沟进行重新整理，葱沟深度 20 厘米，开沟时注意不要压伤麦苗。挑选健壮葱苗移栽，标准是，三个功能叶片，株高 35～45 厘米，茎粗 0.7～1 厘米。

③ 移植方法　单行栽植，株距为 6～7 厘米，也可采用拐子苗栽植，株间垂直距离 4～5 厘米。栽葱深度以土不埋住"五叉股"为宜，栽后浇水，覆土踩实。

（4）田间管理

① 中耕除草　移栽后的秧苗，由于气温高加上根系的损伤，生理机能减弱，缓苗慢，这时管理的中心是促根。应加强中耕除草，疏松表土，贮水保墒，促进缓苗，此时期雨多，要采取排水措施，以防葱沟积水，导致烂根和死秧。

② 追肥培土　追肥应以氮肥为主，第一次追肥在麦收前即 7 月上旬，离植株 7 厘米远处顺垄开浅沟施；二次追肥结合第二次培土进行，每亩追碳铵 80 千克，追后要灌水。培土是软化叶梢和增加葱白长度的重要措施。第一次培土应在麦收后进行，以后每隔 10～15 天培土一次，每次培土 10～15 厘米，共培土 3～4 次。土要培到葱心，切不能将葱心埋入土中。

（5）病虫害防治　主要病虫害是紫斑病、霜霉病、葱蛆。紫斑病用 75％的百菌清 600 倍液或 25％瑞毒霉，在发病期喷 2～3 次。霜霉病用 1∶1∶120 倍的波尔多液或 80％乙磷铝 400 倍液喷雾，连续 2～3 次。葱蛆防治方法，除播前用充分腐熟的农肥外，发病初期用 80％敌百虫 800 倍液或 40％乐果乳剂 800 倍液灌根。

（6）收获　鳞棒葱适宜收获期是 9 月 25 日至 10 月 5 日，早收不易贮藏；收获过晚，养分下移，葱白上端易失水，影响质量。收获后要适当晾晒，待叶身和外层稍干时，捆成小捆，贮于冷凉干燥的地方。

三、小麦复种大豆高产栽培技术模式

小麦下茬复种大豆是北票市麦茬复种的主要栽培形式，既高产又增收，还有利于培肥土壤地力。大豆是轮作倒茬中最理想的养地作物之一。

1. 选用良种

目前北票市推广的早熟高产大豆品种有辽豆 1 号、合丰 26 号等。这几个品种植株长势较强，株高 47～57 厘米，底荚高度 9.1～12.3 厘米，百粒重 15.4～18.0 克，生育期 72～78 天，一般亩产 200～300 千克。

2. 选地、整地

要选择土层深厚，富有钙质、腐殖质多，保水保肥，排水性好的中性、微碱性麦田复种大豆。为了提早播种，麦收后要及时进行整地，也可边收边整地，捡净根茬，耕翻一遍。

3. 播前准备

（1）精选良种 播前要对种子进行精选，将破粒、秕粒、病粒清除，做好发芽试验。播种用的种子纯度和发芽率达到 90％以上。

（2）钼酸铵拌种 用钼酸铵拌种，有利于促进大豆生长发育，提高产量。方法是，配制 1％～1.5％钼酸铵水溶液，用 1 千克药液拌 20 千克种子，阴干后播种。

（3）药剂拌种 为防治地下害虫，用 0.7％灵丹粉均匀拌种，或用 5％甲拌磷 2～2.5 千克拌 15 千克毒土，随播种撒施于沟内。

4. 播种与密度

麦茬大豆应在 7 月 10～15 日前播种完。方法是，用犁、镐开沟，行距 33～40 厘米，株距 5～7 厘米，亩播种量 9～11 千克，亩保苗 35000～45000 株，播种深度以 5～7 厘米为宜。播种后，待地面稍干，应及时镇压，使种子接墒，以利发芽。如果墒情不好，条播时要踩底格子或增墒播种，以保全苗。

5. 田间管理

（1）适时间苗，及时铲趟 大豆长出真叶后，应及时进行间苗，间苗过晚，幼苗会相互拥挤，影响生长。采用机械精量穴播，可不间苗。

（2）中耕培土，消灭杂草 间苗前后，要进行第一次铲地和趟地，以消灭杂草。这对于促进大豆根系发育、形成壮苗具有重要作用。大豆开花前具 4～5 对真叶时，进行第二次铲趟；封垄前，应结合培土进行第三次铲趟。

（3）合理施肥灌水

① 追施氮肥 在大豆生育期间，有 30％～50％的氮素来自根瘤菌固定的氮，其余 50％～70％的氮素仍需土壤供给。尤其是在幼苗期，根瘤没有大量形成以前，所需氮素几乎全由土壤供给。大豆开花和鼓粒期是大豆需氮最多的时期，因此要在大豆扬花初期，每亩追施尿素 10～15 千克。

② 灌水 幼苗生长期一般不需灌水。扬花期是需水高峰期，在扬花初期应结合追肥灌一次水，结荚鼓粒期，要根据土壤墒情和降雨情况进行灌水，防止干旱。

(4) 施用增产灵，减少花荚脱落 "增产灵"是植物生长激素，有减少花荚脱落的作用。将增产灵溶解于酒精后，配成十万分之二至十万分之四的水溶液，在大豆初花期和盛花期各喷一次，间隔时间7～10天，一般可增产10%左右。

小麦复种大豆（彩图）

(5) 防治害虫 大豆的主要害虫是蚜虫、红蜘蛛、卷叶蛾、造桥虫及食心虫。防治方法：在大豆蚜虫发生初期，用1%的乐果粉剂2～3千克/亩或用40%的乐果乳剂1000倍液喷雾。大豆卷叶蛾可在发生初期，用2.5%的敌百虫粉2～3千克/亩，或用80%敌敌畏乳剂3000倍液喷雾，大豆食心虫可在成虫出现高峰前2～3天，用敌敌畏原油100克/亩，沾秫秸瓤30根，均匀地插在豆田地里防治。

(6) 收获 当大豆植株叶片基本脱落，荚内籽粒坚硬，摇动可听到籽粒响声，即为收获适期，要抓紧收割，收割过晚，不仅容易裂荚落粒，而且籽粒色泽变淡，影响品质。但对即将成熟而遇霜打叶子脱落的，切不要马上收割，需再等5～6天收获。

四、小麦复种向日葵高产栽培技术模式

麦茬复种油用向日葵，是充分利用光照资源提高农作物单位面积产量和效益的有效途径之一，也是北票市农业集约化生产的重要措施。

2012年北票市小麦下茬复种向日葵面积2000亩，平均亩产250千克；亩产值1650元，亩纯收入1400元。

1. 选用品种

目前适于北票市夏播的油用向日葵品种有矮大头、辽葵3号，每亩单产250～350千克。

2. 播前准备

（1）整地施肥　麦收后要抓紧翻地，除净残茬，整平耙细，做成行距60厘米垄，每亩施农肥2000千克、草木灰150千克、二铵（磷酸二铵）15千克。

（2）种子处理　播前精细选种，剔除病杂种子，选用粒大饱满的种子播种。选出的种子要做发芽试验。作播种用的种子发芽率应在90％以上。

（3）育苗　复种生育期90～95天的油葵品种，需在7月上中旬定植，因此应提前育苗。方法是，在移栽田附近选一小块育苗地，于6月20～25日育苗。当一对子叶长出后，幼苗拥挤可适当疏苗，待一对真叶展开时即可移栽，最晚不迟于两对真叶。

3. 播种方法

（1）播种　7月上旬麦收后，立即进行抢播或移栽，力争7月10日前播种（栽）完。播种方法有点播和条播两种。点播可刨埯点播或犁开沟点播，以犁开沟点播为多。株距35厘米，每埯3～4粒种子（每亩用种量0.75～1千克），覆土4厘米，每亩保苗3000～3200株。地皮稍干即镇压保墒。条播又可分为犁开沟条播和机械条播，为确保全苗，在犁开沟条播时要人工踩格子。另外，要施口肥草木灰，撒在两穴种子中间，以免烧苗。

（2）播种深度　播种深度要根据土壤质地、墒情来确定。黏土地播深以4厘米左右为宜，干旱沙性土壤可加深至6～7厘米，沙壤土可在4～5厘米。

（3）合理密植　油用向日葵植株较矮，单株营养面积可小些，复种杂交种，行距60厘米，株距35厘米，亩保苗3000～3200株。

4. 田间管理

（1）间苗、定苗、补苗　当一对叶子展开时进行疏苗，一对真叶展开时定苗。地下害虫多的地块定苗可稍晚些。发现缺苗断条时，应就地挖大苗坐水移栽。

（2）中耕除草　第一对真叶出来时铲地，疏松表土，消灭杂草。第二次中耕在苗高15厘米时进行。铲地后随即进行一次浅趟，耕深以10厘米为宜。苗高35～40厘米时进行第三次中耕，先铲地，后趟地培土，防止倒伏。

（3）施肥灌水　向日葵是喜肥作物，当植株长到12～14片叶时，即现蕾初期，每亩追施硫铵25～30千克或尿素15千克，距根部10厘米远刨坑深施。结合追肥要灌一次水。扬花至灌浆期，如遇干旱，可灌溉1～2次。

（4）人工辅助授粉　向日葵是异花授粉作物，单株开花期7～10天，开花

高峰在第三天至第五天。实行人工授粉能显著提高结实率，增加产量。方法是，在开花盛期到结束前用纱布或大绒布做成粉扑，用粉扑轻轻触贴花盘（千万不可挫折柱头），粘上花粉后再触粘另一个花盘，如此下去，直到全部授完。授粉要在早晨露水干后至 11 时和下午 3～6 时进行，共授粉 2～3 次。

（5）防治病虫害　油用向日葵主要病害是黑斑与褐斑病，其防治方法是，发病初期可除掉基部病叶，集中烧毁或埋掉。药剂防治，用 500 倍的代森锰锌、800～1000 倍的退菌特或 1000 倍的多菌灵等，在发病初期喷洒，用药液 50～60 千克/亩。主要虫害是向日葵螟，防治方法是，在开花期用 50％杀螟松 1000 倍液或甲基对硫磷 2000 倍液，对花盘和苞叶进行喷雾。

5. 适时收获

向日葵成熟后必须及时收获，否则容易霉烂、落粒，产量、品质都会受到影响。当植株茎秆变黄，大部分叶变成褐色，舌状花冠脱落，筒状花一触即掉，种壳坚硬时即可收获。

五、小麦复种茄子高产栽培技术模式

春小麦下茬复种茄子，既增加了复种作物种类，又丰富了秋淡季蔬菜市场，经济效益十分可观。

1. 选择品种

麦茬复种茄子品种的选用，应根据本地消费习惯而定，因为每个地区对茄子果色、果型均有严格的选择性。目前在北票市栽培的品种有娜塔利、布利塔，这两个品种均属早熟品种，生育期 110 天左右，单果重 0.25 千克，一般亩产 4000 千克左右。

2. 育苗

（1）苗床制作　4 月上旬选择离麦田较近，背风向阳，土壤肥沃，有水源，前茬没有种过茄科作物的地块做苗床。将地块深翻后，做成 25 厘米深、1 米宽、5 米长的育苗畦，床土应适当黏一些。每 5 平方米冷床施过筛的农家肥 100～120 千克，拌匀耧平，以待播种。

（2）种子处理　为消灭种子表皮病菌，播前需做种子处理。其方法是，将种子放在 55℃的温水中浸种 15 分钟后，再放在常温下水中浸种 24 小时，捞出后，装入布袋内，搓去种子表层黏液，再用洁净的粗布包好，放在 25～30℃条件下催芽。每天翻动一次，并喷洒少许水，以保出芽整齐一致。

（3）适期播种　茄子育苗时间可在小麦三叶期即 4 月中下旬。播前先灌透底水，然后均匀撒种，每亩用种 50 克，覆土 1.5 厘米厚。为防早春寒流影响，冷床上面覆盖塑料薄膜或草毡。

（4）苗期管理

①防寒　4 月下旬 5 月初，气温转暖，温度已回升，但仍有寒流和轻霜出

现，此时防寒保苗是管理的重点。晴天白天，可揭去覆盖物，夜间仍需覆盖，直到终霜过后为止。

② 间苗　由于麦茬茄子育苗时间较长，因此必须进行疏苗与间苗，以促进幼苗生长。单株营养面积至少要保证 6 厘米×6 厘米，间苗应进行 2～3 次，第一次要适当早些，以免相互拥挤影响幼苗的生长发育。

③ 倒苗　倒苗虽然较一次育苗费用加大，但有利于培育壮苗。采用营养土块或营养纸袋均可，单株营养面积可用 6 厘米×6 厘米或 8 厘米×8 厘米，当幼苗长至 2 叶 1 心时便可进行。倒苗后将营养土块或营养钵放在畦内，中间缝隙要用细沙覆盖。

④ 浇水　出苗后，不干不浇。倒苗后放足水，以利固定埯和缓苗。由于苗龄较长，5～6 月份气温较高，浇水应适当控制。浇水过多，使幼苗徒长，定植后不易缓苗；过少，也会因高温干旱而使小苗老化。为维持土壤适宜含水量，可采取减少灌水次数、浇后"耧土"保墒的方法。

⑤ 除草　茄子幼苗期要经常除草，注意不要损伤幼苗。

3. 定植

（1）整地施肥　茄子的定植时间在 7 月 10 日左右。提早定植有利于增加茄子的生育时间，提高产量。麦收后要及时翻地，增加底肥，亩施农肥 2000 千克，做成行距 50 厘米垄，待植。

（2）定植方法　无论是垄作或畦作，行距均为 50 厘米，株距 20～25 厘米。刨大埯坐水定植，亩定苗 5000 株，依靠群体保产量。

4. 田间管理

定植时茄子已全部开花，并有部分结果，而且 7 月中旬正值高温时节，所以应勤浇水，灌水 2～3 次，并要及时进行松土。追肥可与定植同时进行，每亩追尿素 15 千克，一般追肥一次即可。定植缓苗后，要及时中耕培土。注意病虫害防治。

5. 采收

定植后 30 天左右便可采收门茄，一般每株可采收商品果 1.5 千克左右。

六、小麦复种菜豆高产栽培技术模式

菜豆是小麦下茬复种的主要细菜种类之一，其产量、产值、效益都很可观。一般复种菜豆单产可达 1200 千克，亩产值 2400 多元。

1. 品种选择

菜豆品种可分矮生型和蔓生型两种。目前生产上应用的早熟、抗病矮生型品种有江户川、沈阳快豆；蔓生型品种有芸丰、秋抗 6 号、79-9-1。以芸丰最受欢迎，一般亩产 1500 千克左右。

2. 整地施肥

精细整地和施足底肥是菜豆高产栽培的重要措施之一。麦收后应及时翻耙田地，除净残茬整平压细。根据种植形式做畦或做垄。一般平畦宽1～1.5米、长5～10米；垄作，台面宽15～25厘米，垄台高10～15厘米。结合做垄或做畦，亩施腐熟的农肥2000～2500千克、过磷酸钙与马粪混合腐熟肥料50～70千克（腐熟肥料可防地蛆为害）。

3. 播种与密度

（1）种子处理 播前需要进行选种和种子消毒，以防病害，保全苗壮苗。选粒大饱满、大小整齐、颜色一致、无损伤无病虫的种子，晒种1～2天，再用福尔马林100倍液浸种20分钟（防治炭疽病），浸后用清水冲洗净再播种。

（2）播期确定 复种矮生型菜豆于7月10～15日播种，蔓生型菜豆7月5～10日播种。

（3）种植密度 矮生菜豆行距35～40厘米，穴距20～26厘米，每穴4～6粒，亩用种量6～7千克，亩株数18000～20000株；蔓生菜豆行距50～80厘米，一畦两行一架，每穴4～6粒种子，每亩用种5～6千克，亩株数15000株左右。

4. 田间管理

（1）水肥管理

① 灌水 当菜豆进入开花结实期，幼荚3～4厘米长时开始浇水，水量达到土壤水分含量的60％～70％为好。在水分管理上采用"干花湿荚"措施，灌水原则是"早灌、少灌、勤灌"，保证开花结荚和枝叶生长需要。高温季节要采取轻浇勤浇、早晚浇和压清水等办法降低地温，保持根系生长正常。

② 追肥 菜豆进入幼苗阶段，矮生菜豆结荚早，不易徒长，应在现蕾期追肥，促进增长，提高产量。蔓生菜豆开花结荚后每隔5～6天，亩追大粪稀400～500千克，共2～3次。另外，可在开花盛期亩施用钼酸铵300克，对提高产量有一定作用。

（2）支架 蔓生菜豆在抽蔓前后结合浇水要进行插架，架形各地不同，多数为"人"字形花架，架头要连接紧固，防止被风吹倒。

（3）培土、除草 为使菜豆生长迅速健壮，必须经常创造温暖疏松的土壤环境。杂草要经常铲除，做到除早、除小、除了。结合除草进行中耕松土，提高地温。培土应在植株盛长期前进行。

（4）防止落花落荚 菜豆在生育过程中，如遇高温、缺水和通风不良情况，往往引起落花落荚现象。其防止方法为：可用5～10毫克/千克的2,4-D喷花，但对采种用的菜豆禁止使用。采用合理密植、增施肥料、高温干旱浇水降温、多雨时排涝等多种措施，是防止落花落荚的有效方法。

（5）防治病虫害 菜豆的主要病虫害是锈病、炭疽病、红蜘蛛。菜豆在后期遭到红蜘蛛的危害，可用敌百虫800～1000倍液喷雾防治。锈病防治方法是，在发病初期用 25％可湿性粉锈宁 1000～1200 倍液喷雾，每 7～10 天喷一次，可控制蔓延。炭疽病防治方法是，在发病严重地块，用 1∶1∶200 倍波尔多液喷 2～3 次。

5. 采收

菜豆适期采收是促进植株延长生长的关键，也是获得优质高产的保证。矮生种一般播后 55～60 天采收，采摘期 20～25 天；蔓生种 60～65 天采收，采摘期 20～30 天。

七、小麦复种根菜类高产栽培技术模式

小麦下茬复种萝卜等根菜类作物，是充分利用小麦田的一种好形式，既有利于增加农民的收入，又丰富了蔬菜市场，一举两得。

1. 大萝卜栽培

（1）品种选择　选择高产优质大红袍、大青皮（绊倒驴）品种。大红袍为较早熟秋萝卜品种。其生长期为 70～75 天，粉红色外皮，白肉，平均单个重 750～1000 克。大青皮生育期 70～80 天，三分之二露于地面，皮浅绿或绿色，主根部白绿色，平均单个重 500～1500 克。

（2）整地施肥　选择土层深厚，疏松、排水良好，比较肥沃的沙壤土地块种植萝卜。麦收后应将地块及时耕耙，一般耕深 20～30 厘米，并要进行晒土，以改善土壤理化性状，减少病虫杂草危害。结合深耕亩施优质圈粪 2000～3000 千克。

（3）播种时间与方法　播种时间一般在 7 月中旬（头伏）。播前需对种子进行精选，选择粒大、饱满、千粒重高的种子播种。播种方法有条播和穴播两种，播种量因品种和播种方法而不同，穴播每亩 0.25～0.5 千克，条播每亩 0.5～1 千克。种植密度，一般大型品种行距 50～60 厘米、株距 20～30 厘米，亩保苗 3700～5000 株；中型品种行距 40～50 厘米、株距 15～25 厘米，亩保苗 2600～2800 株。播种深度为 1.5 厘米，随播种亩施口肥过磷酸钙 30～40 千克或磷酸二铵 5 千克。

（4）田间管理

① 适时定苗　当幼苗子叶长开，真叶吐心时，每穴留苗 3～4 株；两片真叶时，每穴留 2～3 株；4～5 片叶时定苗。

② 中耕除草　定苗后，在生长期间要适时中耕除草，以疏松土壤，防止杂草为害，促进其生长发育。中耕除草时要注意防止损伤根系。

③ 肥水管理　苗期在第一对真叶时要适当控制浇水，以利于蹲苗，待 3～4 叶后浇水可逐渐增多。施基肥少或由于多雨在整地时来不及施肥的地块，可在定苗后追施草木灰、炕洞土、复合肥等，以增加磷、钾肥的用量，促进直根生长。团棵期再追施硫铵 15～20 千克/亩。追肥后要及时灌水。

④ 病虫害防治　萝卜主要病虫害是黑腐病和地蛆。黑腐病在幼苗期发病，根中心发黑，苗枯死。成株感病，叶缘呈"V"字形枯斑，地下根茎空心干腐。

防治方法是，随时拔掉病株，实行轮作。大面积危害菜的地蛆有萝卜蝇、种蝇两种，其中萝卜蝇为害最重，成虫约在8月中下旬陆续羽化，成虫发生后7～10天开始产卵，再经几天幼虫钻入根内，造成弯弯曲曲的蛆道子，严重影响质量。防治方法是，抓住成虫大发生期，喷施两次600～800倍液的敌百虫或灌根。

⑤ 适期收获贮藏　大萝卜应在霜冻前收获，一般采用沟藏、窖藏。土窖比固定窖好，在窖内堆高1～1.5米，堆内设通风把，也可用湿土、细沙层积。窖内温度保持在1～3℃为宜，5℃以上易发芽；相对湿度在65%～90%。管理上主要是防冻、防高温，温度也不宜过低。

2. 胡萝卜栽培

胡萝卜是麦茬复种主要细菜类之一，是小麦下茬较理想的细菜种类。其产量高，效益大，深受广大农民欢迎。

（1）品种选择　胡萝卜品种分为圆锥形和圆柱形两大类型，其中生产上以圆锥形品种为主。如小顶金红、小顶金黄、大顶胡萝卜、朝阳胡萝卜（皮色深红）、五寸胡萝卜（橙红）等，这些品种品质都较好，五寸胡萝卜栽培较广泛，该品种为早熟品种，生育期约110天；叶簇直立，生长旺盛，叶12～14片，绿色，叶面有茸毛，叶柄较长；直根长圆锥形，侧根少，肉质直根长33～50厘米；顶端略细，心柱（木质部）较细，皮肉均为橙红色，质地致密，味甜，品质好；适于生食、熟食和加工，耐贮藏，一般亩产3000～3500千克。

（2）播前准备

① 整地施肥　胡萝卜整地施肥与大萝卜基本相同，但要注意，施用基肥必须是腐熟过的，否则会造成叉根等。为促进幼苗生长，可在肥中掺入7.5～10千克硫铵作种肥。做畦与普通畦相同，要保证质量，做到土细畦平。

② 种子处理　播前要做好种子发芽试验。发芽率低于70%的，播种时要增大播量。其次是播前要搓去种子表面刺毛，以利吸水，然后混合细土或草木灰，使播种均匀。采用浸种催芽播种，方法是，先用40℃的热水烫种，捞出后放在20～25℃适温水中浸种24小时，而后进行催芽，待播。

（3）播种方法　播种时间在7月上旬，头伏前抢时播种。采用畦播，1米宽畦开4条沟，沟深3厘米左右，然后撒籽。亩播种量：1～1.5千克，覆土1.5～2厘米厚，待土壤稍干后踩一遍格子。高垄条播，垄距50厘米左右，播种2行，行距10厘米。平畦与高垄播种，亩株数各均为25000～27000株。

（4）田间管理

① 防治杂草　胡萝卜种子发芽慢，幼苗生长弱，应在苗刚出土后及时进行除草2～3次。也可采用化学除草，即在播种后3～5天内，每亩用50%的除草醚0.5千克，对水75～80千克，均匀喷洒。当苗高7厘米即3～5片叶时，不宜使用化学除草方法。应结合间苗人工拔除杂草。

② 适时间苗　幼苗株高5厘米时，进行第一次间苗，按株距3～5厘米留

苗。株高 9～10 厘米时进行第二次间苗，对根头粗的、株叶直立、叶色过浓或株势过弱的苗子要注意拔除。株高 13～17 厘米时定苗。

③ 追肥灌水 胡萝卜对磷钾肥料需要较多。磷肥可以增加其含糖量，促进肉质根肥大成熟；钾肥可以使组织致密，增进甜味，在施足底肥的基础上要进行追施磷钾肥。追肥可分 2～3 次进行，第一次在间苗后，底肥不足，可亩追硫铵 10～15 千克；第二、三次宜在肉质根开始肥大以后，每次每亩可追人粪尿 250～500 千克，并增施过磷酸钙或磷酸二铵和草木灰等磷钾肥料。胡萝卜在肉质根迅速生长期对水分要求较多，灌水量可适当加大，要经常保持土壤湿润。一般正常可灌水 2～3 次，在收获临近时要适当控制灌水。

④ 病虫害防治 胡萝卜主要病虫害是黑腐病和根线虫病。黑腐病在根上有凹陷的黑色病斑，严重时使根腐烂，叶片变黄枯死。防治方法是，在发病初期喷洒 65％代森锌 600～800 倍液。根线虫病被害肉质根常分支为数根呈手指状，植株地上部，茎叶褪色，矮小，生长衰弱。防治方法是，在发病初期用氯化苦、二溴乙烯杀线虫剂消毒土壤。

⑤ 收获贮藏 方法与萝卜相同。

3. 芥菜栽培

目前，麦茬复种芥菜规模仅次于萝卜，其产量和效益均十分可观。

（1）品种选择 麦茬复种芥菜主要品种有二道眉、小五缨与大五缨等。其中以二道眉品种栽培面积较大，该品种直根圆锥形，稍扁，长 10～13 厘米，根肩粗 7～8 厘米。肉质细密，品质好，生育期 65～70 天，单株根重 0.25 千克左右，一般亩产 1500～2000 千克。

（2）整地施肥 整地施肥与大萝卜相同。

八、小麦复种大白菜高产栽培技术模式

大白菜是小麦下茬复种蔬菜作物中的主要种类之一，具有面积大、好管理、经济效益高等优点，一般亩产大白菜可达 5000～10000 千克，平均亩产值 3000～5000 元，纯收入 2000～4000 元。

1. 选用优良品种

目前北票市麦茬复种大白菜主要品种有沈阳快菜、秋杂 2 号、新 5 号。沈阳快菜，白帮、叶淡绿，抱心好、品质佳、抗病、不耐贮藏，生育期 50～55 天。秋杂 2 号，青帮，短贮后变白色，叶球长筒形，抗病、耐贮藏，生育期 90 天左右，一般亩产

小麦复种大白菜（彩图）

8000～10000 千克。新 5 号，为晚熟品种，生育期 85～90 天，抗病、高产，一般亩产在 9000～13000 千克。

2. 整地、施肥

要选择保水保肥性能好，中等以上肥力的麦田复种大白菜。麦收后，及时灭茬翻地，随即做垄或做畦。亩施腐熟发酵好的农肥 3000～4000 千克。

3. 播期与方法

播种时间是关系白菜能否高产的关键。播种过早，常因气温高、病虫害加重影响生长；过晚，生长期不够，结球差，净菜率降低，影响产量和质量。适宜播期为 7 月末至 8 月初。播种方法有条播和点播两种。点播行距 50～60 厘米、株距 45～60 厘米，每埯 8～10 粒种子；条播用镐开浅沟，均匀撒种，覆土 1 厘米厚为宜。播种时，如果土壤底墒不足，都要坐水播种，并亩施口肥磷酸二铵 10～15 千克。播种 10～12 小时后，进行镇压保墒，以保全亩。

4. 田间管理

（1）幼苗期（幼苗出土拉十字到团棵）　播后如遇干旱，应浇 1～2 次水。在幼苗拉十字期应进行第一次间苗，每埯留苗 4～5 棵；第二次间苗在真叶 4～5 片时进行，每埯留 2～3 株；9～10 片叶时便可定植单株。结合定植亩追施硫酸铵 15～20 千克。为促进幼苗生长发育，要及时中耕、除草、松土，一般苗期要中耕 3～4 次，注意不要伤根。

（2）莲座期（团棵到开始包心）　此时期是叶片分化的重要时期，也是增加叶片数的高峰期。这个阶段叶片数多少对叶球生长影响很大。管理重点是，促进根系发育，防止地上部徒长；浇水要适宜，使莲座叶壮而不旺；每亩追施尿素 15 千克，以满足根系发育和球叶生长的营养需要。

（3）结球期　结球期是大白菜增重最快的时期，约占整个生长量的三分之二。此期要求光照足，水分足，粪肥足。此期除防止土壤干旱外，每亩应施硫酸铵 30 千克、硫酸钾 10 千克。施钾肥有利于加快养分的制造和运转，增加糖的含量，加快结球速度。

（4）病虫害防治　白菜的主要病虫害是软腐病、地蛆、菜青虫、蚜虫。防治地蛆可用 90％敌百虫晶体稀释 300～500 倍液或 40％乐果乳油 800～1000 倍液灌根；菜青虫可在幼虫 3 龄前，用 90％敌百虫晶体 1000 倍液或 50％辛硫磷 1500 倍液每隔 5～7 天喷一次，连续喷两次；防治蚜虫可在苗期用 40％乐果乳油 800～1000 倍液喷雾；防治软腐病可在定棵后发病前，用代森锌 500～600 倍液或 30％DT 300 倍液喷雾防治。

5. 收获

白菜的收获期应根据其生育期长短和当地的气候条件来确定，一般在 10 月中下旬收获。

第三章

高粱栽培主推品种及技术模式

第一节　概述

　　高粱（*Sorghum*）又名蜀黍，是我国古老的作物之一，有四千多年的栽培历史，全国各地均有栽培，以北方种植面积较大。高粱是辽宁省四大粮食作物之一，1988 年辽宁省高粱种植面积为 675.8 万亩，占粮食作物种植面积的 14.5%。近几年来辽宁省高粱面积基本稳定在 500 多万亩，居全国第一位。

　　高粱是高产稳产作物，具有广泛的适应性和较强的抗逆性，既抗旱、抗涝，又耐盐碱和耐瘠薄，无论是平原肥地、干旱丘陵、瘠薄的山区或是涝洼碱地均可种植。

　　高粱籽粒含有较丰富的营养物质，平均含蛋白质 10.9%、脂肪 3.6%、淀粉 71.7%、灰分 1.8%、纤维 1.9%。其养分与玉米相似。高粱籽实又是酿酒以及淀粉及其他工业的原料。糖用高粱的茎含糖量可达 13%～17%，糖粮兼用的含糖量可达 10%，可供制糖用。此外，其茎秆还可用于制纸，以及用于农村建房、蔬菜架材和编织等。

　　高粱在我国分布极广，大致可划分为四个区域：春播早熟区，无霜期在 120～150 天；春播晚熟区，无霜期在 150～250 天；春夏兼播区，无霜期在 200～280 天；南方区，无霜期在 240～365 天。

　　随着人民生活水平的不断提高，高粱食用的比例逐渐减小，作为轻工业原料的比例逐渐加大，全国约有 70% 的高粱用于酿酒，高粱的综合利用以及在深加工方面得到了迅速发展。

第二节　高粱栽培的生物学基础

一、高粱的生育期和生育时期

高粱栽培品种的生育期一般在 100～150 天之间。生育期在 100 天以下者，为极早熟品种；生育期在 100～115 天之间的为早熟品种；生育期在 116～130 天之间的为中熟品种；生育期在 131～145 天之间的为晚熟品种；生育期在 146 天以上者为极晚熟品种。在高粱的全生育期内，根据其外部形态特征变化，可分为苗期、拔节期、挑旗（孕穗）期、抽穗开花期、成熟期等生育时期。

① 苗期　高粱从出苗到拔节前称为苗期，苗期为营养生长阶段。

② 拔节期　主茎基部第一节间开始伸长，用手可以摸到茎节，称为"拔节"。从拔节开始，转入营养生长和生殖生长并进的阶段，除继续生长根、茎、叶外，开始进行幼穗分化。

③ 挑旗期　植株最上部的旗叶伸出叶鞘称为挑旗期。此时与花粉母细胞减数分裂期相近，在抽穗前 4～6 天。

④ 抽穗开花期　高粱穗部露出三分之一时为抽穗。一般品种在抽穗后 2～3 天开始开花，开花期经 5～9 天。开花后营养生长基本停止，转入生殖生长。

⑤ 成熟期　开花受精后，胚及胚乳开始发育，形成籽实。籽粒经过乳熟、黄熟和完熟三个时期而达到成熟。当穗下部种子出现本品种固有特征时，即为成熟期。

二、高粱的生长发育

1. 种子的发芽与出苗

(1) 种子的形态和组成　高粱的种子为颖果。种子由果皮、种皮、胚乳和胚组成。种子的最外层是果皮，由子房壁发育而成，其内为胚珠壁发育而成的种皮，二者密不可分，约占种子总重的 12%。胚乳位于种皮的内部，占种子总重的 80%，胚占 8%。胚乳因其成分不同可分为粉质、角质两种。胚乳是高粱种子发芽出苗及出苗后长至三叶前的营养来源。胚乳大而饱满的种子有利于出苗和幼苗生长。胚位于种子腹部的下端，是高粱苗的雏形。

高粱种子多呈圆形或卵圆形或椭圆形，因品种不同而使高粱种子的颜色有褐、红、黄、白之分。颜色深与单宁（鞣酸）的含量有关，单宁主要存在于种皮内，含量高的颜色较深，且品质差，有涩味，但有防腐作用，具减轻鸟害，耐盐碱、耐贮藏的特性；单宁含量少的颜色较浅，食用品质好。

高粱种子大小因品种和栽培条件不同而异，大粒种子千粒重可达30克以上；小粒种子千粒重在25克以下，一般为25～30克。

（2）种子萌发及出苗　高粱种子在吸水达本身重量的40%～50%时，在温度和氧气条件适宜的情况下，胚先开始萌动，胚根和胚芽突破种皮而发芽。胚根在胚根鞘的保护下向下伸展，胚芽在胚芽鞘的保护下向上生长，长出地面。当第一片绿叶离地1～1.5厘米高时，即为出苗。

种子的出苗能力和出苗速度与种子发芽力、品种特性以及外界条件有关。适期收获籽粒饱满的种子发芽力强，出苗能力和出苗速度都好。有些杂交种子表现为根茎短，芽鞘软，顶土力弱，若播种过深，出苗就困难，甚至出现缺苗现象。

2. 根、叶、蘖的生长

（1）根　高粱是须根系作物。高粱的根由初生根、次生根和支持根所组成。种子发芽时首先生出一条种子根，称为初生胚根，2～3天后，下胚轴处逐渐生出3～5条次生胚根，发展成为初生根系。在正常情况下，次生胚根出现以后，初生胚根才逐渐减弱或失去吸收水分、养分的能力，因此又称为临时根。

高粱幼苗长出3～4片叶时，地下茎节生出一层次生根，5～6片叶时，地下茎生出二层次生根，这二层次生根不仅细而且少，自第三层次生根以后，根的数量多而粗壮。11～12片叶时，可生长出五层次生根。次生根又叫节根，其层次、数目因品种和栽培条件而不同。一般可长6～8层，16～17片叶时，整个根系已基本生出，到成熟前，单株总根数可达50～80条。次生根最初是水平扩展，继而向下伸长。当地上长出6～8片叶时，根系入土可深达1～1.5米，至抽穗时伸长到1.5～2米，横向扩展到0.6～1.2米。次生根上发生大量的多次生根，构成密集的根群，密集在0～30厘米的耕层内。

高粱拔节以后，在近地面的1～3茎节上，长出几层支持根，亦称气生根。这种根较粗壮，入土后形成多枝根，吸收水分和养分，并有支持植株抗倒伏的作用。支持根生长良好的植株产量较高。

（2）叶　高粱叶由叶片、叶鞘和叶舌三部分组成，呈带状互生于茎节上。与玉米相比较，其叶片较窄，边缘平直。叶鞘着生在茎节上包围节间，起保护作用，并有进行光合作用、贮藏养分的功能。叶片中央有一条较大的主叶脉，其颜色有灰绿、白、黄三种。脉色灰绿的称蜡质叶脉，茎秆中含有较多的汁液，抗叶部病害能力较强。黄色及白色叶脉的高粱品种含汁液较少，一般抗病力较弱。叶脉颜色也是田间去杂的鉴色依据。

叶片大小因出生部位不同而有差异，下部叶片最小，中部叶片最大，上部叶片次之。叶片数目因品种不同而有很大差异，早熟品种 10～15 个叶片，晚熟品种 25 个以上叶片，一般栽培品种 17～21 个叶片。叶片数是比较稳定的特征之一。同一品种的叶片数在不同地区、不同年份的变化幅度不大，只有 1～2 片叶的区别。

（3）蘖　高粱茎基部节上有蘖芽，蘖芽生长而形成分蘖。通常在出苗后 20～30 天开始分蘖，分蘖力强的品种，一般出苗后 10～15 天即可分蘖。早发生的分蘖与主茎的成熟期相近，可以正常成熟。辽宁省目前栽培的高粱品种多是分蘖力较弱的，或者是杂交种，一般不利用分蘖成穗，因此，对植株上出现的分蘖应于早期除掉，以免消耗养分，影响主茎生长。

3. 茎的生长与幼穗分化

（1）茎的生长　高粱茎秆的高低可分为：特矮秆，茎高低于 1 米；矮秆，1～1.5 米；中秆，1.5～2 米；高秆，2～2.5 米，2.5 米以上的为特高秆。矮秆具有适于密植、抗风不倒伏的特点，但茎秆的经济利用价值较低；秆高粗壮的品种既能抗倒伏，又有较高的利用价值。

高粱茎节数一般可见的为 10～13 节，矮生早熟种仅 8～9 节，而高秆晚熟种有 14～18 节，地下尚有 5～8 节。节间长度以下部最短，中间的大致相等，上部的较长。

高粱除地下分蘖节能产生分蘖外，每一茎节上都有一个腋芽，在一般情况下常处于休眠状态。但在肥沃土地上，水分充足，或是主茎受伤时，芽也可萌发而形成分枝，由上而下依次发生，生育期短，穗也较小。一般普通高粱品种，由于分枝发生较晚，常不能充分成熟，而且消耗养分，影响主穗发育，因此应将其即时摘除。

（2）幼穗分化

① 穗的构造　高粱为圆锥花序，中间有一主轴，称为穗轴。穗轴上有 4～11 个节，每个节上环生 5～10 个一级梗。一级枝梗上着生二级枝梗，二级枝梗上着生三级枝梗。在三级枝梗上一般不再分枝，生出一对或数对小穗（图 3-1）。由于穗轴及枝梗长短不同，形成了高粱的各种穗形，如纺锤形、筒形、卵圆形、伞形和帚形等。

每对小穗中有无柄小穗和有柄小穗。在三级枝梗顶端着生 3 个小穗，其中 1 个为无柄小穗，两侧各生 1 个有柄小穗。有柄小穗细长，护颖内包着两朵不完全的花，所以不能结实。无柄小穗较大，具有两片护颖，护颖内包着两朵花，上位花为完全花，可正常结实；另一朵花退化，仅残存一枚外颖。结实小穗的完全花，由内、中、外颖，3 个雄蕊，1 个雌蕊，2 个鳞片组成。雌蕊由子房、花柱、柱头三部分组成，子房上有两个花柱，顶端为羽毛状柱头。雄蕊由花丝和花药组成，每个花药中贮藏大约 5000 个花粉粒，开花时花药开裂，花粉散在柱头上，子房受精发育成子粒。

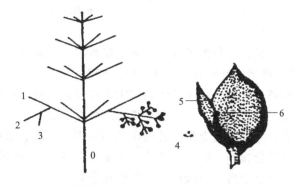

(a) 穗轴枝梗   (b) 成对小穗

图 3-1　高粱的穗轴枝梗和成对小穗

0—穗轴；1—一级枝梗；2—二级枝梗；3—三级枝梗；4—小穗；5—有柄小穗；6—无柄小穗

　　② 幼穗分化过程　高粱从拔节开始即进入幼穗分化期，了解高粱幼穗分化过程及其与外部长相间的关系，就能够通过外部形态判断内部分化时期，以便及时采取相应措施，促进穗大粒多，达到高产的目的。幼穗分化过程可分为以下 6 个时期（图 3-2）。

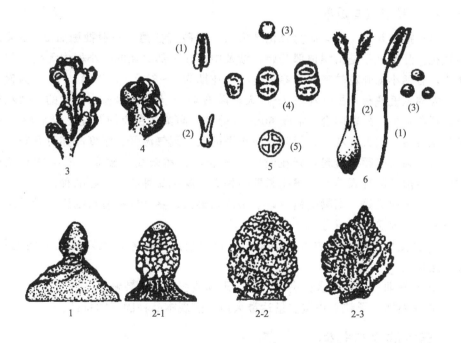

图 3-2　高粱幼穗分化过程

1—生长锥伸长期；2—枝梗分化期：2-1——级枝梗分化，2-2—二级枝梗分化，2-3—三级枝梗分化；
3—小穗原基分化期；4—雌雄蕊分化期；5—减数分裂期：(1)—雄蕊，(2)—雌蕊，(3)—花粉母细胞，
(4)—二分体，(5)—四分体；6—花粉粒充实完成期：(1)—雄蕊，(2)—雌蕊，(3)—花粉粒

第一，生长锥伸长期。这时幼穗开始分化。外部长相是第一节间开始伸长，进入拔节期。

第二，枝梗分化期。生长锥基部产生乳头状突起，即各级枝原基，此期分化时间为 10～12 天，外表叶片数在 13～17 片叶之间。

第三，小穗原基分化期。从生长锥顶端末级枝梗分化成小穗原基，以后逐渐向基部进行。这段时间要经历 5 天，幼穗长 1 厘米左右。

第四，雌雄蕊分化期。在上位花的内颖原基出现后，花原基的顶端分化出 3 个圆形突起，呈三角形排列，即是将来的 3 个雄蕊。不久，中间的雌蕊隆起形成雌蕊原基，以后发育成子房。一般品种此期出现旗叶。

第五，减数分裂期。雄蕊花药体积膨大呈四棱状，在花粉束内形成花粉母细胞，经减数分裂形成四分体，并进一步发育成花粉粒。同时雌蕊体积增大，顶端形成二裂柱头。花粉各器官迅速扩大。减数分裂期是决定小穗小花结实的关键时期。此期一般品种相当于植株挑旗期。

第六，花粉粒充实完成期。此期生长锥停止分化，花部各器官都已形成，开始迅速增大。随着各部花器的继续发育，花序轴迅速伸长。此时一般品种为孕穗期。

4. 子粒形成与成熟

（1）抽穗开花　高粱幼穗分化结束后，即破苞抽穗。一般抽穗后 2～4 天开始开花。开花顺序是由穗顶部开始，渐及中部和下部。在同一小穗中无柄小穗先开花，有柄小穗开花较晚。早熟种全穗开花期为 5～7 天，而以第 2～4 天为盛花期。大穗型晚熟种全穗开花需 7～9 天，以第 4～6 天开花最盛。高粱的一朵花从开始开花到内、外颖闭合，需要 60～70 分钟。高粱多在夜间开花，以早晨 4～6 时开花最盛，白天开花少，但阴天或小雨的天，因气温低、湿度高亦可开花。

由于高粱是颖外授粉，开花时间又较长，天然杂交率较高，属于常异交作物。一般散穗品种天然杂交率比紧穗品种高，晚熟品种高于早熟品种。

（2）子粒成熟　高粱受精后，子房逐渐膨大，茎叶内的有机物质大量输送到子粒内，其成熟过程可分为 3 个时期。

① 乳熟期　植株内的养分迅速向子粒中输送和积累，此期胚乳呈稠乳状，称为灌浆期。

② 蜡熟期　子粒含水量迅速下降，干物质积累由快转慢。

③ 完熟期　子粒干物质重量达最大值，呈现本品种固有的特征。

三、高粱的生态条件

1. 高粱苗期对环境条件的要求

高粱是喜温作物，一般从出苗到拔节最适宜的温度为 20～25℃，温度低则幼苗生长慢而瘦小，低于 10℃幼苗基本停止生长，0℃以下，幼苗冻死。如果温度过高，势必引起幼苗生长过快，不利壮根壮苗，并提前拔节。高粱为短日照作物，出苗后十多天是对光照最敏感的时期。

高粱苗期地上部分生长缓慢，植株小，吸收水分仅占全生育期吸收水分总量的10%，吸收养分仅占全生育期总量的12%～20%。在高粱苗期适当控制水分进行"蹲苗"，有利于根系深扎，增强抗旱能力。

2. 拔节抽穗期对环境条件的要求

拔节到抽穗的需水量占高粱全生育期总量的41.9%～49.2%，约需200毫米降雨量才能满足对水分的要求。特别是抽穗前10天左右，正是雌雄蕊分化时期，对水分需求更迫切，高粱虽是耐旱作物，但在此时期对水分反应敏感，如果遇到干旱，对穗的发育不利，产量将受到严重影响；而如果水分过多，则易徒长，使茎秆细软而造成倒伏。

此期高粱需肥量约占全生育期吸肥量的71.6%，特别是幼穗分化形成所需肥料占其吸收量的大部分。因此，保证这一时期的养分供应对促进穗部发育、争取高产的关系极大。

高粱拔节到抽穗阶段需要较高的温度，一般以25～30℃为宜。温度过低发育缓慢，抽穗延迟，影响成熟和产量。但温度高于30℃时发育加快，提前抽穗，穗部发育不良，也影响产量。温度高于40℃时，发育将受阻碍，并使叶片发生"灼烧"现象，甚至死亡。这一阶段需要充足的光照，特别是在雌雄蕊发育时期，若光照不足，常使雌雄蕊发育不良，发生杂交种小花不实现象。

3. 抽穗成熟期对环境条件的要求

高粱开花至子粒灌浆成熟，这一时期是高粱一生中要求温度最高的时期。最适温度为26～30℃，低温会延迟开花期，如低于16℃常发生颖壳不开张，花药不裂，花期延迟，影响正常授粉。灌浆成熟期间，夜温16～18℃，日温26～30℃，昼夜温差大，有利于干物质的积累和子粒充实。

高粱开花灌浆期需要充足的光照，以利养分的制造、运输和积累，保证子粒饱满。

高粱在开花期对水分要求较多，反应敏感，如此期遇干旱高温，花粉和柱头的寿命就要缩短，授粉、受精的条件变得恶化而影响结实。但阴雨连绵或疾风暴雨，又会使花粉破裂不能授粉，造成"瞎穗"。灌浆时，由于往子粒中输送大量的营养物质，且光合作用和蒸腾作用仍在旺盛进行，这些生理活动的正常进行，都要求有适宜的水分条件。抽穗到成熟期间的需水量占全生育期总需水量的26.2%～34.9%，有150毫米降水量即可满足其需要。

高粱在抽穗结实期吸收肥料较少，仅占总吸肥量的7.5%。但开花灌浆期缺水、缺肥，往往导致早衰。

第三节　高粱栽培技术

一、播种保苗

一次播种保全苗是播种阶段的中心任务。但是在生产上高粱缺苗断垄较为普遍，保苗困难，其主要原因有：第一，高粱种子发芽要有较高的温度，在春季低温的条件下，种子出苗缓慢，容易造成粉种与霉烂。第二，杂交高粱的根茎短，芽鞘软，要求浅播，与春季少雨干旱的气候条件不相适应，常因整地不细、土壤失墒而出苗不全。第三，有些年份或地方在高粱种子成熟期间降温快，初霜早，种子含水量较高，贮藏时容易伤热或受冻，降低或丧失发芽能力，造成严重缺苗。第四，地下害虫为害。因此，为实现全苗必须认真做好以下各项措施：

1. 耕翻整地

在我国春播高粱耕作区一般多是秋、冬降水少，春季干旱多风。因此做好耕翻整地保墒是保全苗的基础。据调查，经过秋翻整地，土壤透水保墒能力可提高15倍，1米厚土层蓄墒量每亩增加4～10.7立方米，蒸发量显著降低。而且耕翻还可以加深耕层，促进微生物活动，加速有机质矿化，改善土壤物理、化学性状，减轻杂草与病虫为害和抑制返盐碱等作用。

（1）耕翻　秋季深耕距离播种时间较长，能有效地接纳秋雨冬雪，增强土壤防旱保墒能力，有利于达到"春墒秋保，春苗秋抓"的目的。而且秋耕后土壤熟化时间较长，有利于改善土壤物理、化学状况，提高土壤肥水供应能力。同时秋耕后还能提前进行施肥、作垄，为春播创造良好条件。秋季来不及耕翻的，春季更应尽早耕翻，最好在化冻土层达20～30厘米深时进行。

耕翻深度应为秋深春浅，在一般生产水平条件下高粱耕翻深度以20～26厘米为宜。耕翻深度还应根据土壤质地、耕层厚薄及施肥数量等条件而定，条件好可深耕，反之条件差就应浅耕。

（2）整地　根据北方秋冬降水少、春季干旱多风的气候特点，为保证耕作质量、提高保墒效果，无论秋或春翻后都要及时耙压整地。其目的在于耙碎坷垃，平整地面，保蓄水分，给播种和发芽创造良好条件。同时由于杂交高粱幼芽较软，适宜浅播，因此为确保全苗，精细整地更为重要。

深耕和整地的关键在于掌握土壤的适耕期，这时土壤水分含量合适，耕翻后土壤疏松易碎，耙后平整无坷垃。

2. 种子准备

为了保证苗全、苗壮，应在种子准备上采取以下措施：

（1）选用良种　任何良种都有其一定的适应性，必须因地制宜地选用良种。

要根据当地生育期、土壤肥水条件及品种合理搭配来选用适合当地生产条件的良种，并要适当照顾群众生活的需要。

（2）种子处理　种子质量是决定出苗质量的内在因素，播前种子处理是提高种子质量、促进苗全苗壮的有效措施。

① 发芽试验　播前进行发芽试验是确定播种量的重要依据。在用种量相同时，杂交高粱比普通高粱田间出苗率低，通常发芽率95％的杂交高粱，田间出苗率为70％左右，若发芽率低或整地质量差，则出苗更少，故种子发芽率应在95％以上方能作为用。

② 选种晒种　播种前应将种子进行风选或筛选，淘汰秕瘦、损伤和虫蛀等子粒，选用粒大饱满的种子作种，不仅可以提高出苗率，而且幼苗生长健壮。

播种前进行晒种能促进种子生理成熟，增强种皮透水透气性，加强酶的活性，提高种子生活力，播后发芽快、出苗整齐。试验证明，播前晒种4天，发芽率可提高5％～17％。晒种可提早出苗1～2天，增产2％，对于晚收和成熟度差的种子，晒种效果更好。

③ 催芽　催芽具有使种子提前吸水、缩短出苗期的作用。其做法是用40～45℃温水浸种5～10分钟，然后将种子放在27～28℃温度中，经10～12小时，种子萌动"扭嘴"时用温水冲洗降温，稍加阴干后播种。

④ 药剂拌种　为了防治病害可用50％禾穗胺，按种子量的0.3％～0.5％拌种来预防黑穗病。用40％乐果乳剂加水25千克，拌高粱种250千克进行闷种，以防治地下害虫。

3. 播种

（1）播种期　高粱的播种期受许多因素影响，但主要是温度和水分。高粱发芽的最低温度是一般品种为5厘米深土层内地温达到6～7℃，杂交种为8～10℃，但发芽出苗缓慢，往往由于地温低、湿度大而长时间不能发芽，造成烂种和粉种。一般5厘米地温稳定在12℃以上为高粱的适播期。在一定范围内，种子发芽速度随温度增高而加快。土壤、墒情也是决定适播期的重要因素，适宜高粱种子发芽的含水量因土壤而不同，壤土为15％～17％，黏土为19％～20％。种子发芽最低含水量壤土为12％～13％，黏土为14％～15％，沙土为7％～8％。如果土壤水分低于种子发芽要求的最低含水量，则不能满足种子发芽的需要，必须抗旱播种才能保全苗。根据土壤温、湿度的条件确定高粱播种时期，群众总结的经验是"低温多湿看温度，干旱无雨抢墒情"。

（2）播种量　高粱播种量应依据种子品质、发芽率、千粒重、清洁度、播种方式等确定，此外还应估计整地质量、地下害虫等因素造成的田间损失。在正常条件下，出苗应是留苗数的5倍。依照上述条件，在整地质量好、种子发芽率在95％以上时，一般高粱品种机械条播或畜力开沟条播的，每亩播种量在1.25～1.5千克，杂交品种因顶土弱，每亩播种量为2千克左右。若遇土壤墒情差、整地质量粗糙或地势低洼、土壤黏重等不良条件，播种量还应适当增加。

（3）播种深度　播种深度对高粱保苗和幼苗生长发育有很大影响。目前种植的杂交品种，普遍存在根茎短、芽鞘软、顶土弱、不易出苗的缺点，所以播种时，必须在细致整地、保住墒情的基础上，严格掌握浅播这一环节。一般品种播深应在3~5厘米，杂交品种和某些白粒种还应适当浅播些。确定播种深度，还应考虑土质、整地质量、土壤含水量和温度等条件。土壤墒情好，可适当浅播。土壤干旱宜深播保墒。土质黏重应浅播。松的沙质土，不易保墒可适当深播。

（4）播种方法　东北地区除少数采用机械平播外，多数地区进行垄播。播种方法有机械平播方法。机械播种速度快，可以缩短播种期，并且保墒好，播种深浅一致，下种均匀，容易保证全苗。

二、合理密植

高粱为高秆顶部结穗和抗逆性较强的作物，合理密植的增产潜力很大。

高粱的产量是由每亩穗数、每穗粒数和粒重所组成，但三者是相互制约的关系。密度过稀，株数少，虽然单穗粒数多、粒重，单株产量高，但群体产量低。反之，留苗过密，由于株间互相遮阳，通风不良，个体生育差，虽然穗数增加，但单穗过小，产量也不会提高。合理密植就是要达到在单位面积上有适当的株数，形成合理的群体结构，使个体与群体得到协调发展，充分发挥土壤的肥力和光能的增产作用。

合理密植不是一项孤立的增产措施，受许多因素影响，品种特性、土壤肥力和栽培管理水平以及种植方式等都直接影响种植密度的大小。

1. 品种和密度

一般株型紧凑、叶片较窄短、抗倒伏、中矮秆的早熟品种，都比较适宜密植。而叶片着生角度和叶型较大、不抗倒，对肥水要求高、秆高晚熟的品种，种植密度宜稀些。辽宁省现有的杂交种，其母本主要是3197A和622A这两类，以3197A为母本配制的杂交种如沈杂3号、铁杂6号、晋杂1号、锦杂75号等，其秆高为中等，抗倒伏，适宜密度较高，每亩数为6500~8000株。而以622A为母本配制的杂交种如辽杂1号、辽杂2号、沈杂4号、铁杂7号等，由于茎秆较软，抗倒性差，适宜的密度较低，一般每亩为5000~7000株。

2. 土壤肥力与密度

高粱种植密度除由品种特性决定外，在很大程度上还受土壤肥力、施肥水平所制约。在土壤肥沃、水肥充足、能够满足单位面积上较多植株生长发育需要的情况下，种植密度大些，有利于提高产量；而土壤瘠薄，施肥水平又低，种植密度应小些，其原则就是肥地宜密，薄地宜稀。

3. 种植方式与密度

种植方式可以改变田间配置形式，从而改善光、温、气、水等生态条件，协调个体与群体生长，利于密植增产。高粱的种植方式主要有：

（1）单行等距条播　为东北地区的普遍形式。用机械播种和中耕作业，一般行距为 53～66 厘米、株距为 13～20 厘米，亩保苗在 5600～8800 株。这种方式植株分布较为均匀，在一定的肥力和密度下，对养分、水分和光能利用较充分，产量较高。实践证明，加大垄距可以改善行间透光情况，以 622A 配制的杂交种，在相同密度条件下，垄距 60 厘米较 50 厘米的倒伏轻，产量高。

（2）大垄双行　这种方式密中有稀、稀中有密，封垄较晚，有利于增加密度、改善田间通风透光条件，便于机械作业。垄距 67～73 厘米，小行距 17～20 厘米，株距为 17～20 厘米，亩保苗 9000～12000 株。在手工作业情况下，有间苗、除草费工的缺点。

（3）大垄穴播　在肥水充足、种植密度高的情况下，为了改善田间通风透光条件，可采用本法。其做法是：等行距穴播，行距为 60～67 厘米，穴距 40 厘米，每穴留 3～4 株，保苗为 8000～11000 株。此外，在肥水充足的条件下，高粱也可与其他矮棵作物如大豆、马铃薯、甘薯和花生等作物进行间、套作，这样有利于通风透光，发挥边行优势，提高单位面积产量。

由于栽培条件的不断改善，品种的更新，过去合理的密度可能变为现在的不合理，现在合理又可能变为今后的不合理；随着生产的发展，品种的改变，密度也要做相应的变化，才能不断高产，所以合理密植是发展的、变化的、相对的。因此，在确定高粱适宜种植密度时，必须根据当地的自然和栽培条件，因地制宜，综合考虑。

三、科学施肥

高粱是高产需肥较多的作物，在生育过程中需要吸收大量养分。在要求高产的同时，要根据高粱生长发育对养分的要求，结合当地具体条件，做到经济合理施肥，提高施肥的科学性，达到增加产量、降低生产成本的目的。

高粱施肥包括基肥、种肥和追肥三个方面。施肥应掌握的原则是施足基肥，酌施种肥，施好追肥；以有机肥为主、无机肥为辅，有机肥和无机肥配合施用；以氮肥为主，氮、磷、钾配合施用；肥多撒施，肥少条施或穴施。

1. 基肥与种肥

（1）基肥　基肥不仅能使当季作物高产，而且能培肥土壤，增加土壤有机质含量。广辟肥源，增施基肥，培肥地力，是各地高产单位施肥的共同经验。高粱对养分的吸收数量是随产量的提高而增加的，因此，增施基肥可使高粱产量增加。调查结果表明，亩施基肥 2000 千克，高粱平均单产 238.7 千克；亩施基肥 3500 千克时，平均单产为 286.3 千克。从增产幅度看，土壤肥力越高增产幅度越小。据锦西调查，杂交高粱在施肥量 3000～3500 千克的情况下，每 500 千克基肥可增产 24.5 千克，施肥量增至 5000～6000 千克和 6000～7500 千克时，则每 500 千克基肥分别增产 17.9 千克和 12.7 千克。这说明并非基肥用量越多，增产效果越显著，即增产的同时应注意经济效益。

施肥量还应根据品种、土壤类型和气候条件来确定。喜肥、生育期长的品种，施肥量应较瘠薄、生育期短的品种多。在肥力低、沙性强的土壤上，应多施有机肥，并配合施用磷肥可取得较好的增产效果。在干旱的条件下宜施用腐熟的有机肥。

基肥主要采用撒施与条施两种方法。撒施是在土地耕翻前将肥料撒于地面，用犁翻入土中。为使肥料集中，提高利用率，也可采用条施。条施是将肥料条施垄沟，再做垄，将肥料合入垄内。基肥应随送随施，具有保墒保肥的作用。基肥秋施优于春施。

（2）种肥　播种时施用种肥，对促进根系发育、培育壮苗有重要作用。种肥多以化肥为主，也可采用优质的腐熟有机肥料。施用氮素化肥作种肥有明显的增产效果，一般可增产 5%～10%。但用量不宜过大，避免局部土壤浓度过大，影响种子发芽。硫酸铵每亩 5 千克为宜，超过 10 千克，田间出苗率显著降低。尿素易烧种，碳酸氢铵和氨水性质不稳定，易挥发，作种肥都必须深施，与种子隔开，且用量不宜过多。

播种时施用磷肥，能促进植株生长发育，增强对养分的吸收能力。由于磷在植株体内能被重复利用，所以一般作种肥效果好于追肥，如与氮肥混合施作种肥，能够收到比单施更好的效果。

过磷酸钙是常用的磷素种肥，其施用量应因土壤有效含量而异，有效磷含量 5～10 毫克/升，每亩施过磷酸钙 20～25 千克，有效磷含量在 5 毫克/升以下的，每亩应施 30～35 千克。

2. 追肥

高粱拔节以后，由于营养器官与生殖器官生长旺盛，植株吸收的养分数量急剧增加，吸收的氮、磷、钾依次为苗期的 4.6 倍、7.2 倍、3.7 倍，是整个生育期间吸肥量最多的时期，其中幼穗分化前期吸收的量多而快。试验证明，在拔节初期或稍提前几天追肥，满足枝分化和小穗小花分化对养分的需要，可显著增加枝梗数和小穗小花数，从而增加每穗粒数。拔节期追肥不仅能促进幼穗分化，而且还能增进茎叶分生组织细胞分裂，使茎秆增粗，中上部叶片增大，提高光能利用率和抗倒伏能力等。因此，在追肥数量不足 20 千克时，应重点放在拔节期一次施入。若数量多，每亩 25 千克以上，或是后期易脱肥的地块，应分两次追肥，并掌握"前重后轻"的原则。前重即重追拔节肥，用量约占追肥总量的 2/3，有增花增粒的作用；后轻即轻追挑旗肥，主要是保花增粒。挑旗肥应在减数分裂前施用，有减少小穗小花退化、增加结实粒数与粒重的作用，并能延长叶片寿命，防止植株早衰。"前重后轻"的追肥要比"前轻后重"的追肥方式增产 9.4%～33.6%，在生产实践中不可忽视。

追肥时期与数量还应看天、看地、看苗而定。基肥少，种肥不足，叶色黄绿、幼苗弱，应早追多追，加速茎叶生长，以达到一定的光合面积，为分化更多的枝梗数和小穗小花打好物质基础；土壤肥沃，基肥量大，叶色深绿，个体生长健壮，应适当延后并酌情少施；沙土保肥力差，后期容易脱肥漏水，应适当晚施或分两次追施；气候干旱、土壤缺水，肥效不易发挥，应提早施；雨多地湿可适当推迟，雨前施或施后灌水，肥水相融，能显著提高肥料利用率。

第四节　高粱品种简介

1. 高粱辽杂 38

【特征特性】该品种生育期为 125 天左右，属中晚熟品种，株高 165 厘米左右，穗长 33 厘米，中紧穗、长纺锤形，紫红壳，红粒，千粒重 38 克左右，籽粒含粗蛋白 9.7%、总淀粉 73.81%、赖氨酸 0.20%、单宁 1.27%。高抗丝黑穗病，抗叶病，抗蚜虫，高抗倒伏，比对照锦杂 93 号增产 10% 以上。适宜在辽宁省种植锦杂 93 号、沈杂五等的地区种植。

【产量表现】一般亩产 650～750 千克。

【栽培技术要点】适合在中上等肥力和水肥条件较好的土壤种植，种植密度6500 株/亩，亩施二铵 15 千克作种肥、尿素 25 千克作追肥。

2. 本粱 9 号：辽审粱 2013001

【特征特性】株高 200 厘米，中紧穗型，长纺锤形穗，穗长 35 厘米，壳红色，籽粒红色，单宁含量 1.28%，鸟不啄，是优质酿酒红高粱品种。辽宁春播生育期 124 天左右。

【产量表现】一般亩产为 750～900 千克。

【适应性】该品种适应性强，抗丝黑穗病，抗叶部病害，抗蚜虫，较抗螟虫，抗倒伏。

【栽培技术要点】一般中上等肥力以上土壤栽培，适宜密度 7000 株/亩。

【适宜区域】适宜在辽宁省沈阳、铁岭、阜新、锦州、朝阳、鞍山和葫芦岛等市≥10℃活动积温 2800℃以上区域种植。

3. 吉杂 159：GPD 高粱（2018）220209

【特征特性】酿造用。幼苗绿色，芽鞘绿色，株高 131.4 厘米，穗长 30.1 厘米，中紧穗、纺锤形，穗粒重 84.4 克，千粒重 28.2 克，籽粒椭圆形，红壳红粒，着壳率 4.6%，生育期 120 天，中熟杂交种。总淀粉含量 76.73%，支链淀粉含量 73.52%，粗脂肪含量 76.73%，单宁含量 1.13%。中抗丝黑穗病，病害为 2 级的叶部病害。第一生长周期亩产 547.8 千克，比对照四杂 25 增产 6.3%；

第二生长周期亩产 601.7 千克，比对照四杂 25 增产 10.0%。

【栽培技术要点】杂交种在一般肥力的土壤均可种植，每亩施农家肥 3000 千克左右作底肥；早熟区播种时期为 5 月上旬至中旬，播种深度 2.5～3.0 厘米，每亩施二铵或复合肥 20 千克作种肥；播后注意镇压、保墒；每亩保苗 8000 株；在拔节初期每亩追施尿素 15～25 千克；蜡熟末期收获。

【适宜种植区域及季节】适宜在吉林的白城、松原、长春、吉林和四平 ≥ 10℃活动积温 2600℃以上地区春季播种。

【注意事项】注意防治地下害虫，播种前 1～2 天用高粱专用拌种剂拌种。

4. 通杂 108：蒙审粱 2010003 号

【特征特性】幼苗叶片绿色，叶鞘绿色。株高 153 厘米，主叶脉白色。中紧穗，长纺锤形，穗长 25.9 厘米，壳黑色，穗粒重 82.6 克，着壳率 7.8%。籽粒椭圆形，红色，千粒重 27.8 克。

【品质】2008 年农业部农产品质量监督检验测试中心（沈阳）测定，各组分含量为，粗蛋白 9.94%、粗淀粉 74.90%、单宁 1.75%、赖氨酸 0.17%。

【抗性】2006～2007 年国家高粱改良中心（沈阳）人工接种抗性鉴定，两年平均丝黑穗病发病率 10.3%。平均生育期 128 天，比对照晚 1 天。

【栽培技术要点】亩保苗 7500 株左右。

【适宜地区】内蒙古自治区通辽市南部、赤峰市南部 ≥ 10℃活动积温 2900℃以上地区种植。

5. 吉杂 127：蒙审粱 2011006 号

【特征特性】幼苗叶片绿色，叶鞘绿色。株高 164 厘米，19 片叶。果穗中紧、纺锤形，穗长 26.9 厘米。籽粒椭圆形，红壳红粒，千粒重 28.9g。品质：2009 年农业部农产品质量监督检验测试中心（沈阳）测定，各组分含量为，粗蛋白 8.76%、粗淀粉 76.52%、单宁 0.81%、赖氨酸 0.18%。

【抗性】2008～2009 年辽宁省国家高粱改良中心（沈阳）人工接种抗性鉴定，丝黑穗病发病率两年平均 1.0%。平均生育期 125 天，比对照晚 1 天。

【栽培技术要点】亩保苗 7500～8000 株。

【适宜地区】内蒙古自治区通辽市、赤峰市 ≥ 10℃活动积温 2900℃以上适宜区种植。

6. 晋杂 34 号高粱：晋审粱（认）2013007

【特征特性】平均生育期 131.0 天。幼苗绿色，叶绿色，叶脉白色，平均株高 135.4 厘米，平均穗长 32.2 厘米，穗纺锤形，穗型中紧，红壳红粒，籽粒扁圆，平均穗粒重 90.5 克，平均千粒重 28.3 克。该品种株高较低，穗位较整齐，适宜机械化收获。

【品质分析】农业部谷物及制品质量监督检验测试中心（哈尔滨）检测，各组分含量为，粗蛋白（干基）8.08%、粗脂肪（干基）3.37%、粗淀粉（干基）

73.12%、单宁（干基）1.40%。

【产量表现】2011～2012年参加山西省高粱中晚熟区机械化栽培组直接生产试验，两年平均亩产617.3千克，比对照增产7.2%，两年9个试验点，全部增产。其中2011年平均亩产577.4千克，比对照晋杂12号增产4.5%；2012年平均亩产657.2千克，比对照晋杂22号增产9.5%。

【栽培技术要点】播前施足农家肥，每亩施复合肥50千克左右、尿素20千克。4月下旬至5月上旬地温稳定在10℃以上时播种，亩播量1.5千克，亩留苗密度为水肥地8000株、山旱地7000株。播种后出苗前喷施高粱专用除草剂，出苗后及时间苗定苗，拔节至抽穗期，每亩追施尿素15千克，后期注意防治蚜虫。

【适宜区域】山西省高粱春播中晚熟区。

7. 辽杂19号

【特征特性】生育期125～129天，属晚熟品种，芽鞘紫色，株高176.3厘米，穗长33厘米，中紧穗、长纺锤形，紫红壳，红粒，穗粒重98.3克，千粒重31.1克。籽粒含蛋白质9.7%，总淀粉73.81%，赖氨酸0.2%，单宁1.27%。丝黑穗病接菌种发病率为0，高抗丝黑穗病，抗叶病，抗蚜虫，抗倒。

【产量及表现】2001～2002年两年参加辽宁省区域试验，平均亩产534.5千克，比对照锦杂93号增产8.5%，2002年参加辽宁省生产试验，平均亩产548.1千克，比对照锦杂93号增产6.4%。2010年在北票大板品比试验，比锦杂93增产11%，比沈杂5增产7%。

【栽培技术要点】4月20日至5月15日播种，播种深度3厘米左右。亩施农肥3000千克作底肥，磷酸二铵15千克加硫酸钾10千克作种肥，25千克尿素作追肥。亩保苗6500株。注意防治地下害虫、黏虫、蚜虫、螟虫。蜡熟末期适时收获。

8. 沈杂5

【优点】熟期早、适口性好、籽粒大；缺点：易倒伏、稳产性差。

【特征特性】生育期125～129天，株高180厘米，穗长33.6厘米，中紧穗、长纺锤形穗，千粒重32.0克，籽粒白色，壳红色，着壳率6.5%，角质率60%，出米率80%～85%，米质佳，适口性好。该品种根系发达，茎秆粗壮，叶色浓绿，活秆成熟。抗旱、耐涝耐贫瘠。

【产量表现】在不倒伏的情况下，中上等地块一般亩产500～650千克，高产地块可达850千克。

【栽培技术要点】适宜播期4月下旬至5月中旬，种植密度以每亩5500～6000株为宜，过密易倒伏，造成严重减产。亩施农肥3000千克作底肥，磷酸二铵15千克加硫酸钾10千克作种肥，25千克尿素作追肥。

【注意事项】主要是两个方面，一是不能过密，二是要增施钾肥。过密易倒伏，增施钾肥可壮秆抗倒伏。

9. 锦杂 93

【优点】抗性好、商品性好、稳产；缺点：产量低、高产性不突出。

【特征特性】锦杂 93 生育期 127～130 天，属中晚熟品种，株高 175 厘米左右，穗长 25 厘米左右，紧穗、筒穗型，单穗粒重 85 克左右，橙红色粒，千粒重 37 克左右，含蛋白质 9.6%、赖氨酸 0.19%、单宁 0.05%，出米率在 80% 左右，适口性好，高抗倒伏，抗叶斑病、丝黑穗病，抗蚜虫。

【产量及表现】1988～1991 年辽宁省区域试验、生产试验，比辽杂一号增产 10% 以上；自 1993 年大面积推广以来，在辽西等地累计推广面积近 500 万亩，每年的平均亩产 500 千克左右，比辽杂一号增产 10% 以上，表现了稳产的突出特性。在北票市中上等地块亩产 500～650 千克。

【栽培技术要点】锦杂 93 在平、坡、洼地均可种植。适宜播期在 4 月下旬至 5 月 15 日，最适播期 5 月 1～12 日。该品种株型紧凑，主要靠群体增产，一般要求亩保苗 7000～8000 株。亩施农肥 3000 千克，口肥施入复合肥 20～30 千克，追施尿素 20 千克。

【注意事项】密植，利用抗倒伏特点，通过密植，靠群体增产，克服高产性不突出的弱点。

10. 辽杂 10 号 （7050A×IR9198）

此为由辽宁省农科院高粱研究所育成的高产、优质、多抗高粱杂交种。1997 年 10 月通过辽宁省农作物品种审定委员会审定，获国家发明专利，列为"九五"期间辽宁省高粱更新换代首选品种。

【特征特性】芽鞘、幼苗、叶片均为绿色，叶脉浅黄色，成株 20～22 片叶，株高 190～200 厘米。穗中紧，呈纺锤形，穗长 30～35 厘米。黑壳白粒，千粒重 30 克，角质率 70%，出米率 82.5%。生育期 131 天左右，活秆成熟，不早衰，抗病、抗倒、抗蚜虫。米质优良，适口性好。

【产量及表现】1995～1996 年参加辽宁省高级生产试验比锦杂 93 号增产 19.0%。1994～1996 年辽宁省多点示范试种累计 4 万多亩，平均亩产 600 千克以上，比当地主栽高粱杂交种亩增产 100 千克左右。其中有 3.4 亩亩产达 885.4 千克，小面积曾达 1023 千克/亩，说明辽杂 10 号具有巨大的增产潜力。2010 年在北票市大板镇品比试验中，比锦杂 93 增产 27%，比沈杂 5 增产 22%。

【栽培技术要点】最佳播种期 4 月下旬至 5 月上旬，10 厘米地温≥12℃，覆土 3 厘米左右，不宜厚覆土。亩保苗 6500～7000 株。亩施农肥 3000 千克，磷酸二铵 15 千克加硫酸钾 10 千克作种肥，追施尿素 25 千克。

【注意事项】一是早播，因为它生育期长。二是覆土不能过厚，3 厘米左右合适，因为该品种拱土力弱。

第五节　杂粮绿色提质增效轻减化栽培技术模式

（1）区域适宜品种　引进区域适宜品种 2～3 个，能够充分利用地方光热条件，品种与生态条件适应和谐，充分挖掘品种增产、增效潜力，达到优质、高产、高效的生产目标。

（2）抗逆精量播种技术　选用合适的种衣剂对种子进行包衣（微肥、抗病、防虫、保水）处理，增强种子抵御逆境出苗保苗能力；根据品种密度、种子千粒重、发芽率、净度确定适宜的播种量；选用与栽培模式适应的精量播种机进行精量播种，有效控制田间株数，降低间苗人工压力，节本增效。

（3）宽幅等比条带间作、轮作种植模式　高粱与大豆、花生、谷子、食用豆等矮秆作物当年宽幅等比间作，次年轮作，方便机械栽培管理作业，有效减少遮蔽，改善群体环境，扩大边际优势，增产增效，同时达到促进轮作，改善土壤质量的作用。

（4）病虫草害高效综合防治技术

① 选择莠去津、金都尔进行苗前封闭除草，选择莠去津、二氯喹啉酸在苗后 5 叶期左右除草，严格把握施用剂量及施用时期。

② 播种时以种衣剂包衣，地面施或撒施合适药剂防治地下害虫；拔节至抽穗开花期后注意早防早治蚜虫（吡虫啉）；黏虫（氯氰菊酯、甲氨基阿维菌素苯甲酸盐）；大喇叭口期用辛硫磷颗粒剂灌心或喷施康宽（氯虫苯甲酰胺）防治螟虫；开花后喷施康宽（氯虫苯甲酰胺）、甲氨基阿维菌素苯甲酸盐、棉铃虫核型多角体病毒防治棉铃虫。

第六节　酒用高粱滴渗种植技术模式

精准滴渗种植技术将计算机技术、网络技术、现代自动控制技术与灌溉及施肥进行系统整合，基于各类农作物种植数据库对农作物进行灌溉和施肥，并不断进行优化，基本不需要人为介入，达到节水、节肥、增产的同时还可以避免土壤盐渍化和板结。使用滴渗种植技术能够提高水肥使用效率，减少土地污染，降低劳动强度和生产成本，挖掘粮食增产潜力，加速农业现代化进程，为粮食安全提供保障。

1. 技术模式

专用酿酒品种＋单粒精播密植＋滴渗＋水肥一体化＋计算机监控＋全程机械化作业。

2. 关键技术

（1）品种　高粱品种为晋杂 34，幼苗健壮，叶绿色，穗长 32.2 厘米，红壳红粒，籽粒扁圆，穗粒重 90.5 克，千粒重 28.3 克，生育期 127 天左右，植株平均株高 135.4 厘米，穗位整齐，适宜机械化收获。

（2）翻耕整地　第 1 年铺设滴渗管带、主管路、智能操控平台。耕作深度 30 厘米左右，进行精细整地，一米一带，在滴渗管两侧 20 厘米处进行播种。第 2 年至第 5 年可进行保护性耕作，前茬作物留茬收获后秸秆还田要覆盖均匀，覆盖率不低于 30%，玉米留茬覆盖处理的茬高应不低于 20 厘米。免耕播种机原垄迎茬直播，苗带宽度（开沟宽度）仅为 2 厘米左右，有效保持土壤墒情和生态环境。第 6 年进行一次施耕，深度达 25 厘米左右，不要伤到滴渗管带。第 7～10 年与第 2～5 年相同。

（3）栽培技术要点

① 种植季节　一般在 4 月 20 日至 5 月 15 日，地下 5 厘米地温稳定在 10℃ 以上时，播种为宜。

② 高粱拌种　用吡虫啉 40 克＋萎锈·福美双 40 克兑水 80 克与 5 千克高粱籽拌均匀，阴干，播前一天拌种。

③ 配方施肥

需肥量：每生产 100 千克籽粒需氮 2.6 千克、磷 1.3 千克、钾 3 千克。

目标产量：650 千克，投入氮 17 千克、磷 8.4 千克、钾 20 千克。

方案一，亩施农家肥 3000 千克，缓释肥 25～30（N-P-K：26-12-12）千克，加 7.5 千克二铵、8 千克钾肥作底肥一次性施入。拔节期亩追施 15～20 千克尿素。

方案二，玉米茬口地，缓释肥 25～30（N-P-K：26-12-12）千克，加 7.5 千克二铵、8 千克钾肥作底肥一次性施入。拔节期亩追施 15 千克尿素。孕穗期亩施 5 千克尿素。

④ 机械化播种、施肥　用播种、施肥一体机进行精播，播深 1～3 厘米，播种密度每亩 8000 株左右，做到种肥隔离。

⑤ 科学管理　播后及时滴水，滴渗水渗透耕层土壤 10 厘米，底墒水足以保障出苗，一般在 4 叶期间苗、5～6 叶期定苗，定苗 10～15 天及时中耕促根早生快发。

⑥ 追肥　根据高粱需肥特点，在拔节期及孕穗期分次施入施肥方案中的氮肥，拔节期施入高粱生育时期所需氮肥的三分之二，在孕穗期施入高粱生育时期所需氮肥的六分之一。

⑦ 及时收获　高粱适宜收获期为蜡熟末期，此时籽粒饱满，淀粉含量高，品质最好。

3. 成本效益

目标产量为 650 千克，1.8 元/千克，亩收益 1170 元。亩投入成本有种子 30 元、底肥复合肥 89.4 元，二铵 25 元，钾肥 32 元，追肥 40 元，机翻地 45 元，机播 45 元，收割 80 元，除草剂 10 元，土地费 200 元，人工 200 元，共计成本 796.4 元，亩纯效益 373.6 元。

滴渗管道铺设

晋杂 34 高粱

哈尔脑新亭村酒用高粱晋杂 34 滴渗绿色栽培

第四章

谷子绿色生产高效栽培

第一节　栽培谷子的类型、分布及生物学特性

　　谷子又名粟，起源于我国黄河流域，是禾本科狗尾草属的一个栽培品种，具有抗旱、耐瘠薄、适应性广等优点，它又是耐贮藏的良好备荒作物。

　　谷子脱壳后即为小米，其营养价值高，蛋白质含量高于玉米、大米、高粱，脂肪含量高于大米、白面。此外，谷子还含有丰富的维生素。因而，小米是人们喜爱的食粮之一，谷草、谷糠则是家畜、家禽的好饲料。群众评论："谷子浑身都是宝，人吃小米饭，牲畜喂谷草，谷糠养肥猪，根茬当柴烧。"近年来，随着农作物结构的调整，谷子已上升为发展农业产业化、促进农民增收的首选作物之一。

一、谷子的类型与分布

1. 谷子的类型

　　(1) 依据穗型、稃色、刚毛色、粒色来划分，可分为龙爪谷、毛粱谷、青谷子、红谷子等。

　　(2) 依据籽粒粳度、糯性来划分，可分为硬谷、红酒谷等。

　　(3) 依据植株叶色、鞘色、分蘖多少来划分，可分为白秆谷、紫秆谷、青秆谷等。

　　(4) 依据生育期来划分，可分为早熟类型（春谷少于 110 天，夏谷 70～80 天）、中熟类型（春谷 111～125 天，夏谷 81～91 天）、晚熟类型（春谷 125 天以上，夏谷 92 天以上）。

2. 谷子的分布

我国是谷子栽培面积最大的国家之一，谷子产量约占世界总产量的80%，印度是第二大谷子生产国，占世界总产量的10%左右，美国、澳大利亚、法国、日本、匈牙利等国也有少量种植。我国谷子主要分布在北方干旱和半干旱地区，其中华北地区约占全国谷子栽培面积的60%；东北占25%左右；西北地区较少，占谷子栽培面积的12.9%。根据各地自然条件、耕作制度、种植方式，全国谷子产区可划分为以下4个栽培区。

（1）东北春谷区　本区包括黑龙江、吉林、辽宁、内蒙古东部。地处北纬40°～48°，海拔20～400米。无霜期120～170天，日照时数14～15小时。年平均气温2～8℃，年平均降雨量400～700毫米。一年一熟，常与大豆、高粱、玉米轮作。栽培品种多为单秆、大穗，属生长繁茂型品种。

（2）华北平原夏谷区　本区包括河南、河北、山东等省。地处北纬33°～39°之间的平原区，海拔50米以下，地势平坦。无霜期150～250天，日照时数14～14小时。年平均气温12～16℃，年平均降雨量400～900毫米。土质以褐色土为主。冬小麦收获后复种谷子。本区丘陵山地有少量的春谷栽培。栽培品种生育期短，植株矮、穗大、粒大。

（3）内蒙古高原春谷区　本区包括内蒙古、河北省的张家口地区、山西省的原雁北地区。地处北纬40°48′～48°48′，海拔1500米以上，土质以栗钙土为主。一年一熟，与玉米、高粱、马铃薯轮作。栽培品种生育期短、矮秆、大穗。

（4）黄河中上游黄土高原春夏谷区　包括陕西、山西、宁夏、甘肃等省区。地处北纬30°～40°，海拔600～1000米，无霜期150～200天，日照时数14小时左右，年平均气温7～15℃，年降雨量350～600毫米，土质为棕钙土和褐色土。以春播为主，在平川地区小麦收获后种植夏谷。一年一熟或两年三熟。

辽宁省谷子栽培面积较大，每年都在120万亩以上，主要分布在朝阳、锦州、阜新和铁岭等地区，均为一年一季的春谷产区。由于各地气候、土质及栽培条件的不同，生产上对谷子品种的要求也不同。谷子品种有很强的区域性，例如，坡地谷田要求种植抗旱性很强的品种；辽宁中部平原及辽西水浇地，则要求粮草兼丰、抗涝、抗倒伏、抗病虫害及植株较高的品种；在复种地区，则要求种植早熟的品种。几年来，由于推广优良品种，改进栽培管理技术，各地相继出现了许多丰产典型。如2002年朝阳县古山子农民朱某某种植5亩朝新谷2号，平均每公顷产7695千克，比当地"大红苗"谷子增产25.7%；2003年朝阳市78个乡镇，种植4995亩朝新谷2号、朝新谷5号平均每公顷产6624千克，比朝谷9号增产18.4%。高产事实充分证明，谷子并不是低产作物。但就辽宁省大面积谷子生产来讲，由于谷子产区土壤肥力低、品种纯度下降、耕作较粗放、草荒苗不全、病虫为害、水肥管理不当等诸多因素，导致谷子亩产不到150千克的低产水平，影响了粮食总产量的提高，不能满足人民对食用小米和牲畜饲草的需要。所以应当重视谷子生产，提高谷子的栽培技术，进而大幅度提高谷子的产量。

二、谷子的形态特征

1. 根

谷子的根属须根系，由三种根组成，即种子根（胚根或称救命根）、次生根（不定根、永久根或称水根）和支持根（又叫气生根）。我国春谷产区十年九旱。由于次生根生出较晚，因而种子根的健壮生长，对抗旱保苗具有重要作用。次生根与支持根是形成谷子根系的主体，它们发达与否以及健壮程度如何，对于增强谷子抗倒伏能力、争取谷子高产有着密切的关系。

2. 茎

谷子的茎由若干节和节间组成，茎直立，圆柱形，茎高 60～150 厘米。茎节数 15～25 节，少数品种有 10 节，基部 4～8 节密集，组成分蘖节，地上 6～17 节节间较长。节间伸长顺序由下而上逐个进行，下部节间开始伸长称拔节。初期茎秆伸长较慢，随着生育进程生长加快，孕穗期生长最快，1 日可达 5～7 厘米，以后逐步减慢，开花期茎秆停止生长。

3. 叶

谷子的第一片叶叫猫耳叶，以后生出的叶为长披针形。叶由叶片、叶舌、叶枕及叶鞘组成，无叶耳。一般主茎叶为 15～25 片，个别早熟品种只有 10 片。基部叶片较小，中部叶片较长，长 20～60 厘米、宽 2～4 厘米，上部叶片逐步变小。不同品种和不同栽培条件下，单叶数目及叶面积亦有变化。

4. 花

谷子的花分为上位花和下位花。上位花为完全花，下位花退化。完全花的外稃稍大，成熟后质硬而有光泽，颜色因品种而异。雌蕊柱头羽毛状分叉，3 枚雄蕊，子房基部侧生 2 个浆片，开花时柱头和雄蕊伸出颖外，子房受精后结子1 粒。一般主穗开花期为 15 天左右，分蘖穗开花期为 7～15 天。开花第 3～6 天进入盛花期，适宜温度为 18～22℃，相对湿度为 70%～90%。每日开花有两个高峰，以 6～8 时和 21～22 时开花数量最多，中午和下午开花很少或不开花。每朵小花开放时间需 70～140 分钟。

5. 穗

谷子的穗为顶生穗状圆锥花序，由穗轴、分枝、小穗、小花和刚毛组成。主轴粗壮，其上着生 1～3 级分枝。小穗着生在第 3 级分枝上，小穗基部有刚毛3～5 根。一个谷穗有 60～150 个谷码。谷码多以螺旋形轮生在穗轴上，每一轮有 3～4 个谷码，每个谷穗有小穗 3000～10000 个。由于穗轴各级枝梗的长短不一、多少不同以及穗轴顶端分叉的有无，形成了不同的穗形，如纺锤形、圆筒形、棍棒形、分枝形等。

6. 种子

种子即谷粒，其大小和颜色也各不相同，千粒重为 2.5～4.0 克；谷壳有黄、白、红、乌、黑之分；生产上的栽培种多为黄谷或白谷。米粒色泽一般为黄、白两种，乌米很少，所占比例很小。这些不同特征也是区分品种的标志和某些性能的反映。例如，黄谷比较耐涝，适应性强，出米少；白谷，皮薄出米多，品质好，但抗逆性差等。因此，根据不同谷子品种的形态特征，大体可以判别品种的某些特征。

三、谷子对环境条件的要求

1. 光照

谷子为短日照作物，日照缩短促进发育，提早抽穗；日照延长延缓发育，抽穗期延迟。谷子一般在出苗后 5～7 天进入光照阶段，在 8～10 小时的短日照条件下，经过 10 天即可完成光照阶段，一般春播品种较夏播品种反应敏感，红绿苗品种较黄绿苗品种反应敏感。谷子是 C_4 作物，净光合强度（CO_2）较高，一般为 25～26 毫克/（平方分米·小时），超过小麦，二氧化碳补偿点和光呼吸都比较低。

2. 温度

谷子是喜温作物，有效积温为 1600～3000℃。种子发芽最低温度 6～8℃，24～25℃时发芽最快。幼苗不耐低温，在 1～2℃条件下易受冻害，甚至死亡。从出苗到分蘖适宜的温度为 20℃。拔节至抽穗适宜温度为 22～25℃。从受精到籽粒成熟，适宜温度为 20～22℃。低于 20℃或高于 23℃，对灌浆不利，特别是在阴天、低温、多雨的情况下，延迟成熟，秕谷增多。

3. 水分

谷子比较耐旱，蒸腾系数为 142～271，低于高粱（322）、玉米（368）和小麦（513）。苗期耐旱性很强，能忍受暂时的严重干旱，需水量仅占全生育期需水量的 1.5% 左右。干旱有利于促进根系生长发育。拔节至抽穗期是谷子需水量最多时期，占全生育期总需水量的 50%～70%，此时是获得穗大粒多的关键时期。在幼穗分化期遇到干旱即形成"胎里旱"，会产生大量空壳、秕谷。从受精到籽粒成熟阶段，需水量占全生育期总需水量的 30%～40%，是决定穗重和粒重的关键时期。此时，如遇干旱则影响灌浆，秕谷增多，严重减产。

4. 土壤

谷子对土壤要求不严格，黏土、砂土都可种植。但以土层深厚、结构良好、有机质含量较丰富的砂质壤土最为适宜。谷子喜干燥、怕涝，尤其在生育后期，如果土壤水分过多，容易发生烂根，造成早熟枯死。谷子适宜在微酸和中性土壤上生长。

5. 养分

据测定每生产 100 千克谷子籽粒，需从土壤中吸收氮素 2.5～3.0 千克、磷素 1.2～1.4 千克、钾素 2.0～3.8 千克，氮、磷、钾比例约为 1∶0.5∶0.8。出苗期至拔节期需氮占全生育期需氮量的 4%～6%；拔节至抽穗期需氮最多，占全生育期需氮量的 45%～50%；籽粒灌浆期需氮量减少，占全生育期需氮量的 30% 以上。据李东辉对谷子吸磷规律进行的研究，磷素在生育周期内极为活跃，不同发育时期对磷的吸收与分配不同，叶原基分化期，磷素主要分配在新生的心叶，占全株总数的 19.6%；生长锥伸长期，主要分配在生长锥、幼茎，占全株总量的 10%；枝梗分化与小穗分化期是需磷的高峰期，主要分配在幼穗，占全株总量的 20.95%。此后，抽穗、开花、乳熟期，磷素在植株各器官呈均匀状态分布。幼苗期吸钾较少，拔节到抽穗前是吸钾高峰期。

第二节　谷子高产栽培技术

一、整地与施肥

1. 选地

谷子对土壤要求不严格，不论黏土、沙土都能种植。但由于它的籽粒小，幼苗顶土能力弱，所以在有机质含量高、土层深厚的沙壤土种植最为适宜，这样的土壤容易抓苗，有利于根系发育。由于谷子后期怕涝，故应以高燥通风透光的土壤为好，而窝风、低洼的下湿地不宜栽培。俗语说："谷子种坡岭，穗大籽粒多"，就是因为坡岭地通风透光好，有利于谷子生长发育，因此灌浆良好，粒饱秕子少，比同等肥力的平川地产量高。但平整、肥沃的水浇地，由于有水利条件做保证，栽培时才会丰产。而瘠薄涝洼地则产量低。辽宁省西部旱坡丘陵，种植谷子面积大，但由于水土流失，土壤肥力低，影响了谷子单位面积产量的提高。所以，要想获得丰产，不论是水浇地或是旱坡地，都必须以土、肥、水为中心，把谷子高产稳产田建设好。

2. 轮作

"重茬谷，守着哭""三年谷，不如不"的农谚，就是强调谷子不应重茬。因为谷子白发病等可由土壤传播，大多数谷子钻心虫也是在谷茬中越冬。如不倒茬，各种病虫害，尤其是这两种毁灭性病虫害，会造成绝产绝收；谷莠子等伴生性杂草也将迅速增多，造成严重缺苗断垄；谷子根系强大，密度较高，重茬消耗大量相同的养分，导致某些营养元素缺乏，使植株早衰、早枯，秕粒率增加，产量下降。所以丰产田应该年年倒茬，在白发病严重的谷田，至少隔三四年后再种谷子。谷子的前茬，应以豆类、薯类、玉米、绿肥作物为适宜。特别是近几年辽宁省朝阳地区，有些乡、镇以草木樨茬种谷子，增产非常显著。而高粱、糜黍、荞麦等茬口，种谷子要获得高产，则必须施用多量的农家肥和采取良好的耕作技术。

3. 整地

各地丰田经验证明，秋深耕，有利于谷子根系发育，并增强其吸收能力，使植株生长健壮，穗粒数、千粒重都有所提高，从而获得高产。秋深耕要尽早进行，前作收获后，立即抓紧时间进行灭茬，灭茬后随即施肥。深耕的深度要求在20厘米以上。北方春谷产区的气候特点是春季干旱，而谷子又多种在旱地，因此，做好保墒工作，是保证谷子全苗以利丰产的关键。具体要求是：秋翻后及时耙耢消灭坷垃。在土壤解冻前，对于有坷垃、有裂缝的谷田，可进行"三九"压地，既压碎了表面坷垃、填平了裂缝，又不压实耕层；既不形成暗坷垃，又可减少土壤水分蒸发。当春季地表刚解冻时，为了减少土壤水分蒸发，要进行顶凌耙地；并在播种前，进行播前镇压提墒，以利谷子发芽出苗。

4. 施肥

基肥在播种前结合整地施入，一般以腐熟的农家肥为主。其施用量应根据品种特性、生育期长短、生育状况、土壤肥力等决定。在目前生产水平下，产谷子3000~4500千克/公顷，需施优质农家肥30000千克/公顷，产谷子7500千克/公顷的丰产田，需施优质农家肥45000千克/公顷以上，还需足够数量的磷钾肥作底肥，一般施过磷酸钙600~750千克/公顷。施用磷肥，最好先与有机肥料混合沤制。因为磷肥与有机肥混合，能减少磷与土壤直接接触，以免磷素被土壤中大量存在的钙、铁、铝等元素所固定，变成谷子难以利用的磷酸化合物。由于磷在土壤中的移动性小，因此，磷肥要施到根群分布的土层中让根系能接触吸收，切忌撒于地表。

二、播种

1. 种子处理

采用优良品种是谷子生产中投资少、增产显著的重要措施。辽宁省各谷子产区农科所，经过多年选育，使一些优良品种，如齐头白、朝谷9号、朝谷12号、锦香谷7号、铁谷9号、铁谷10号、朝新谷2号、朝新谷5号、燕谷18等在朝阳、锦州、铁岭等地区的谷子生产中，发挥了很大的增产作用。各地应根据自然条件和栽培特点的不同，因地制宜选用成熟期适宜、抗逆性强（抗旱、抗涝、抗风、抗倒、抗病虫害）、适应性好、粮草兼丰、品质好的品种。

在缺乏优良品种的乡镇，应通过引种试种，确定适宜的品种。在已种植优良品种的乡镇，为了保证种子质量，在秋收前，从生长良好、无病虫害的留种田里，选择生长整齐一致，具有本品种特征的种子，单收、单打、单保存，最好用穗子中部籽粒作种子。播种前要经过晒种和发芽试验，要求发芽率在90％以上的，才能作为合格的种子。为了预防病虫害，要对种子进行水选和药剂处理。

山西省壶关县晋庄村，采用"三洗、一闷、一拌"的方法处理种子，根治了黑穗病，兼治了白发病，并有效地防治了地下害虫。经过处理的种子，颗粒饱满，发芽率高，出苗整齐，幼苗健壮。具体方法介绍如下。

三洗：先用清水洗，漂去秕粒和杂草籽，再用盐水（50 千克水加 10 千克盐）洗，再进一步漂去秕粒和半饱籽，最后再用清水洗去盐分。

一闷：用种子重量 0.1％的 1605 闷种，可防地下害虫。方法是，将洗过的种子晾至七八成干后，每 50 千克种子用 50 克 1605 对水 5 千克用喷雾器喷到种子上，随喷随搅拌，拌匀后堆起来，上面用麻袋覆盖，闷 6～12 小时即可。有的乡镇用 0.1％～0.5％的拌种双液拌种，拌匀后闷 1～2 小时，也起到了上述的防虫效果。

一拌：为了防治黑穗病、白发病，将经过闷种的谷种，阴干后用种子重量 0.1％的拌种双液拌种，拌后即可播种。

此外，山西、河北、河南等地有的乡镇，采用 20％的石灰水，搅拌去渣后，浸种 1 小时，晾干后播种可防治黑穗病与白发病。

为使播种均匀，减少间苗用工，并达到集中施肥的效果，在土壤墒情好的旱地、水浇地或夏播谷地，可采用河北省郝家村的种子大粒化措施。具体方法是：每亩用精选谷种 0.25 千克、过磷酸钙和硫铵各 0.25 千克，以及筛过的细土 2 千克，将肥、土混合均匀，另将 1 毫升的 1605 加水 0.25 千克稀释后喷湿谷种；再将混合好的肥料、细土撒到种子上，用簸箕或滚筒滚拌，使肥料、细土包在谷种外面，形成高粱粒大小的颗粒。阴干后，即可播种。此方法在土壤墒情差时不宜采用，以防造成缺苗。

2. 适期播种

播种期早晚，对谷子生长发育影响很大。要确定谷子的适宜播种期，应掌握以下原则：第一，力争在良好的土壤墒情下播种，以便获得全苗，即抢墒播种。第二，从充分利用有利条件、克服不利条件出发，使谷子全生育期要求的温、光、水动态变化与当地温、光、水气象条件的季节性动态变化，最大限度地吻合，即尽量巧用天气。例如，在加强整地保墒的基础上，进行适期播种的春谷，能够比较充分地利用自然条件，使苗期处于初夏的干旱，有利于长成强大而深扎的根系，提高吸收水肥的能力，在进行幼穗分化过程的孕穗期，能赶上雨季来临，防止"胎里旱"，促进形成粗大的谷穗和较多的籽粒；在抽穗前后，正是雨季高峰，避免了"卡脖旱"，恰好"拖泥秀谷穗"；灌浆期到了秋高气爽、昼夜温差大的秋季，此时，白天光照长，气温较高，光合作用强，有利于干物质积累，而夜间温度低，有利于削弱呼吸强度，减少物质消耗，因而，灌浆速度快，提高了饱籽率和千粒重，即晒出米来、减少秕谷。如果播种过早，因地温较低，生长缓慢，种子发芽时间长，增加病菌侵入的机会和钻心虫的为害，而且早播谷子出苗时，由于气温不稳定，谷苗易受低温冷害。此外，过早播种的谷地，杂草为害也严重。如果播种过晚，有些谷子不能成熟，还会造成苗期遇高温"烧尖"、遇雨"灌耳"。总之，适宜播种期应当是依据气象资料分析，找出当地温度、光照、降雨的规律，再通过生产实践和进行不同播期的试验之后，才能确定。如新金县五里台三队，以往是早春开犁就种，后改为谷雨至立夏播种。结果出苗快，发苗旺，杂草少，病害轻，穗紧、码密、籽粒饱满，产量大大提高。黑山县牛家二队试验，5月10日播种比4月20日播种有显著增产效果。目前辽宁省春谷产区，各地适宜的播种期，大体上是4月中旬至5月上旬。

3. 播种方法

辽宁省谷产区，谷子播种方法大体有两种，即犁开沟条播和机械播种。实践证明，机播谷在生产中有很大的优越性：第一，采用机械播谷，不仅提高工效，而且播深一致，种子播在湿土上，易做到抢墒抓苗，达到苗全、苗齐，不误农时，生长一致。第二，机播可以确保籽匀、垄匀，苗齐，行直，通风透光好。第三，便于铲蹚培土，增加铲蹚次数，培土高，次生根的轮次多，有利于生长发育，增强了抗旱、抗倒伏能力。但是机播必须在土壤肥力水平提高的基础上，采用适当的种植、留苗方式和适宜的行株距，特别要强调早间苗，才能充分发挥机播的增产作用。当前，由于各地机播的播种方式不同，如大垄机播、双行留苗和小垄单行留苗等；以及使用的播种机型号还没有统一定型，如机引24行播种机、机引10行播种机、畜力10行播种机等，因此，机播谷技术还需要在生产实践的基础上，不断提高和改进，才能因地制宜确定适宜的机械和种植方式。

谷子播量要适宜，过少易造成缺苗断垄，过多则幼苗密集、生长不良、间苗费工，稍不及时，造成苗荒。一般情况下播量为7.5～15.0千克/公顷，在此范围内，犁播谷，墒情差的可多些，机播谷的播量可酌情减少。

谷子播种深度，要考虑墒情、播期迟早和整地质量，墒情好的宜浅，墒情差的可适当加深；早播略浅，迟播可深，务使种子接触到湿土，一般覆土3～5厘米，不超过6.0厘米。犁播谷，每公顷用150～225千克磷酸二铵作口肥和优质农家肥作种肥，有利于苗壮。但应注意，不要与没有阴干的湿种子混合播种，以免发生烧苗现象。

播后镇压是齐苗、壮苗的又一项重要措施。它可压碎坷垃，同时还可提墒、保墒，并使种子与土壤密切接触，有利于种子吸水出苗。所以，除土壤太湿，播后需要放墒外，一般播后应立即镇压，旱坡谷田可连压2～3遍，对出全苗有明显效果。

4. 种植密度

谷子的种植密度受品种特性、播种期、土壤肥力、土地类型、种植方式等因素影响。一般说来，春谷品种，在中等肥力的旱地和水浇地，每公顷留苗37.5万～60万株为宜；在肥力较高的旱地、坡岭田，每公顷以45万～52.5万株比较合适。

三、田间管理

1. 间定苗

谷子苗期的生长主要是建成根系。所以，苗期田间管理的主要任务是在保证全苗的基础上，培育壮苗。壮苗的标准是：根系强大，苗粗壮，苗色深绿，无病虫。具体措施是：

（1）压青苗　春季，谷子出苗前后，往往干旱多风，小苗容易被风抽死，造成缺苗。所以，谷产区许多乡村，都用压青的办法防旱保苗，即在谷苗呈"猫耳状"时，压1～2次，有提墒、防风抽、防烧尖、减少地下害虫为害、利于根系深扎等作用，对达到全苗、壮苗有一定效果。压青苗应在中午前后，苗发软的时候进行，以减少伤苗。

（2）早间苗、早松土，除草、防荒　"谷间寸，顶上粪"，谷子早间苗，并结合间苗用手锄松土，对防止苗荒、消灭杂草、培育壮苗具有重要意义。由于谷子苗期"喜壮怕荒"，而播种的粒数往往是留苗数的10倍左右，发芽出苗后，一般都相当拥挤，互相争光、争水、争肥，使单株干物质积累缓慢。如不及早间苗，势必影响正常发育，形成弱苗、小老苗，后期不耐旱，秆细易倒伏，穗小产量低。因此，应在4～5叶时，结合早间苗，用手锄铲掉苗眼草，做到间苗、松土、除草三结合，促进谷苗壮长。谷子留苗方式，应以有利于改善谷子生育中期、后期的风光条件并合理分配营养面积为原则。在小垄密植情况下，宜采用等距留苗；而带状（大小行）种植时，可采用三角形留苗的方式（也称留拐子苗）；宽播幅播种，应以里稀外密的留苗方式为好。

2. 防治病虫害

谷子苗期病虫害，常见的是白发病、钻心虫及地下害虫。定苗时，首先要拔除"灰背"病株，防止病害蔓延。对谷子钻心虫应在雌蛾产卵盛期、幼虫孵化初期，撒施敌百虫毒土，进行适期防治。在地下害虫或粟茎跳甲等为害的谷田里，应在刚出现被害苗时，及时使用毒饵或喷洒40%乐果乳油，进行药剂防治。总之，要坚持治早、治小、治了的原则，及早消灭病虫害，确保全苗。

3. 中耕除草

谷子拔节到抽穗，是生长发育最旺盛的时期，此期需要较高的温度和大量的肥水。田间管理的主要任务是壮株、促大穗，应采取的主要措施是：

（1）清垄　为减少土壤养分、水分的无意义消耗，防止病虫传播，拔节后要进行清垄。即，将杂草、残苗（间苗时拔断的苗）、莠草、病株、弱苗等，全部、干净地进行清除，造成苗眼清爽、通风透光，地净土松的良好环境，利于谷苗生育整齐健壮。

（2）中耕及培土　谷子对中耕非常敏感，因为中耕直接影响谷子根系的生活能力，而根系生长好坏直接影响产量。所以有人认为，科学管理的中心就是"培育根系"。中耕的作用是多方面的，农谚说："锄头上有水、有火、有肥"，说明中耕能调节土壤中温度、水分和养分的供应状况。也有"谷子锄八遍，打下谷子不用碾"的农谚，说明中耕对谷子有显著的增产作用。因此生产上应力争在封垄前做好铲蹚作业，一般要进行三铲、三蹚。第一次中耕应在定苗后及时进行。第二次中耕在清垄后，谷子放大叶时进行。这次深中耕，具有增加蓄水、消灭宿根性杂草的作用，并通过适当伤根，起到"挖瘦根，长肥根，断浮根，深扎根"的作用，从而有利于谷子稳健生长和增强其抗倒、抗涝能力。第三次中耕，应在孕穗中后期进行，此时根系已长成，应浅铲浅蹚，防止伤根，并结合进行培土，以利增加支持根的轮次和增进根的吸收能力，从而有利于壮株防倒、穗重高产。

4. 追肥

谷子从拔节、孕穗到半吐半秀，是需肥的临界期。据内蒙古鄂尔多斯市农业科学研究院土肥室分析，谷子需氮最多的时期是拔节到抽穗期，约占全生育期需氮量的40%以上。此时追施氮素化肥，能显著增产。丰产田可分两次追肥：一次是在拔节后（早熟种）或11～13叶时（中、晚熟种），另一次是在孕穗的中后期，两次共施尿素300～455千克/公顷。另外，瘠薄地、低产田，谷子容易早期缺氮，要早追肥；坡岭旱地应掌握降雨的规律，本着"宁可肥等雨，不能雨等肥"的原则，做好雨前追肥。

根外追肥主要是喷磷和喷硼，以促进叶片光合作用制造有机物质，并使其迅速转移到籽粒中，增加穗粒重，减少秕谷，可增产10%以上。喷施方法是，以稀释700倍的磷酸二氢钾溶液，每公顷喷1125千克，兼有施肥和喷水的双重作用。如果后期植株表现缺氮，可制成700倍磷酸二氢钾与1%～2%尿素混合液一起喷施。生育后期喷硼增产效果更显著。

5. 灌水与排涝

谷子苗期比较耐旱，需水较少。拔节到抽穗，是需水的高峰期。一般拔节后7～10天就开始进行幼穗分化。在幼穗分化中三级枝梗的形成和小穗、小花的分化好坏，受温度、水肥、光照条件影响很大，此时，若气温在25～35℃，并有充足的光照、水分和氮素营养，对谷穗发育很有利。由于谷子产量的高低在很大程度上取决于小穗数，而小穗数又取决于第一、第二、第三级枝梗分化的多少。因此，一切管理措施必须从有利于增加枝梗数着手，达到增加小穗数的目的。此阶段正是谷子需要肥、水的临界期，尤其是抽穗前10天更为敏感。其特点是"喜水怕旱"，切防造成"胎里旱"或"卡脖旱"，所以，视天气情况，应及时浇好丰产水。

谷子开花以后，需水量减少。开花期如阴雨过多，会影响授粉，秕粒增多；晴后曝晒又很容易造成"热伤"；雨后下雾，易发锈病。其特点是"喜晒怕淋"，所谓"晒出米来，淋出秕来"就是指这一阶段而言。

灌浆至成熟期的管理主攻方向是保护功能叶片、防止早衰，提高结实率。此期谷子喜绿怕黄，因为籽粒中的干物质有 90％ 以上是靠抽穗后叶片的光合作用积累的，特别是上部功能叶片对籽粒饱满有突出作用。

谷子是一种耐旱不耐涝的作物，特别是在抽穗以后根系生活能力开始减弱，如果地内积水，根系会窒息死亡，出现早枯，因此，在平地、洼地，大雨过后一定注意排出积水。

谷子进入灌浆期，穗部逐渐加重，遇风害易倒伏。开花后 20 天左右是最容易发生倒伏的时期。"谷倒一把糠"，严重可减产 60％～70％。如发生严重倒伏，应及时扶起，将 7～8 株捆在一起，每株顶部露出 3～4 片叶，将根部培土，防止再倒。

四、病虫害防治

1. 谷子病害

（1）谷子白发病

【病状】①芽死。谷芽感病，出土前受病，芽弯曲变色，霉烂而死。②灰背。谷苗有 3～4 片叶时，叶片正面颜色变浅并出现黄白色条纹，叶片稍肥厚、卷曲；叶片背面产生灰白色粉状霜霉，称灰背。③白尖。苗高 4～5 厘米时，上部旗叶正面出现和叶脉平行的黄白色条纹，背面长出白霉，心叶不能展开，仅能伸出 1～2 片顶叶，称白尖。④枪杆（旋心）。出现白尖后，不能抽穗，形似枪杆，称枪杆；有的心叶扭曲，又称旋心。⑤白发。经过 7～10 天的白尖期，白尖破裂，散出大量黄褐色粉末（卵孢子），仅剩下灰白色卷曲发状叶组织，故称白发。⑥看谷老。病株一般不能抽穗或只抽一部分；抽穗也不结实，病穗短粗畸形，全部或部分小花内外颖受刺激而伸长变为针状，穗形肥而短，成刺猬状，称看谷老。以后病穗组织破裂，飞散出大量卵孢子。

白发病侵染的最适宜土壤温度为 20℃、湿度为 60％。土壤温度低、湿度大则发病率高，而土壤温度高，在 28℃ 以上时则病株百分率锐减。原因是病菌的卵孢子随着种子发芽而萌发，温度低、湿度大，发芽较慢，病菌经过初生根、芽鞘直接侵入的机会就多，特别是当幼芽长度为 2 厘米以下时最易侵染。侵入后，随着谷子的生长而向上蔓延，在不同发育阶段形成上述各种病状。若温度、湿度均高时，幼芽生长快，感病机会就低。所以适当浅播，可促进幼芽出土加快，减轻发病。

【防治方法】①轮作。根据病菌卵孢子在土壤中可以存活 2～3 年的状况，只要实行 3 年轮作，就可使发病率大大减少。一般连作的平均发病率为 14.25％，2 年轮作的为 5.54％，3 年轮作的为 2.41％。②拔除病株。在卵孢子未散发之前，结合定苗、除草、清垄拔掉病株深埋或烧掉。③选用抗病品种。不同品种抗病程度不一，差异可达 0.5％～20％，抗白发病品种有铁谷 8 号、朝谷 12 号、朝新谷 2 号等。④种子处理。严格实行 5 次水选，阴干后用 20％ 的石灰水澄清浸种 60 分钟，也可使卵孢子窒息。⑤适时播种。适时播种和深种浅覆土，促进种子发芽快，减轻侵染机会。

（2）谷子黑穗病　被害株，穗子较小，一般全穗发病，被害种粒稍大，呈卵圆形或圆形，成熟前病穗的颖壳多呈灰白色、内部充满黑色粉末，叫厚垣孢子，颖片破裂，散出黑粉。病菌孢子在 12℃ 以上即开始发芽，土壤温度在 20～25℃ 最适宜病菌侵染。谷子播种过早、覆土过厚，出苗时间长，发病率高。厚垣孢子附着于种子表面越冬，播种带病种子，孢子发芽直接产生菌丝体侵入幼芽的胚鞘到生长点内，最后摧毁子房，形成孢子堆。

【防治方法】①种子消毒。温汤浸种，即经过 5 次水选的种子放在 55℃ 水中浸 10 分钟。药剂拌种，水选后的种子，用内疗素闷种防治效果达 95％ 以上。具体做法是将 1000 单位/毫升含量的内疗素浓缩液 50 克，对水 1.2 千克（即稀释成 40 单位/毫升的药液），喷洒在 12 千克的谷种上，使药液与种子充分混拌均匀，堆闷 2 小时，阴干后备用。也可以用 40 单位/毫升浓度的药液浸谷种 2 小时，阴干后播种。②繁殖无病或抗病种子。建立无病种子田，在散粉前及时拔除病株，做到单收、单打、单贮存。③选用抗病品种。谷子抗黑穗病的品种很多，如铁谷 8 号、朝谷 12 号、朝新谷 5 号、山西红等。

（3）谷锈病　谷子的叶片、叶鞘上均能发生。病斑为浓褐色椭圆形小点，散生，有时排列成条，病斑表皮破裂，散出黄褐色锈状物，即夏孢子。病斑多时整片叶子变成黄褐色，叶片枯死。叶片接近枯死时，在叶鞘上散生灰褐色椭圆形小斑点，即冬孢子堆。谷锈病一般在 7 月末 8 月初谷子抽穗初期发生，在高温（28℃）、多雨时易于发生，特别是在大雾之后发病严重。

【防治方法】①用敌锈钠粉剂对水 250 倍喷雾，加入药液量 0.1％ 洗衣粉可提高药效。②用 25％ 萎锈灵可湿性粉剂处理种子，每 50 千克种子用药 100～150 克，或对水 300 倍，叶面喷雾。③合理密植，增施磷肥和钾肥。④发病初期喷波美 0.4～0.5 度石硫合剂，或 65％ 代森锌可湿性粉剂 600 倍液喷雾，每隔 10 天喷 1 次，共喷 2～3 次。每次每公顷用药液量 1125 千克左右。

（4）谷瘟病　谷瘟病发生在叶片上的病斑，初为青褐色，椭圆形，以后发展为梭形，边缘深褐色，中央青灰色，周边有黄色晕圈。天气潮湿时，病斑表面密生灰色霉（分生孢子），后期几个病斑常结合在一起形成不规则大斑，严重时叶尖开始干枯。发生在叶鞘、茎节、穗颈、穗轴上的病斑为圆形，黑褐色，以后纵向蔓延成梭形。谷子生长前期发病严重时使幼苗倒伏枯死，后期发病造成白穗，甚至颗粒无收。病菌孢子或菌丝体附着在种子或被害植株上越冬。幼苗在 3～4 片叶时，当温度高、湿度大时发病较重。抽穗期由于密度大，施用氮肥过多，植株生长柔嫩，病害发生较重。

【防治方法】①发现谷瘟病可喷 50％ 代森锌 1000 倍液或代森铵 100 倍液，每次喷药后隔 7～10 天再喷 1 次。每次每公顷用药液 1500 克左右。②发病严重地区可选用抗病品种或中早熟品种，提早成熟可躲过谷瘟病发生时间，减轻为害程度。

2. 谷子虫害

（1）粟灰螟　粟灰螟又名钻心虫、蛀谷虫，是谷类作物中主要害虫之一。粟灰螟对谷子为害主要是在苗期，幼苗被害后造成枯心苗。一般减产 10%～15%，严重地块减产 30% 以上。后期茎秆被蛀后，造成中空，使养分供应不上，穗小粒秕，遇风倒折。粟灰螟成虫：雌蛾较大，体长 10 毫米，展翅 25 毫米左右；雄蛾较小，体长 8.5 毫米，展翅 18 毫米。头胸部和前翅淡黄褐色，翅中央有 1 个黑点，外缘有 7 个黑点，展翅灰黄色，外缘部淡褐色。幼虫：体长 15～23 毫米，乳白至黄白色，头部红褐或黑褐色，背面有紫褐色纵线 5 条。

粟灰螟在辽宁省一年发生 2 代，末龄幼虫（5～6 龄）在谷茬内越冬。越冬基数在 4%～23% 之间，高的年份可达 32%，越冬后成活率为 51.8%～82.5%。越冬幼虫自 5 月中旬开始化蛹，盛期是 5 月下旬，末期是 6 月上旬。越冬各代成虫始期是 5 月下旬，成虫盛期在 6 月上旬，末期在 6 月 28 日。第一代幼虫为害期从 6 月上中旬开始，为害盛期在 6 月 24～28 日，末期是在 7 月中旬。第二代幼虫在 7 月 15 日就已开始为害，盛期在 7 月末和 8 月初，末期在 8 月中旬。

【防治方法】①处理谷茬。由于越冬幼虫 85% 以上在谷茬中越冬，所以及时处理谷茬是消灭粟灰螟的关键措施。只要在成虫羽化前将谷茬集中时间烧掉，就可以使危害率降低到 2% 以下。②拔除枯心苗。结合清垄、中耕、除草，拔除枯心苗，防止转株为害。③药剂防治。粟灰螟幼虫孵化后，在扩散、转移时要在地面爬行，只要在产卵盛期、孵化初期撒施敌百虫毒土，就可使枯心苗率降低到 0.5% 左右。其方法是每公顷用 2.5% 敌百虫 22.5 千克，加细土 450 千克，拌匀之后，顺垄集中撒在谷苗心和根部周围。撒药时间，以早晨或傍晚为好。因为大多数幼虫在上午 9 时左右孵化，随时分散钻蛀，转移都在夜间。由于成虫羽化时间不一致，所以第一次撒药后，隔 7 天再撒 1 次。

(2) 黏虫　黏虫又名五色虫、夜盗虫等，是辽宁省主要害虫之一。黏虫在辽宁省一年发生 3 代。第一代幼虫近年偶尔为害，第二代为常发生世代，年年都有不同程度的为害，第三代为偶发世代，近年发生频率增高。黏虫是一种暴食性害虫，5～6 龄为暴食阶段，虫子多时 1～2 天内就能把成片的庄稼吃剩光秆。因此，必须引起注意，认真防治。

黏虫的成虫：淡黄褐色或淡褐色，有的稍带红褐色，体长约 20 毫米，幼虫共 6 龄，老熟幼虫体长约 38 毫米，幼虫体色变化很大，从淡绿色到浓黑色，胸腹部有 5 条明显背线。成虫产卵的最适宜温度为 19～22℃，相对湿度为 75%。在高温、低湿条件下能抑制产卵。幼虫成长发育喜潮湿多雨天气，尤其是初孵化的幼虫，最怕干旱和高温，暴雨也可以抑制低龄虫的发生。植株过密、长势繁茂、地势湿和杂草多的地块，虫量较大。

【防治方法】①诱蛾。在成虫盛发期，用杨树枝把或酒糟、泔水等诱杀。②药剂防治　用 2.5% 敌百虫粉喷撒，每公顷用量 22.5～37.5 千克；用 0.04% 的除虫精粉，每公顷用量 22.5～30 千克。③人工捉虫。在谷子心叶内的二代黏虫，可用手捏死，三代黏虫，可用木棍顺垄轻打茎秆，将虫子震落在地面后踩死。

(3) 粟秆蝇　粟秆蝇主要以幼虫钻茎为害幼苗生长点，造成心叶枯萎、分蘖增多和簇生等不正常现象。粟秆蝇的成虫体长 3～5 毫米，头部黑色，胸部黄灰色，腹部黄色。幼虫白色共 11 节，体长 7～8 毫米，头细、尾部圆粗，形似蝇蛆。老熟幼虫变为鲜黄色；蛹多呈黄褐色。

一年发生 2 代，以幼虫在土壤中 1 厘米深处越冬，第二年 5 月中下旬化蛹，5 月下旬至 6 月上旬羽化。成虫在谷子近心叶或孕穗处叶上产卵，孵化为幼虫。7 月下旬至 8 月中下旬老熟幼虫化蛹，8 月中旬至 9 月上旬羽化为第二代成虫，再行产卵孵化为害，至晚秋幼虫入土越冬。

【防治方法】①农业防治。采取提早播种，避免枯心苗和减轻穗期为害。实行秋深翻，消灭越冬虫源。加强田间管理，促进被害株分蘖，减少为害。②用 2.5％敌百虫粉喷撒，每公顷用量 22.5～37.5 千克。

3. 谷子地下害虫

（1）蛴螬　蛴螬是金龟子的幼虫，又名地蚕、鸡屎虫等。金龟子种类很多，以朝鲜金龟子、棕色金龟子、无翅金龟子为主。

（2）蝼蛄　又叫拉蝼、土狗子等，有华北蝼蛄和非洲蝼蛄两种。这两种蝼蛄为害谷子特别严重，除在土中咬食种子、幼苗外，还串土活动使苗干枯而死。

（3）金针虫　金针虫种类很多，主要有沟金针虫、细胸金针虫和褐纹金针虫。金针虫成虫的头部能上下活动，所以也叫叩头虫。

【防治方法】①每公顷用氨水 225～375 千克，播前施入沟内，上面覆上一层土后再播种。②适时播种、及时中耕、合理灌水等均能减轻其为害。③药剂拌种。用 50％辛硫磷乳剂 0.5 千克，加水 25 千克，拌种 75 千克（要防止阳光直接照射），4 月 20 日以后播种可用 40％乐果乳剂 0.5 千克，加水 20 千克，拌种 250 千克（对蛴螬效果较差）。以上三种做法都要将种子堆闷 4 小时，然后摊开阴干即可播种，对防止蝼蛄、蛴螬、金针虫都有较好的效果。但要注意：一起拌两种药时，务必在拌完杀虫剂后让种子阴干后再拌杀菌剂。拌后立即摊开阴干，要做到用多少拌多少，头天拌种第 2 天播种，以提高防治效果。

五、收获与贮藏

1. 收获

及时收获是丰产丰收的重要环节。收割早了，会因籽粒不饱满而减产，"谷子伤镰一把糠"说明适时收获是非常必要的；"人怕老来穷，谷怕老来风"，是说收割过迟，因风磨而落粒减产更为严重。如遇连雨天，谷籽粒还会在穗上发芽，不仅影响产量，还会影响质量。当穗子背面没有青粒、变硬时应及时收获。从时间上看，应在"白露"之后、"秋分"之前。一般经验是"秋分"不割、雹打风磨，上籽没有落粒多，因此，及时收割才能确保丰产丰收。

2. 贮藏

谷子脱粒后，去掉杂质，扬净，水分降至安全含水量 13％时，即入库贮藏。

仓房器材都需清理和消毒杀菌，可用药剂喷洒，如用马拉硫磷 50％乳剂 1 千克加水 200 千克，喷洒仓房；也可用药剂熏蒸，密闭时间不少于 72 小时。贮藏中应经常检查仓内粮食温湿度及品质变化情况，仓库要保证仓顶不漏水、地面不返潮，尽量保持低温、干燥、稳定的环境条件，发现异常情况应及时采取措施，如通风、散热、倒仓、覆盖、防潮、防治鼠虫等以减少损耗霉烂，确保安全贮粮。

第三节　谷子的加工利用

一、谷子的营养成分

　　谷子去皮后即为小米，其粗蛋白平均含量为 11.42％，高于稻米、小麦粉和玉米，小米中的人体必需氨基酸含量较为合理，除赖氨酸较低外，小米中人体必需氨基酸指数分别比稻米、小麦粉、玉米高 41％、65％和 51.5％；小米的粗脂肪含量平均为 4.28％，高于稻米、小麦粉，与玉米近似，其中，不饱和脂肪酸占脂肪酸总量的 85％，有益于防止动脉硬化；小米碳水化合物含量为 72.8％，低于稻米、小麦粉和玉米，是糖尿病患者的理想食物；小米的维生素 A、维生素 B_1 含量分别为 0.19 毫克/100 克和 0.63 毫克/100 克，均超过稻米、小麦粉和玉米，较高的维生素含量对于提高人体抵抗力有益，并可防止皮肤病的发生；小米中的矿物质含量如铁、锌、铜、镁均大大超过稻米、小麦粉和玉米，钙平均为 71 微克/千克，较高的上述物质含量具有补血、壮体、防治克山病和大骨节病等作用；小米的食用粗纤维含量是稻米的 5 倍，可促进人体消化。据分析谷子中含有谷蛋白、醇溶蛋白、球蛋白等多种蛋白质，种子蛋白质含谷氨酸、脯氨酸、丙氨酸和蛋氨酸，只是蛋白质中赖氨酸的含量低，故宜与肉类或大豆类混合搭配食用，以便补充、优化营养成分结构，提高生物价值。不同地区小米营养成分见表 4-1。由于小米具有上述营养品质，所以小米是孕妇、儿童和病人的良好营养食物，已为全世界所公认。因此发展谷子生产符合未来食物结构调整的要求。

表 4-1　小米 100 克含主要营养成分

品种	地区	营养成分											
		热能/kcal	水分/g	蛋白质/g	脂肪/g	碳水化合物/g	核黄素/mg	尼克酸/mg	钙/mg	铁/mg	维生素 E/g	磷/g	硒/mg
小米	河北	377	8.9	9.0	3.7	77.0	0.03	1.5		5.0	4.99		3.00
小米	山东	347	13.9	11.0	3.4	68.0	0.39	0.09	9	5.1	5.25	266	17.63
小米(高硒谷)	黑龙江	352	10.1	10.7	3.5	69.3	0.12	0.6	16	0.7	1.7	250	37.77

注：1 卡＝4.2 焦耳。

二、谷子的保健功能

小米的药性功用：味咸，性微寒，无毒。养肾益气健脾。陈小米，味苦、性寒。主治消渴胃热、利便止痢。小米加水煮沸可治腹痛、鼻出血，其水滤汁有解毒安神等功效。

三、谷子的加工产品

1. 食用

谷子籽粒产量的85%左右用作人类食粮，且主要以原粮形式消费，主要用于做饭、煮粥或加工成面粉后做成混合面馒头、混合面饼等。小米还是酿酒、制糖的主要原料。目前以小米为主料研制成功的产品有小米酥卷、小米营养粉、米豆冰激凌、小米方便粥、小米锅巴、小米煎饼等。

在小米加工产品上，目前辽宁省加工厂已发展到数百家，其中日产30吨以上的米业加工厂有几十家。如阜新市"五彩"杂粮企业，其产品被人民大会堂采用。朝阳市的"晶硕"牌五福贡米、十彩杂粮2005年荣获第二届国际农产品交易优质农产品奖；北票的永丰杂粮公司、建平县的"绿珠"杂粮企业与"红旭"杂粮企业以及朝阳的"晶帅"米业加工厂家，它们生产的产品主要以无糠、无沙、无杂，口感好，免淘洗的工艺，对小米采用精包装和真空包装，赢得了消费者的信任。有的加工企业正在组织实施生产小米挂面、小米方便粥等。目前，辽西谷子加工产品正以粗加工向深加工、精加工迈进，为了确保小米食品的安全，近几年来，辽西谷子产区利用得天独厚的自然地理条件，通过实施绿色A级食品与有机食品的生产基地认证，在市场上以品质优、价格廉、营养保健功能好等优势，已将生产的产品，销往国内各大中城市的"超市"，如北京、上海、深圳、台湾、广州、沈阳等地，同时也有部分绿色、有机食品销售到国外，如大连华恩有限公司与大连格林公司等，已将小米销售到西欧等国家。总之，通过抓龙头、建基地、连农户，采取科研+公司+农户的产业化模式，将成为龙头连市场、企业连基地、基地连农户的利益共同体。

2. 饲用

谷子籽粒10%左右用作饲料，谷子是粮草兼用作物，粮草比为1:（1~3）。据中国农业科学院畜牧研究所分析，谷草含粗蛋白3.16%、粗脂肪1.35%、钙0.32%、磷0.14%，其饲料价值接近豆科牧草。谷糠是畜禽的精饲料。

四、谷子产品出口

据统计，1996~2001年我国大陆谷子出口1.5万~2.1万吨。主要销往日本、韩国、印度尼西亚等国家，销售价值189~303美元/吨。日本是我国小米的最大出口国家，年出口量6200~8700吨，占日本小米进口总量的60%。目前，谷子（小米）出口尚无统一标准，一般根据用途，如食用和饲用等来确定。东南亚一般主要进口食用小米，欧美主要进口饲喂鸟类的谷穗或谷粒。食用小米要求色泽鲜黄、整齐一致、无杂质、适口性好、很少或不施用化肥和农药；饲用谷子以谷粒或谷穗为主，用于饲喂自然保护区和个人饲养的鸟类，一般要求谷粒色泽鲜艳（红、黄或白），无杂粒和杂质，千粒重3克以上，谷穗较长便于挂在树上，一级谷穗长25.4厘米以上，二级谷穗长20.32厘米以上，要求含水量适中，整齐无破损，可装箱运输。

辽宁省西部的朝阳地区是全省谷子主产区。2001年以来已在该地区3次召开全国性小杂粮经验交流会与商务洽谈会。目前，该地区已成为小杂粮集散地之一，同时也是发展绿色与有机食品的繁育基地。仅以建平县朱碌科镇为例，目前全镇已拥有215家杂粮经营业户，每年销售小米25万吨以上。其出口产品主要销往日本、韩国、马来西亚、欧盟等国家与地区。其中"瑞绿"牌、"晶帅"牌、"珍珠"牌每年有数万吨绿色有机小米出口到西欧。

第四节　谷子品种简介

1. 张杂谷 16 号：GPD 谷子（2018）130184

【特征特性】张杂谷16号一季作区春播生育期127天，两季作区夏播生育期89天。幼苗绿色，叶鞘绿色，株高132.0厘米，穗长23.1厘米，棍棒穗型，松紧适中。单穗重17.5克，穗粒重14.6克，出谷率83.4％。出米率77.4％，千粒重2.74克，黄谷黄米。单株分蘖2~4个，可使用拿捕净除草剂。

【栽培措施】建议播期为黄淮海夏播区6月25日至7月10日前播种为宜，其他地区根据当地气候条件，在经销商的指导下安排。

【播量】根据当地土壤及当年杂交情况灵活掌握，一般亩播量500克左右。

【播种深度】2~3厘米，播后及时镇压。

【留苗密度】夏播区亩留苗3万~3.5万株，3~5叶期喷洒张杂谷配套药剂间苗定苗并可去除禾本科杂草。

【施肥】每亩施底肥（缓释肥）复合肥30千克左右。灌浆期，可用磷酸二氢钾等叶面喷施，增加粒重、防早衰。

【病虫防治】苗期可喷施菊酯类农药两次防治钻心虫、玉米螟等，防治谷瘟病、谷锈病、线虫病及纹枯病等病害。

【适应性】本品种耐旱、耐碱、高抗谷瘟病。一般亩产400千克左右，管理得当具有亩产500千克以上潜力。

【种植区域】辽宁、吉林、内蒙古、山西、陕西等一季作区春播种植。

2. 张杂谷 22 号：GPD 谷子（2018）130193

【特征特性】张杂谷22号一季作区春播生育期120天，两季作区夏播生育

86 天。幼苗绿色，株高 124.3 厘米，穗长 22.81 厘米，棍棒穗型，穗子偏松。单穗重 18.65 克，穗粒重 15.17 克，出谷率 82.5%。出米率 80.2%，千粒重 2.80 克，黄谷黄米。单株分蘖 1～2 个，可使用拿捕净除草剂。

【栽培措施】建议播期是黄淮海夏播区 6 月底至 7 月 15 日前播种为宜，其他地区根据当地气候条件，在经销商的指导下安排。

【播量】根据当地土壤及当年杂交率情况灵活掌握，一般亩播量 500 克左右。

【播种深度】2～3 厘米，播后及时镇压。

【留苗密度】夏播区亩留苗 3 万～3.5 万株。3～5 叶期喷洒张杂谷配套药剂间苗定苗并可去除禾本科杂草。

【施肥】每亩施底肥（缓释肥）复合肥 30 千克左右。灌浆期，可用磷酸二氢钾等叶面喷施，增加粒重、防早衰。

【适应性】本品种耐旱、耐碱、高抗谷瘟病。一般亩产 400 千克左右，管理得当具有亩产 500 千克以上潜力。

【种植区域】辽宁、吉林、内蒙古、山西、陕西等一季作区春播种植。

3. 达农 5 号：GPD 谷子（2018）130146

【特征特性】幼苗深绿色，夏谷区夏播平均生育期 90 天，春谷区春播平均生育期 121 天，株高 125 厘米左右，纺锤形穗，穗子松紧适中；黄谷黄米，平均穗长 19.97 厘米，平均单穗重 19.39 克，平均千粒重 2.88 克，平均出谷率 80.43%，米色金黄，口感香糯。

【播种期】华北及山西、陕西等地夏播 5 月 15 日至 6 月 30 日，最晚 7 月 10 日；吉林、辽宁、内蒙古、山西等地春播 5 月 10～30 日适时播种。

【播量与留苗密度】各地应根据地质、墒情及播种技术灵活确定播量，建议亩（666.7 平方米）播种量 350～500 克。建议亩留苗 4 万株左右，播期较晚时可适当加大留苗密度。

【除草剂使用】在谷子 3 叶期（最晚 5 叶期）及时喷施除草剂。除草剂选择及具体用法用量必要时需咨询当地经销商或农技人员。注意无风晴天喷施，防止飘散到其他作物上。

【水肥管理】底肥亩施高钾复合肥 40 千克，有条件的可增施农家肥。谷子封垄前亩追施尿素 5～10 千克，灌浆期可喷施磷酸二氢钾等叶面肥。苗期不建议浇水，拔节后期（孕穗期）至花期遇干旱应及时浇小水。

【病虫害防治】①防虫。谷苗 3～5 叶期结合喷施除草剂，同时加入菊酯类杀虫剂防治钻心虫，7～10 天后再防治 1 次。拔节后期至穗期注意防治黏虫。②防病。拔节后期至抽穗前后遇高温高湿天气及时喷施克瘟散或春雷霉素等预防谷瘟病。

种植区域及时间：辽宁、吉林、内蒙古、山西、陕西等一季作区（≥10℃有效积温 2650℃以上）春播，种植时间为 5 月 10～30 日。

4. 鸿谷 20

品种主要性状：生育期 115～118 天，中熟品种，适宜在 2550℃ 以上积温区域种植。旱平地、水浇地及坡岗地种植，幼苗绿色，株高 80～90 厘米，穗长 30～35 厘米，米质金黄色，适口性好，米质优，出米率 81.37%。

【产量表现】一般亩产 500～600 千克，最高亩产可达 800 千克以上。

【主要栽培措施】播前要精细整地，亩施优质农家肥 3000 千克以上。行距 40～50 厘米，株距 2～3 厘米，亩保苗 3.6 万～4 万株，公顷用种量 5 千克。在趟地时亩追施尿素 20 千克，抽穗、灌浆期各喷施叶面肥一次，及时防治病虫害。

品种适宜种植区域、种植季节：吉林地区正常年份春季栽培时间在 5 月上中旬左右，其他地区参照当地种植习惯及方法。该品种适应性广泛，黑龙江、吉林、辽宁、内蒙古、山西、山东、河北等地可根据当地气温条件适时播种。

5. 金谷 6 号：产地石家庄

【品种登记证号】GPD 谷子（2018）13059

【主要性状】幼苗绿色，夏谷区生育期 92 天左右，平均株高 100 厘米，东北春谷子区生育期 117 天左右，平均株高 115 厘米。纺锤形穗，穗子偏紧，穗长 15～25 厘米，千粒重 2.74 克，一般平均亩产 391.05 千克，比冀谷 19 增产 4.89%。化学间苗除草，黄谷黄米，米色金黄，米味浓香，商品性好，高产抗倒。

【栽培技术要点】①播种。在冀鲁豫晋、天津夏谷区适宜播期为 6 月 15 日至 7 月 10 日，平整土地，灭麦茬，行距 35～45 厘米，亩播种量 0.6～0.8 千克（根据土壤墒情定）；冀中南太行山区、冀东燕山地区、晋中地区、辽宁南部等春谷区种植适宜播种期为 5 月 10 日至 6 月 10 日，行距 40～50 厘米，亩播种量 0.5～0.6 千克（根据土壤墒情定）；新疆、山西北部、陕西、内蒙古赤峰和通辽地区、辽宁西部、吉林西部、黑龙江南部等春谷区种植适宜播期为 4 月 25 日至 5 月 10 日，行距 40～50 厘米，亩播种量 0.5～0.6 千克（根据土壤墒情定）。②除草剂使用。出苗后 15 天左右喷施与谷种配套的 12.5% 烯禾定，每亩 100 毫升，兑水 30～40 千克，杀灭禾本科杂草。注意除草剂都要在无风晴天喷施，防止飘散到其他田和其他作物上，垄内和垄间都要均匀喷施。注意喷施除草剂前后严格用洗衣粉洗净喷雾器。③留苗密度。适宜亩留苗 4 万株左右（40 厘米行距，株距 4.1 厘米）。④水肥管理。施足底肥，使用缓释配方肥或氮磷钾复合肥 30～50 千克/亩。谷子封垄前结合中耕培土每亩追施尿素 20～30 千克，灌浆中期可喷施钾肥。雨水充沛年份一般不用浇水，遇到大雨要注意及时排水。降雨较少时有水浇条件的可在孕穗期、开花灌浆期各浇水 1 次。⑤主要病虫害防控。拔节后用 4.5% 高效氯氰菊酯乳油液喷施，防治钻心虫，叶片出现眼状梭形病斑（叶瘟病）时用 40% 的克瘟散乳油和 6% 的春雷霉素可湿性粉剂喷雾防治，隔 7 天再防治 1 次；用 10% 吡虫啉防治蚜虫、5% 高效氯氰菊酯防黏虫。

6. 黄金黄 7 号：GPD 谷子（2019）130102

【特征特性】采用杂交方法选育的抗除草剂的谷子新品种，幼苗绿色，幼苗叶姿半上冲，植株叶姿半上冲，夏播区平均生育期 90 天，春播区平均生育期 116～122 天，株高 108.7～118.5 厘米，穗长 20.9 厘米，穗粗 2.4 厘米，纺锤形穗，穗子松紧适中，单穗重 19.79 克，穗粒重 14.98 克，千粒重 2.8 克，出谷率 71.9%～86.14%，黄米优等；商品性好，适应性广。

【产量表现】第一生长周期亩产 396.4 千克，比对照冀谷 31 增产 6.39%；第二生长周期 416.8 千克，比对照冀谷 31 号增产 7.01%。

【栽培技术要点】①播种期。在辽宁西部、内蒙古东南部、吉林春播区适宜播种期为 4 月 25 日至 5 月 15 日。②播种量与适宜留苗密度。每亩适宜播种量 0.3～0.5 千克，要严格根据土地墒情掌握播种量，并保证均匀播种。春播留苗密度 3.5 万～4.0 万株。在正确使用配套除草剂的情况下，不需要人工间苗。该品种有较强的自身调节能力，每公顷留苗 75 万～98 万株产量差异不显著。③除草剂使用。在谷子 3～5 叶期、杂草 2～4 叶期，每公顷使用指定的 12.5% 烯禾定（拿捕净）1200～1500 毫升兑水 400～600 千克喷施。注意除草剂都要在无风晴天喷施，防止飘散到其他谷田和其他作物上，垄内和垄间都要均匀喷施。

【田间管理技术】谷苗 8～9 片叶时，喷施溴氰菊酯防治钻心虫；封垄前每亩追施尿素 20～30 千克，随后耢地培土，防止肥料流失，并可促进支持根生长、防止倒伏、防除新生杂草。后期采用及时防病治虫等田间管理措施。

7. 兴业毛毛谷

【主要性状】该品种生育期 110～115 天，属于中早熟品种，株高 145 厘米，幼苗黄色，叶片浅绿色，抗旱、高抗倒伏，亩保苗 2.5 万株，穗长 24～28 厘米，白皮黄米，千粒重 3 克，紧码，穗上带长芒。

【栽培措施】5 月上旬播种，其他地区适时播种。亩用种量 0.35～0.5 千克，苗距 7～9 厘米，高产稳产，施足底肥，足墒播种。

【种植季节】适时播种，一般 5～10 厘米土层地温稳定在 8～10℃，即可播种，积温高的地区可以适当晚播。

【种植区域】辽宁、吉林、内蒙古、山西、河北等大部分地区均可种植。

【适应性】鸟不食，抗白发病、谷瘟病，一般亩产 500 千克，高产可达 600 千克。

第五节　谷子主推技术

1. 谷子优质高效生产集成技术

选择产量高、品质优、抗性强、适宜机械化栽培的谷子品种，精量播种，一次性完成机覆膜精量穴播、高效控量施肥、铺设滴灌带（有灌溉条件）的全部作业，黑色地膜控制杂草。非覆膜地播种后机械喷施谷田专用除草剂封地；机械喷施或用无人机喷施药剂防治病虫害；利用割晒机和脱粒机脱粒或用谷子联合收割机进行收获脱粒，实现谷子优质高效生产。

2. 谷子病虫害综合防控技术

按照"预防为主，综合防治"的原则，开展全生育期病虫害防治。播种前用35％甲霜灵可湿性粉剂按种子重量的3％拌种防治白发病，按种子重量0.3％的70％吡虫啉拌种防治粟叶甲、粟凹胫跳甲。拌种时先拌乳油等液体药剂，然后再拌粉剂，达到一拌多防目的。对谷锈病、黏虫等具有爆发性危害特点的病虫害，做好早期预测预报。谷锈病防治用25％粉锈宁可湿性粉剂2000倍液。黏虫3龄前用20％杜邦康宽悬浮剂1500～2000倍液添加72％农用链霉素4000倍液混合喷雾，兼防褐条病和玉米螟、粟芒蝇等。

第五章

绿豆绿色生产高效栽培

第一节　栽培绿豆的类型、分布及生物学特性

一、绿豆的类型与分布

1. 绿豆的类型

在我国辽宁省及云南、河南、山东、湖北、北京等地均采集到不同类型的野生绿豆标本，绿豆种质资源及类型十分丰富。

根据绿豆种皮的颜色可分为明绿豆（光绿豆）和毛绿豆等，根据绿豆种皮的颜色将绿豆分为 4 类，即明绿豆，种皮为绿色、深绿色，有光泽的绿豆占 95％以上；黄绿豆，种皮为黄色、黄绿色，有光泽的绿豆占 95％以上；灰绿豆，种皮为灰绿色，无光泽的绿豆占 95％以上；杂绿豆，不符合以上三类的绿豆。根据熟性可分为早熟绿豆、中熟绿豆和晚熟绿豆。根据播种时期可分为春绿豆和夏绿豆。根据籽粒大小可分为大粒绿豆（百粒重 6 克以上）、中粒绿豆（百粒重 4～6 克）和小粒绿豆（百粒重 4 克以下）等。根据绿豆的生长习性分为直立型、蔓生型和半蔓生型 3 种。

2. 绿豆的分布

绿豆为喜温作物，在温带、亚热带、热带地区被广泛种植，以亚洲的印度、中国、泰国、缅甸、印度尼西亚、巴基斯坦、菲律宾、斯里兰卡、孟加拉国、尼泊尔等国家栽培最多。近年来在美国、巴西、澳大利亚及其他一些非洲、欧洲、美洲国家，绿豆种植面积也在不断扩大。绿豆在我国各地都有种植，产区主要集中在黄淮河流域、华北和东北平原，以河南、山东、山西、河北、安徽、四川、

陕西、湖北、吉林、辽宁等地种植较多。根据各地的自然条件和耕作制度，绿豆大致在我国可分为4个栽培生态区：①北方春绿豆区，包括黑龙江、吉林、辽宁、内蒙古的东南部、河北张家口与承德、山西大同与朔州、陕西榆林与延安和甘肃庆阳等地；②北方夏绿豆区，主要为我国冬小麦主产区；③南方夏绿豆区，包括长江中下游广大地区；④南方夏秋绿豆区，包括北纬24°以南的岭南亚热带地区及台湾、海南两省。

辽宁省绿豆种植面积约为15000公顷，主要集中在辽宁西北部地区。绿豆是禾本科、薯类和林果等间作、套作的适宜作物，在农作制度改革和种植业结构调整中起着重要的作用。辽宁省的大明绿豆等一直在国内外市场上久享盛名。

二、绿豆的形态特征

1. 根

绿豆为直根系作物，绿豆的根系由主根、侧根、须根、根毛和根瘤等几部分组成。主根由胚根发育而成，垂直向下生长。主根上长有侧根，侧根细长而发达，向四周延伸。次生根较短，侧根的梢部长有根毛。绿豆的根系有深根系和浅根系两种类型，深根系主根较发达，入土较深，侧根向斜下方伸展，这种类型多为直立或半蔓生品种，具有较强的抗旱性；浅根系主根不发达，侧根细长。绿豆根上长有许多根瘤，出苗7天后开始有根瘤形成，初生根瘤为绿色或淡褐色，以后逐渐变为淡红色直至深褐色。主根上部的根瘤体形较大，固氮能力最强。苗期根瘤固氮能力很弱，随着植株的生长发育，根瘤菌的固氮能力逐步增强，花期前后根瘤生长旺盛，到开花盛期达到高峰。据测定，绿豆每年可固氮30千克/公顷。

2. 茎

绿豆种子萌发后，其幼芽伸长形成茎。绿豆茎为一年生草本茎，茎秆比较坚韧，外表近似圆形。幼茎有紫色和绿色两种，成熟茎多呈灰黄、深褐和暗褐色。茎上有茸毛，也有无茸毛品种。

茎按其长相可分为直立型、半蔓生型和蔓生型3种。直立型主茎与分枝夹角较小，粗细分明且高度相近，植株抗倒伏，一般多为早熟品种；蔓生型分枝与主茎夹角大，花期主茎和分枝顶端有卷须，分枝长于主茎，一般多为晚熟品种。植株高度（主茎高）因品种、气候条件、土壤肥力及栽培方式而异，一般为40～100厘米，高者可达150厘米，矮者仅20～30厘米。绿豆主茎和分枝上都有节，主茎一般10～15节，每节生一复叶，在其叶腋部长出分枝或花梗。主茎一级分枝3～5个，分枝上还可长出2级分枝或花梗。节与节之间叫节间，在同一植株上，上部节间长、下部节间短。一般在茎基部第1～5节上着生分枝，第6～7节以上着生花梗，在花梗的节瘤上着生花和豆荚。

3. 叶

绿豆叶有子叶和真叶两种。子叶两枚，白色，呈椭圆形或倒卵圆形，出土7

天后枯干脱落。真叶有两种，从子叶上面第1节长出的两片对生的披针形真叶是单叶，又叫初生真叶，无叶柄，是胚芽内的原胚叶；随幼茎生长在两片单叶上面又长出三出复叶，复叶互生，由叶片、托叶、叶柄三部分组成。绿豆叶片较大，一般长5～10厘米、宽2.5～7.5厘米，绿色，卵圆形或阔卵圆形，全缘，也有三裂或缺刻型，两面被毛。托叶一对，呈狭长三角形或盾状，长1厘米左右。叶柄较长，被有茸毛，基部膨大部分为叶枕。

4. 花

绿豆为总状花序，花黄色，着生在主茎或分枝的叶腋和顶端花梗上。花梗密被灰白色或褐色绒毛。绿豆小花由苞片、花萼、花冠、雄蕊和雌蕊5部分组成。苞片位于花萼管基部两侧，长椭圆形，顶端急尖，边缘有长毛。花萼着生在花朵的最外边，钟状，绿色，萼齿4个，边缘有长毛。花冠蝶形，5片联合，位于花萼内层，旗瓣肾形，顶端微缺，基部心脏形。翼瓣2片，较短小，有渐尖的爪。龙骨瓣2片联合，着生在花冠内，呈弯曲状楔形，雄蕊10枚，为（9+1）二体雄蕊，由花丝和花药组成。花丝细长，顶端弯曲有尖喙，花药黄绿色，花粉粒有网状刻纹。雌蕊1枚，位于雄蕊中间，由柱头、花柱和子房组成，子房无柄、密被长茸毛，花柱细长，顶端弯曲，柱头球形有尖喙。

5. 果实

绿豆的果实为荚果，由荚柄、荚皮和种子组成。绿豆的单株结荚数因品种和生长条件而异，少者10多个，多者可达150个以上，一般30个左右。豆荚细长，具褐色或灰白色茸毛，也有无毛品种。成熟荚黑色、褐色或褐黄色，呈圆筒形或扁圆筒形，稍弯。荚长6～16厘米、宽0.4～0.6厘米，单荚粒数一般12～14粒。绿豆种子有绿（深绿、浅绿、黄绿）、黄、褐、蓝青色4种颜色。在各色绿豆中又分为有光泽（俗称明绿豆，有蜡质）和无光泽（俗称毛绿豆，无蜡质）两种。根据绿豆籽粒大小，还可分为大粒、中粒、小粒3种类型，一般百粒重在6克以上者为大粒型，4～6克为中粒型，4克以下为小粒型。东北品种多为大粒型，华北品种多为中粒型，华南则多种植中粒或小粒型。绿豆种子有圆柱形和球形两种，长3～8毫米、宽2～5毫米。

三、绿豆对环境条件的要求

1. 光照

绿豆是一个喜光又耐阴的 C_3 作物，是一个不严格的中日性作物，多数品种对光周期反应不敏感。但部分品种需要有一定的短日照条件，才能正常开花结实。日照越短，开花结实成熟越早，植株生长也较矮小。相反，生育期延长，甚至霜前不能开花，枝叶徒长。

2. 温度

绿豆是起源于亚洲的热带和亚热带的喜温作物。在绿豆一生中的生长适宜温度为 18～30℃，但各生育阶段对温度的反应不同，花芽分化期需要 19～21℃，灌浆期需要 26～30℃，结荚成熟期要求晴朗干燥天气。绿豆可耐 40℃高温，低于 16℃时停止生长。绿豆对霜冻反应敏感，当气温降至 0℃时，植株就会冻死。

3. 水分

绿豆较耐旱，在田间最大持水量低于 50%（黄墒）的情况下，也能出苗、开花、结荚。因此，有"旱绿豆、涝小豆"的谚语。就是说，绿豆怕涝、不耐水淹，因为土壤过湿，易引起绿豆旺长倒伏，花期如遇连阴雨天，落花落荚严重，地面如积水 2～3 天，就会造成植株死亡。

4. 土壤

绿豆对土壤要求不严格，从沙土地到黏重土壤都能生长，但是以土层深厚、疏松、透气性好、富含有机质、排水良好、保水能力强的中性或弱碱性壤土最好。适宜的 pH 值为 6.5～7.0。

5. 养分

绿豆对氮、磷、钾的吸收特点是，氮素前、后期较少，中期最多；磷素前期少，后期居中，中期多；钾是前期居中，后期少，中期最多。也就是说，从开花至鼓粒，对氮、磷、钾三要素的需求量最大。因此，在栽培管理上，要抓住开花前这一关键施肥时期。

第二节　绿豆高产栽培技术

一、整地与施肥

1. 选地

绿豆适应性很强，在沙质土、沙壤土、壤土、黏壤土以及黏土上均可种植。但绿豆忌连作，不宜重茬和迎茬，不宜与豆科作物轮作。因为连作会加重病虫害的发生和危害，使绿豆产量和品质下降。绿豆最好与禾本科作物轮作，间隔 3～4 年轮种一次为好，既可减少病虫害危害，又能调节土壤肥力，提高产量。

2. 整地

由于绿豆是双子叶作物，子叶出土，幼苗顶土能力弱，如果土壤板结或土坷垃太多，易造成缺苗断垄或出苗不齐的现象。因此，播种前，要求精细整地。春播绿豆可在年前进行早秋深耕，耕深 15～25 厘米，有条件的地方结合耕地施有机肥 15000～30000 千克/公顷。播种前浅耕细耙，做到疏松适度、地面平整、蓄水保墒，防止土壤板结，以利于出苗，满足绿豆生长发育的需要。夏播绿豆多在麦收后复播，在小麦收获后及早整地，耕深 10～15 厘米，以疏松土壤、清理根茬、掩埋底肥、减少杂草。

3. 施肥

绿豆的施肥原则，应以有机肥为主、无机肥为辅，有机肥和无机肥混合使用，施足基肥，适当追肥。绿豆生育期短、耐瘠性强，其根系又有共生固氮能力，生产上肥沃地块往往可不施肥，但为了提高中、低产地块的绿豆产量，应该适量增施肥料。一般每公顷施种肥磷酸二铵或氮、磷、钾复合肥 75～150 千克。在地力较差、不施基肥和种肥的山岗薄地，于绿豆第一片复叶展开后，结合中耕，可每公顷追施尿素 45 千克或复合肥 120～150 千克，有明显的增产效果。在肥力较高的地块，苗期应以控为主，不宜再追肥，氮肥过多，会导致营养生长过旺，茎叶徒长，田间荫蔽，植株倒伏，落花落荚严重，降低绿豆的产量。夏播绿豆往往来不及施底肥，可用 30～75 千克/公顷尿素或复合肥 75 千克/公顷作种肥。

二、播种

1. 种子处理

由于绿豆种子分批成熟，其籽粒饱满度和发芽能力也不同，在绿豆播种前要对种子进行精选，以提高种子质量。要求播种用的种子净度≥95%，纯度≥95%，发芽率≥85%。在播前一周内，选择在晴朗天气将种子摊放在阳光下晾晒 1～2 次，每次晒 5～6 小时。摊晒时，种子厚度 5～6 厘米，并经常翻动。有条件的地区还可对种子进行药剂处理。

2. 适期播种

绿豆生育期短，播种适宜期长，在辽宁省既可春播又可夏播。按照春播适时、夏播抢早的原则，春播在当地地温稳定在 14℃ 以上时即可播种，一般在 4 月下旬至 5 月中旬进行，夏播以 6 月中旬播种为宜。

3. 播种方法

绿豆的播种方法主要有条播、点播和撒播 3 种，以条播为多。条播要防止覆土过深、下籽过稠或漏播，并要求行宽一致，一般行距 50～60 厘米，播深 3～5 厘米。间作、套作和零星种植大多是点播，每穴 3～4 粒，行距 50～60 厘米，播种量一般为 22.5～30.0 千克/公顷。播种时对墒情较差、坷垃较多、土壤砂性较大的地块，播后应及时镇压，以减少土壤内部空隙，增加表层水分，促进种子早出苗、出全苗，根系生长良好。

4. 播种密度

由于绿豆的产量是由单株上的总荚数、每荚粒数和粒重 3 个部分组成。产量的高低与种植密度关系十分密切。因此，绿豆的种植密度应随着品种特性、土壤肥力而定。一般应掌握早熟品种密，晚熟品种稀；直立型密，半蔓生型稀，蔓生型更稀；肥地宜稀，瘦地宜密的原则。直立型品种，植株竖向发展，适宜密植留苗 105000～120000 株/公顷。半蔓生品种是基部直立，中、上部或顶端匍匐，应适当稀些，留苗 90000～105000 株/公顷。蔓生型品种植株横向发展，应稀些，留苗 90000～97500 株/公顷。较肥沃的土壤，留苗 105000～120000 株/公顷为宜；瘠薄地留苗 135000～150000 株/公顷为宜。间作套种的种植密度，应根据主栽作物的种类、品种、种植形式及绿豆的实际播种面积进行相应调整。

三、田间管理

1. 化学除草

在绿豆生长初期，行、株间易发生杂草，因此，在绿豆播种后出苗前常利用化学除草剂进行封闭或绿豆出苗后进行杂草茎叶处理。乙草胺土壤封闭处理，以绿豆出土前 2 天施用效果最佳，48％乳油 1000～1500 毫升/公顷，对水 600～750 千克/公顷，墒情好的情况下可适当减少用药量，墒情差的情况下应适当增加用药量。当墒情太差时不宜使用封闭药，可采用出苗后对杂草茎叶进行处理。生产 A 级绿色绿豆产品时，应使用低毒的稳杀得（35％乳油 450～1500 毫升/公顷）、精稳杀得（15％乳油 750～1000 毫升/公顷）、拿捕净（1500 毫升/公顷）、禾草克（10％乳油 1000～1300 毫升/公顷）等喷雾 1 次。人工或机械喷药用水量为 600～750 千克/公顷。

2. 补定苗

绿豆出苗后应及时查苗、间苗、补苗。如发现密度过大，为使幼苗分布均匀，个体发育良好，应在第 1 片复叶展开后间苗，在第 2 片复叶展开后定苗。按既定的密度要求，去弱苗、病苗、小苗、杂苗，留壮苗、大苗，实行单株留苗。若有缺苗断垄现象，应在 7 天内补种完毕。

3. 中耕除草

在绿豆生长期，田间易发生杂草。在开花封垄前应中耕 2～3 次，即在第 1 片复叶展开后结合间苗进行第一次浅锄；在第 2 片复叶展开后，开始定苗并进行第二次中耕；到开花前进行第 3 次深中耕并进行封根培土，防止倒伏。中耕深度应掌握浅—深—浅的原则。

4. 灌溉与排涝

绿豆耐旱主要表现在苗期，由于苗期植株小，生长慢，需水量较少，较抗旱，一般情况下，只要田间苗出齐出全，苗期不进行灌溉，进行蹲苗。三叶期以后需水量逐渐增加，现蕾期为绿豆的需水临界期，花荚期达到需水高峰，要求土壤中有充足的水分，应保持土壤湿润。因此在此期间，如遇干旱应适当灌溉，灌溉时切忌大水漫灌。绿豆不耐涝、怕水淹，如苗期水分过多，会使根病加重，或发生徒长导致后期倒伏减产；后期遇涝，根系及植株生长不良，出现早衰，花荚脱落，产量下降。采用深沟高畦种植，或在三叶期培土，不仅防旱防涝，还能减轻根腐病发生。因此，要注意及时排涝，保证雨后田间无积水。

四、病虫害防治

1. 绿豆的病害

主要有根腐病、病毒病、叶斑病和白粉病4种。

（1）根腐病　发病初期，幼苗下胚轴（茎基部）产生红褐色到暗褐色病斑，皮层裂开，呈溃烂状。严重时病斑逐渐扩展并环绕全茎，导致茎基部变褐，凹陷、缢缩，折倒，叶片凋萎，绿豆苗枯萎矮小。病害的发生与温度和苗龄有关，温度22～30℃时，以出苗后4～8天的幼苗最易被侵染。

【防治方法】①选用抗病品种；②采用50％多菌灵可湿性粉剂或50％福美双可湿性粉剂（种子量的0.3％）拌种；③发病初期用75％百菌清可湿性粉剂600倍液，或50％多菌灵可湿性粉剂600倍液喷洒，用75％五氧硝基苯，加干细土撒在绿豆根旁。

（2）病毒病　又称花叶病、皱缩病。发病症状是从苗期到成熟期均可发病，表现为花叶、斑驳、皱缩花叶、皱缩小叶、丛生叶。发病轻时，对产量影响不大；发病重时，病株发育迟缓，明显矮化，开花、结实减少，结实率降低，甚至颗粒无收。发生原因是播种了带菌的种子和通过蚜虫及汁液传染。

【防治方法】①选用无病种子，建立无病种子田，从无病植株上收获种子；②选用抗病品种；③及时防治蚜虫，能有效防止病毒病的蔓延和发生。

（3）叶斑病　叶斑病是绿豆生产中的重要病害，主要有灰斑、褐斑、黑斑和轮纹斑等，生产田中常常有几种叶斑病混合发生为害。发病初期，在叶片上出现水浸斑，以后扩大成圆形或不规则黄褐色至暗红色枯斑。病斑中心灰色，边缘红褐到暗褐色，整个病斑外围有一圈黄色晕圈。到后期几个病斑彼此连接形成大的坏死斑，导致植株叶片穿孔脱落、早衰枯死。一般减产20％～50％，严重时可达95％以上。发病原因，是由半知菌亚门尾孢属真菌侵染所致。病菌随植株病残体在土壤中越冬，成为第二年的侵染来源。发病与温湿度密切相关，在温度25～28℃、相对湿度85％～90％的条件时病原菌分生孢子萌发较快，当温度达到32℃时，病情发展最快。

【防治方法】①选用抗病品种；②选用无病种子；③与禾本科作物轮作或间作套种；④加强田间管理，及时排除积水；⑤药剂防治，发病初期可用30％绿得宝400～500倍液喷雾防治；现蕾期开始喷洒50％的多菌灵或80％可湿性代森锌400倍液。每隔7～10天喷1次，连喷2～3次，可有效控制病害的流行。

（4）白粉病　白粉病是绿豆生长后期常发生的真菌性病害，主要为害叶片。发病初期，下部叶片出现白色小斑点，以后逐渐扩大，并向上部叶片发展。严重时整个叶子布满白粉，使叶片由绿变黄，失去光合能力，最后干枯脱落。白粉病在温度22～26℃、相对湿度80％～88％时最易发病，在荫蔽、昼暖夜凉和多露潮湿环境中发生最盛。

【防治方法】①深翻土地，秋季将收获后的病株残体埋入土壤深层；②在发病初期用50％苯莱特2000倍液，或25％粉锈宁2000倍液，或15％粉锈宁1000倍液，或75％百菌清500～600倍液，田间喷洒。

2. 绿豆虫害

主要有地老虎、蚜虫、豆野螟和绿豆象等。

(1) 地老虎 俗称切根虫、地蚕、土蚕、大口虫、黑地蚕、乌地蚕、夜盗虫等。它的食性很杂，为害多种作物的幼苗。地老虎每年可发生2～7代。以蛹或幼虫在土中越冬，成虫夜间活动交配产卵。地老虎幼虫在3龄期以前群集为害绿豆幼苗的生长点和嫩叶，4龄以后的幼虫分散为害，白天潜伏于土中或杂草根系附近，夜间出来啮食幼茎，造成缺苗。成虫有强大的迁飞能力，常在傍晚活动，对甜、酸、酒味和黑光灯趋性较强。地老虎发生的最适宜温度为11～22℃，幼虫喜湿。前茬作物为绿肥或蔬菜地，地老虎发生量较多。低洼地、地下水位高的地块、耕作粗放杂草多的土壤为害较重。

【防治方法】①用糖醋液或黑光灯诱杀成虫；②将泡桐树叶用水浸湿后，每公顷地上均匀放1000～1200片叶子，第二天捉拿幼虫捕杀；③在种植前将新鲜菜叶浸入90％敌百虫晶体400倍液中10分钟，傍晚放入田间诱杀；④幼虫在3龄前，可用90％敌百虫1000倍液，或2.5％溴氰菊酯3000倍液，或20％蔬果磷3000倍液喷洒，或2.5％敌百虫粉剂喷洒防治；⑤于傍晚在靠近地面的幼苗嫩茎处施用毒饵或用90％敌百虫晶体100倍液，或50％辛硫磷乳剂1500倍液灌根；⑥3龄以后幼虫，可在早晨拨开被咬断幼苗附近的表土，顺行捕捉。

(2) 蚜虫 又叫腻虫，主要以成虫、若虫聚集在嫩茎、幼芽、顶端心叶和嫩叶背面、花蕾、花瓣及嫩荚上刺吸汁液为害，是绿豆苗期的主要害虫之一。蚜虫一年可发生20多代，主要以无翅胎生雌蚜和若虫在背风向阳的地堰、沟边和路旁的杂草上过冬，少量以卵越冬。蚜虫在绿豆幼苗期开始迁入，以孤雌生殖繁殖为害，严重时使植株矮小，叶片卷缩，生长不良，影响开花结实，甚至全株死亡，而且它还是病毒病的传毒媒介。蚜虫繁殖的快慢与绿豆苗龄和温度、湿度密切相关，一般苗期重，中后期较轻；温度高于25℃、相对湿度60％～80％时发生严重。

【防治方法】发现蚜虫要及时选用苦参素1000倍液或20％高效氯氰菊酯1000倍液或5％爱福丁4000倍液或90％固体敌百虫100克加水50千克喷雾。

(3) 红蜘蛛 又名棉红蜘蛛、火蜘蛛，主要以成虫或若虫在叶片背面吸食汁液。一年可发生10～20代。一般在5月底到7月上旬发生，高温低湿时为害严重。

【防治方法】用40％氧化乐果乳剂1200倍液、50％马拉硫磷乳油1000倍液、50％三氯杀螨醇1500～2000倍液以及杀螨剂等进行喷雾。

(4) 豆野螟 又名蛀荚虫、豆荚螟。它是绿豆的主要害虫之一，为害性极大。豆野螟常以幼虫卷叶或蛀入绿豆的蕾、花和嫩荚取食。如幼虫蛀食花蕾，造成落花落蕾；蛀食早期豆荚，则幼荚脱落；蛀食后期豆荚，形成蛀孔并堆有腐烂状的粪便，严重影响产量和质量。此外，幼虫还吐丝缀叶，蚕食叶肉。豆荚螟每年可发生4～5代，以老熟幼虫在土表或浅土层内结茧化蛹越冬。成虫昼伏夜出，有趋光性。卵散产于嫩荚、花蕾、叶柄上。初孵化幼虫蛀入嫩荚内为害，或蛀入花蕾取食花药和嫩荚子房，引起落蕾落荚。3龄后的幼虫大多数蛀入荚果内取食豆粒。幼虫也能为害叶片、叶柄及嫩茎。

【防治方法】从绿豆现蕾开始，在幼虫卷叶前喷药效果较好。每公顷地块可用90%晶体敌百虫750克，或40%敌敌畏乳剂600毫升，或80%敌敌畏乳剂300毫升，或5%来福灵300毫升，加水750千克在现蕾分枝期和盛花期各喷1次，能起到良好的防治效果。

（5）绿豆象　豆象以幼虫蛀食各种豆类，对绿豆、小豆、豇豆为害最烈。其在粮仓内和田间均能繁殖为害，是绿豆主要的仓库害虫之一。绿豆象一年可发生4～6代，如环境适宜可达11代。绿豆象以幼虫在豆粒内越冬，次年春天化蛹，羽化为成虫，从豆粒内爬出。成虫善飞，在仓贮粮豆粒上或田间嫩豆荚上产卵。每头雌成虫可以产卵70～80粒，以第2～4天产卵量最大。成虫寿命一般为5～20天，完成一代约需24～45天。绿豆象在温度24～30℃、相对湿度68%～90%时，发育最快，低于或高于此限，发育进度减慢，10℃以下停止发育。

【防治方法】鼓粒后期是绿豆象成虫发生盛期，采用0.6%氧化苦参碱1000倍液或5%爱福丁5000倍液喷雾，在A级绿豆绿色产品生产中，整个生长期间用药防虫不得超过2次，并且在收获前20天以后不得使用化学农药。

五、收获与贮藏

1. 收获

绿豆多数品种为无限结荚习性，农家品种又有炸荚落粒现象，许多绿豆品种是分批分期开花，同时也分批分期结荚。因此，要适时收摘，收摘过早，种子成熟度差，降低产量和品质；收摘过晚，先成熟的豆荚遇雨涝天气会在荚上发芽或使籽粒发霉，还会影响下一批花荚形成。只有适时收获，才能籽粒饱满、色好、无霉变，保质保量。生产实践证明，适宜的采摘次数和相隔天数是绿豆高产的重要因素，如采收相隔时间短，会加重对绿豆的人为损伤而造成减产。一般在植株上有60%～70%的荚成熟后，开始采摘，以后每隔7～10天收摘一次效果最好。试验表明，收摘三次比收摘一次的产量增加240～750千克/公顷。对大面积生产的绿豆地块，应选用成熟期一致、成熟时不炸荚的绿豆品种，当70%～80%的豆荚成熟后，在早晨或傍晚时收获。

2. 贮藏

收下的绿豆应及时晾晒、脱粒、清选，使水分降至安全含水量，进行药剂熏蒸后，贮藏于冷凉干燥处。仓贮时应采用磷化铝熏蒸豆象，将绿豆放入密封的仓库中，按贮存空间每立方米1～2片磷化铝的比例进行熏蒸，不仅能杀死成虫，还可杀死豆粒中的幼虫和卵，且不影响食用和种子发芽。一般农户可取 1～2 片（3.3 克/片）装到小纱布袋内，埋入 250 千克绿豆中，用塑料薄膜密封保存（注意：该药片遇潮湿就产生毒气）。以小型容器或水泥池贮藏时，也可在绿豆表面覆盖 15～20 厘米厚的草木灰或细沙土，防止外来绿豆象成虫在贮豆表面产卵。对贮存量很少的农户，可将绿豆装入塑料袋中，夏季连续晒 3～7 天，可使各种虫态的豆象在高温下致死。另外，也可利用绿豆象对花生油敏感，闻触到花生油后不产卵的特性，用 0.1％花生油敷于种子表面，放在塑料袋内封闭。

第三节　绿豆的加工利用

一、绿豆的营养成分

绿豆营养丰富，其籽粒含蛋白质 24.5％左右、人体所必需氨基酸 0.2％～2.4％、淀粉约 52.5％、脂肪 1％以下、纤维素 3％～5％，其中蛋白质是小麦面粉的 2.3 倍、小米的 2.7 倍、大米的 32 倍，赖氨酸是一般食用作物的 3～5 倍。另外，绿豆还含有丰富的维生素、矿物质等营养素。其中维生素 B_1 是鸡肉的17.5 倍；维生素 B_2 是禾谷类的 2～4 倍；钙是禾谷类的 4 倍、鸡肉的 7 倍；铁是鸡肉的 4 倍；磷是禾谷类及猪肉、鸡肉、鱼、鸡蛋的 2 倍。

绿豆芽中含有丰富的蛋白质、矿物质及多种维生素。每百克豆芽干物质中含有蛋白质 27～35 克，人体所必需的氨基酸 0.3～2.1 克；钾 981.7～1228.1 毫克，磷 450 毫克，铁 5.5～6.4 毫克，锌 5.9 毫克，锰 1.28 毫克、硒 0.04 毫克；维生素 C 18～23 毫克。

二、绿豆的保健功能

绿豆含有生物碱、香豆素、植物甾醇等生理活性物质，对人类和动物的生理代谢活动具有重要的促进作用。绿豆皮中含有 0.05％左右的单宁物质，能凝固微生物原生质，故有抗菌、保护创面和局部止血的作用。另外，单宁具有收敛性，能与重金属结合生成沉淀，进而起到解毒的作用。

传统医学认为，绿豆种子、种皮、花、叶、豆芽等均可入药，其种子性味甘寒，内服具清热解暑、利水消肿、润喉止渴、明目降压、止泻痢、润皮肤等功效，可以治疗暑天发热及伤于暑气的各种疾病、各种水肿、各种食物中毒和里热腹泻及丹毒、痈肿、痘疮等症；并对治疗动脉粥样硬化，减少血液中的胆固醇及保肝等有明显作用；对高血压、心脏病、糖尿病也均有良好的辅助疗效，常用来作为食疗药物，还具有抗过敏的功能。绿豆外用可治疗创伤、烧伤、疮疖、痈疽等症。绿豆芽性味甘平，有利三焦、解酒毒的功效。现代医学认为绿豆及其芽菜中含有丰富的维生素 B_{17} 等抗癌物质及一些具有特殊医疗保健作用的营养成分，常吃绿豆芽能有效防止直肠癌和其他一些癌症。但由于绿豆性凉，身体虚寒者不宜过食。同时，进行温补的人也不宜饮食绿豆，以免失去温补功效。

三、绿豆的加工产品

1. 食用

绿豆含高蛋白、中淀粉、低脂肪，并含有多种维生素和矿物质，医食同源，口感好，是中国、日本、朝鲜等亚洲国家人民所喜爱的传统食品。绿豆除作为主食食用外，还可以制作多种副食、糕点，食用范围广泛，制成产品众多。

目前市场上传统的风味食品有绿豆粥、绿豆汤、绿豆粉皮、绿豆冰粉、绿豆糕、绿豆饮料、绿豆沙、绿豆粉丝、绿豆酒等。最普遍的、家喻户晓的是绿豆芽等。

2. 药用

绿豆的药用价值，我国劳动人民对其早有认识和实践，它一直被视为重要的营养保健品和食用药材。近年来，伴随着医学及加工工艺技术的不断发展，以绿豆为重要原料，提取分离绿豆中的保健成分，制成了适应不同人群的营养保健产品，如绿豆保健茶、绿豆营养麦片、绿豆康复食品等，深受广大消费者的喜爱。

3. 饲用

由于绿豆的植株蛋白质含量较高，所以人们经常以绿豆植株为主要原料，生产出肉鸽等的蛋白质饲料。另外，绿豆鲜植株茎中蛋白质含量要比禾本科作物茎叶高许多，是优质的青饲料和干贮饲料，用来喂牲畜适口性好，因此绿豆的秸秆及绿豆精深加工的副产品也常常被用作制成各种饲料产品。

四、绿豆产品出口

绿豆是我国传统的出口商品，年出口量在 25 万吨左右，占全国杂豆出口总量的 17% 左右，最高年份达到 43.7%。出口绿豆主要销往全世界 60 多个国家和地区，其中进口量大的是日本、菲律宾、韩国、越南、英国等国家和地区。

在我国出口的绿豆主要来自东北、华北、华中等地区，其中以辽宁大明绿、河北张家口鹦哥绿、陕西榆林绿豆、吉林白城绿豆等最为有名，供不应求。

我国生产的绿豆粉丝，特别是龙口粉丝，誉满全球，畅销 50 多个国家和地区，绿豆粉皮、绿豆酒、绿豆糕点等食品驰名中外，在国际市场备受青睐。

以往我国出口的绿豆主要以地名为商标，根据外商的要求组织货源，没有严格的质量标准，一般从外观上分为明绿豆、毛绿豆和杂绿豆 3 种，以大粒、色艳、适合生豆芽的明绿豆最为畅销。按照出口绿豆的质量大致分为三级。

一级：粒型均匀，色泽一致，杂质和异色粒≤1%，纯质率不低于 97%；

二级：粒型均匀，色泽比较一致，杂质和异色粒≤2%，纯质率不低于 95%；

三级：外观正常，其他条件达不到上述标准，但能达到合同要求。

2000年农业部制定的我国商品绿豆质量指标为：水分≤13.5%，不完善粒总量≤5%，杂质总量≤1%。其中蛋白质≥25%，淀粉≥54%为一级；蛋白质≥23%，淀粉≥52%为二级；蛋白质≥21%，淀粉≥50%为三级，低于三级者为等外绿豆。

国家科技攻关项目规定的我国绿豆优异种质标准为：百粒重≥6.5克，蛋白质≥26%，淀粉≥55%为一级；百粒重≥62克，蛋白质≥25%，淀粉≥54%为二级；百粒重≥6.0克，蛋白质≥24%，淀粉≥53%为三级。

第四节　红小豆、绿豆品种简介

1. 红小豆8号（2016年审定品种）

【特征特性】该品种籽粒为红色，品质好，粒大、皮薄，口感好，籽粒大小均匀，商品性好，粒特大，百粒重高达26.8克，是红小豆资源中和生产上推广品种中很少见的。其株形直立，株高80.5厘米，叶色深绿，亚有限结荚习性；主茎分枝3~4个，主茎节数11节；单株荚数40个，单荚粒数5~7粒，荚长8.5厘米，荚宽0.8厘米，荚形为镰刀形，成熟荚色为黄白色，籽粒饱满，红色鲜艳有光泽，粒形为短圆柱形。其株型紧凑，结荚集中，成熟一致，不炸荚，适于机械统一收获。生育期100天左右，需有效积温2000~2500℃。

该品种植株生长旺盛，整齐一致，适播期较长，适应性广，对土壤要求不严格，抗病性较强，对红小豆叶斑病、病毒病、枯黄萎病有较强的抗性。植株产量高，抗旱节水，培肥地力，适应性广、抗逆性强，适宜机械收获，亩产平均达190千克，高产田达200千克，是种植业结构调整的首选作物，适宜辽宁地区及河北、内蒙古、吉林、河南洛阳等地种植。

2. 辽红小豆3号

【特征特性】生育期98天左右。株型半匍，株高60~70厘米，主茎分枝2~4个，叶片深绿色，叶卵圆形，单株结荚20~30个，荚长8.3厘米，单荚粒数6.1粒，千粒重165克，为大粒种。花黄色，荚黄白色，圆筒形，籽粒红色有光泽，长圆柱形粒，籽粒大小整齐饱满，商品性好，优质多抗，粗蛋白含量为24.8%，粗脂肪含量为0.8%，总淀粉含量为57.0%。抗病毒病、叶斑病和白粉病，耐旱、耐瘠薄，适应性广。成熟时不炸荚。

适宜播期为5月中旬至6月上旬。亩播量3.0千克。行距50~60厘米、株距15~20厘米，每穴1株，亩留苗7000~8000株。由于籽粒较大，应足墒播种，以保全苗。基肥亩施优质农家肥2000~3000千克，亩施种肥磷酸二铵或氮磷钾复合肥10千克，打好丰产的基础。苗期注意防治蚜虫、红蜘蛛；花荚期注意防治豆荚螟。全田豆荚有70%以上成熟时，一次性收割。收获后要及时晾晒、脱粒、扬净，防虫后方可入库保存。

3. 辽红小豆4号

【特征特性】生育期103天左右。株形半匍，株高68厘米，主茎分枝3.8个，幼茎绿色，叶片心脏形。单株结荚28.3个，单荚粒数6粒。荚长圆筒形、长7厘米，种皮浅黄色，籽粒圆球形、艳红色，千粒重152克。经农业部农产品质量监督检验测试中心（沈阳）测试，粗蛋白含量为27.5%，粗脂肪含量为0.4%，粗淀粉含量为35.8%。成熟时不炸荚，抗病毒病、叶斑病能力较强。

播期为5月20～31日。亩播量2.5～3.0千克、亩留苗8000株左右。亩施种肥磷酸二铵10～15千克，及时防治蚜虫、豆荚螟。当全田豆荚有70%以上成熟时，一次性收割。

4. 辽红小豆5号

【特征特性】株高123厘米，半直立株型，亚有限结荚习性。籽粒长圆柱形，紫红颜色，有光泽，大而整齐，百粒重11克左右，具有抗病、耐瘠、农艺综合性状较佳等特性。含蛋白质22%、脂肪2%、碳水化合物65%，并含有多种维生素。

5. 辽绿28

【特征特性】辽绿28号绿豆生育期85天左右，株形直立，有限结荚习性，茎秆粗壮，叶深绿色，主茎分枝3～5个，株型紧凑，结荚集中，成熟一致，株高56厘米左右，单株结荚30～45个，单荚粒数10～15粒，百粒重6.0克左右，荚成熟后呈黑褐色，籽粒长圆柱形，大小均匀一致，色泽鲜绿，有光泽，外观品质好。

6. 辽绿29号

【特征特性】该品种属于直立型品种，亚有限结荚习性，茎秆粗壮，叶色深绿，主茎分枝3～6个，株高83厘米，单株荚数24.5个，单荚粒数10.9个，荚长10.7厘米，单株粒重13.14克，荚形为弓形，成熟时荚色为褐色，百粒重为5.92克。株形

辽绿29号种植图（彩图）

紧凑，结荚集中，成熟一致，便于机械统一收获。籽粒大小均匀一致，有光泽，外观品质好。抗病、抗虫、抗旱，平均产量1722.6千克/公顷。

【生物学特征】该品种从出苗到成熟生育日数为82天，属于早熟品种，性状稳定，植株生长旺盛，整个生长季节植株整齐一致，抗病性较强，对绿豆病毒病、叶

斑病、白粉病有较强的抗性，对土壤要求不严格，适应性广，适播期较长。

7. 辽绿 5 号

【品种来源】辽宁省农业科学院作物研究所选育。

【特征特性】该品种生育期 85 天左右，株形直立，株高 58 厘米，主茎分枝平均 3.7 个，单株结荚 10～35 个，单荚粒数平均为 10 粒，百粒重 6～7 克。幼茎绿色，花黄色，荚棒形，黑色，籽粒绿色有光泽。植株长势健壮，叶片功能期长，抗早衰。茎秆韧性强，抗倒伏，抗病、耐旱、适应性强。一般产量 2250 千克/公顷左右，高者可达 3000 千克/公顷以上。

【栽培要点】春播为 5 月上旬至 6 月中旬，用种量 22.5～30.0 千克/公顷。行距 50～60 厘米，株距 15 厘米左右，种植密度为 12 万～15 万株/公顷。要掌握肥地宜稀、瘦地宜密的原则。施种肥磷酸二铵或氮磷钾复合肥 150～225 千克/公顷。苗期注意防治蚜虫，花荚期注意防治豆荚螟。为提高产量，成熟时，及时采摘、晾晒。大面积种植时，应在全田豆荚有 70% 成熟时，一次性收获。

【适宜地区】辽宁省各地。

8. 辽绿 6 号

【品种来源】辽宁省农业科学院作物研究所选育。

【特征特性】该品种生育期 85 天左右，植株半蔓生，株高 73 厘米，单株分枝 2～5 个，荚长 11 厘米，单株结荚 10～35 个，单荚粒数 10～12 粒，成熟时不炸荚，百粒重 7.3 克。蛋白质含量 29.65%。种皮鲜绿有光泽，粒大皮薄，整齐一致，商品性好。抗病、耐旱、耐瘠薄，适应性强、丰产性好。一般产量为 2100 千克/公顷左右，高者可达 3000 千克/公顷。

【栽培要点】一般种植密度为 12 万～14 万株/公顷。

【适宜地区】辽宁省各地均可种植。

9. 辽绿 26 号

【品种来源】辽宁省农业科学院作物研究所于 1977 年采用混合选择法从大叶绿豆中选择培育而成。1990 年经辽宁省农作物品种审定委员会审定、命名推广。

【特征特性】该品种生育期 90 天左右，半直立株形，有 2～3 个分枝，亚有限结荚习性，荚长 11 厘米左右，粒色鲜绿有光泽，大粒形，百粒重 5.6 克。籽粒含蛋白质 25.6%、脂肪 0.7%、碳水化合物 53.9%。具有抗旱、耐瘠薄、抗病毒、适应性强等特性。一般产量为 1125～1500 千克/公顷。

【栽培要点】种植密度为 16.5 万株/公顷，瘠薄地为 19.5 万株/公顷。

【适宜地区】可在辽宁省全省种植，主要分布在辽西北地区。

10. 白绿 6 号

【品种来源】由吉林省白城市农业科学院选育而成。

【特征特性】属于中早熟品种，生育日数 105 天左右，需积温 2199℃。植株属于半直立形，具无限结荚习性；幼茎及花蕾均为紫绿色；株高 80 厘米左右；单荚粒数 14 粒左右，百粒重 7.1 克；单株产量 13.5 克左右；蛋白质含量 25.7%。籽粒长圆柱形、色泽鲜绿、有光泽、外观品质好；豆荚成熟后呈黑褐色。具有繁茂性好、抗旱耐贫瘠、经济性状好、适应性广、抗霜霉病和叶斑病等优点。一般产量为 1500～2250 千克/公顷。

【栽培要点】一般在 5 月中下旬播种，播种量 20 千克/公顷左右。种植密度为 12 万～16 万株/公顷。

【适宜地区】适宜在辽宁西部和北部地区种植。

11. 大鹦哥绿 522

【品种来源】吉林省白城市农业科学院选育。

【特征特性】属早熟品种，生育期 100 天左右。属于半直立形，具无限结荚习性；幼茎及花蕾均为紫色；株高 90 厘米左右；分枝 2～4 个；单株荚数 15～30 个；荚长 11～13 厘米；单株粒数 100～200 粒；百粒重 6.6 克左右；单株产量 7～12 克；蛋白质含量 26.5%左右。籽粒短圆柱形，色泽鲜艳、有光泽；豆荚成熟后呈黑褐色。一般产量为 1400～2100 千克/公顷。

【栽培要点】5 月中下旬播种，播种量 20 千克/公顷左右。种植密度为 14 万～18 万株/公顷。

【适宜地区】适宜在辽宁西部和北部地区种植。

12. 中绿 1 号

【品种来源】为中国农业科学院品种资源研究所从国外引进的优良品种。

【特征特性】该品种适应性强，春播、夏播均可。夏播全生育期 60～70 天即可成熟，抗早衰；春播时如条件适宜，生育期可延长到 120 天以上，并能形成 2～3 次开花、结荚高峰，多次收获，具有较好的稳产性。株形直立紧凑、抗倒伏，株高 60 厘米左右，主茎分枝 3～5 个，单株平均结荚 10～36 个，也有超过 100 个以上荚的。成熟荚黑色，荚长 10 厘米左右，每荚有 10～15 粒种子。籽粒绿色有光泽，百粒重 7.7 克左右，单株产量 8～30 克。营养品质较好，籽粒含粗蛋白质 24%、脂肪 0.78%、淀粉 50%～54%，以及多种维生素和矿物质，如钙、铁、磷、硒等元素。还具有较好的加工品质，易煮烂，适口性好。在中等以上肥水条件下产量为 1500～2250 千克/公顷，高者可达 3450 千克/公顷以上。另一个特点是成熟时不炸荚，利于机械化收获。较抗叶斑病、白粉病和根结线虫病，并耐旱、耐涝。

【栽培要点】春播 10 万～12 万株/公顷，夏播留苗 12 万～18 万株/公顷。

【适宜地区】适宜在辽宁省全省种植。

13. 中绿 2 号

【品种来源】为中国农业科学院品种资源研究所从国外引进的优良品种，1999 年通过农业部科技成果鉴定。

【特征特性】早熟，夏播生育期 65 天左右。植株直立抗倒伏，结荚集中，且成熟一致，不炸荚，适于机械化收获。籽粒碧绿有光泽，百粒重 6.0 克。种子含蛋白质 24%、淀粉 54%，以及多种维生素和钙、铁、磷、硒等矿质元素。易煮烂，适口性好，发豆芽，芽粗、根短、甜脆可口。较高产、稳产，一般产量 1800～2250 千克/公顷，管理条件较高者可达 4000 千克/公顷以上。抗叶斑病和花叶病毒病。其耐旱、耐涝、耐瘠薄、耐荫性强。春、夏播均可，也适合与玉米、棉花、甘薯、谷子等作物间作套种。

【栽培要点】春播 10 万～12 万株/公顷，夏播留苗 12 万～18 万株/公顷。

【适宜地区】适宜在辽宁省全省种植。

14. 冀绿 9239

【品种来源】由河北省农林科学院粮油作物研究所，1992 年以冀引 3 号为母本、Vc2808A 为父本杂交，经连年选育、试验，于 1998 年出圃育成。经 1999～2003 年品系鉴定、全国区域试验及生产鉴定，于 2004 年 3 月 16 日通过国家小宗粮豆新品种技术鉴定委员会的鉴定。

【特征特性】该品种根系发达，主根较深，叶片较大，浓绿色，阔卵圆形，茎秆较硬，花黄色，荚为黑色，成熟时不炸荚。夏播株形直立为有限型，株高 65 厘米左右，生育期 70 天左右，为早熟种。春播生育期 90 天左右，株高 55 厘米左右。主茎节数 8.7 个，单株分枝 3.0 个，荚长 9.4 厘米，单荚粒数 11.2 粒，单株结荚 23.9 个，百粒重 5.8 克，为中粒种。一般产量为 2000 千克/公顷左右。籽粒绿色，有光泽，饱满。经测试籽粒粗蛋白含量为 23.95%，粗淀粉含量为 49.79%。田间自然鉴定抗病毒病、叶斑病和白粉病等。

【栽培要点】春播在 5 月中旬左右，夏播为 6 月 20 日左右。播量为 15～30 千克/公顷，播深 3～5 厘米。密度以当地土壤肥力、水肥状况而定，一般为春播 10.5 万～12 万株/公顷，夏播 12 万～15 万株/公顷。苗期一般在第二片三出复叶展开时定苗，定苗后根据虫情用氯氰菊酯、灭多威等药剂防治一遍蚜虫、红蜘蛛、棉铃虫、地老虎等，并进行一次浅耕除草。封垄前进行一次中耕。自开花初期起至结荚期喷药 2～3 次，防治棉铃虫、豆荚螟、造桥虫等。花荚期遇旱适时浇水，当 80% 的荚成熟时及时收获。

【适宜地区】适宜在辽宁省全省种植。

第五节　食用豆栽培主推技术

1. 玉米与食用豆间套种模式

（1）主要技术内容　根据多年的试验研究，玉米与食用豆间套种比例为 4∶4、8∶8、12∶8、16∶8、16∶16 等。玉米播种时间根据品种特点和当地的气候特点正常播种，辽西北地区红小豆在 5 月末到 6 月初播种，在辽南部地区红小豆在 6 月中下旬播种。

（2）技术特点　玉米与食用豆间套种，形成高矮作物立体复合模式，便于良好的通风透光，人为造成边际效应，改善了玉米、红小豆（绿豆）的群体环境，这种立体复合模式，还可有效防止土壤板结，培肥地力。经专家研究表明，豆科作物与禾本科作物的间作可使豆科作物的固氮能力提高近 10 倍，禾本科根系分泌的麦根酸等植物铁载体可增加豆科作物对铁的吸收，而豆科作物分泌的有机酸又可以活化土壤磷素，改善禾本科作物的缺磷症状，这样有效地提高了玉米和红小豆（绿豆）的产量。

（3）对当地生产技术的提升及区域农业发展的推动作用　该项技术促进了种植结构的调整，改变了辽西北地区常年种植模式单一、换茬困难、产量不高，土壤越种越瘠薄，农田生态环境恶化等问题。2018 年在北票市宝国老镇、东官营镇、台吉镇、阜新市阜蒙县旧庙镇等地建立了玉米与食用豆间套种模式 300 亩，玉米、红小种植比例为 16∶8，红小豆平均亩产达 175 千克，是当地生产上从来没有过的。此种模式可改善玉米、红小豆群体生长环境，充分利用土地、光、热资源，有利于玉米、红小豆提产增效。玉米收获后秸秆（高留茬、站秆）覆盖可削弱近地表风速、减轻土壤风蚀沙化，下年玉米、红小豆换茬种植又能解决作物连作障碍问题。该种植模式发展前景广阔。

2. 食用豆深播浅覆土播种技术示范推广

（1）主要技术内容　食用豆深播浅覆土技术包括深开沟、踩好底隔子、原土轻覆盖、镇压 4 个关键环节。深开沟指播种沟深度达到 10～12 厘米，以接到潮土为佳；踩好底隔子指播种后通过踩踏等，保证种子与潮湿土壤充分接触；原土轻覆盖是指尽量用开沟出的潮湿土壤进行覆盖，覆盖土层 3～4 厘米；覆盖后镇压保墒，保证覆盖紧实充分，与地下潮土接壤，保证种子发芽出苗。

（2）技术特点　该项技术主要保证种子发芽出苗率，尤其针对辽西北地区，春季干旱少雨，严重影响红小豆、绿豆发芽出苗。该项技术通过几年的研究与示范实践，证明了它的可行性，保证了红小豆、绿豆的出苗率在 95% 以上。

（3）对当地生产技术的提升及区域农业发展的推动作用　有苗才有产，保全苗，培育壮苗，为高产打下基础。该项技术解决了春季干旱少雨地区缺苗断垄或无苗的现象，保证了苗全、苗齐、苗壮，为农民解决了种植杂粮出苗难的问题，促进了杂粮产业的发展。

3. 食用豆全程机械化栽培技术集成示范推广

（1）主要技术内容　食用豆全程机械化栽培包括机械化播种、机械化除草、机械化中耕、机械化防治病虫害、机械化收割等多个环节。食用豆栽培生产过程中，通过使用播种机械，一次完成"开沟、施肥、喷施除草剂、播种、镇压"五位一体工序。

（2）技术特点　实现一次播种保全苗、不间苗、不除草。食用豆植株高度和长势适中，中耕和喷施药物完全可以利用专用机械完成。通过选用适于机械化收获的品种（直立、底荚高度在 15 厘米以上），结合后期的化学脱叶和催熟（乙烯利＋噻苯隆），可以实现机械化收割和脱粒。

（3）对当地生产技术的提升及区域农业发展的推动作用　该项目在北票市忠军农场、阜蒙县旧庙镇落实示范推广 400 亩，5 月 16 日播种，通过使用机械播种，一次完成开沟、施肥、喷施除草剂、播种、镇压等工序，实现一次播种保全苗。在生产管理过程中，实现了机械化除草、机械化中耕、机械化防治病虫害等多个环节。食用豆全程机械化栽培，该项技术集合了播种、中耕、施药、收获等生产程序，以机械化代替人工，实现了食用豆生产的轻简化和机械化，降低了生产成本，省工省力，减少开支，实现了农业的增产增效和农民的增产增收。

4. 食用豆病虫害综合防控技术示范推广

（1）主要技术内容　食用豆生产上主要发生的病害有立枯病、根腐病、白粉病，害虫主要有蚜虫。本项目以"预防为主，综合防控为辅"为原则，播种前用种衣剂"高巧"或"亮盾"拌种。60% 悬浮种衣剂（拜尔，杭州作物科学有限公司）"高巧" 4～6 毫升对水 50 毫升拌种 1.0 千克或 62.5% 悬浮种衣剂（瑞士先正达作物保护有限公司）"亮盾" 3～4 毫升对水 30 毫升拌种 1.0 千克，播种前一两天进行，拌种后晾晒，晒干后即可播种。

（2）技术特点　该项技术简单易行，对红小豆植株生长安全，防治效果好。利用种子处理的方法防治蚜虫和立枯病、根腐病、白粉病，可取代田间常规喷雾的防治方法。

（3）对当地生产技术的提升及区域农业发展的推动作用　该项技术减少用工，降低劳动强度，减少成本，至少每亩省 30 元费用，且绿色环保。本项目在阜蒙县旧庙镇建立的 200 亩示范田里，无病无虫，植株生长健壮，产量高，亩产达 165 千克。该项技术具有良好的推广前景和应用价值，对杂粮产业的发展、区域农业的增产增效有极大的推动作用。

5. 覆膜集雨高产高效生产技术示范推广

（1）主要技术内容

① 全膜穴播技术

【播前准备】选用适合机械种植的抗旱、抗倒、优质、高产的谷子品种，种子质量符合 GB 4404.1 粮食种子禾谷类种子质量标准要求。

【整地】在作物收获后，灭茬并深耕土壤 20～25 厘米，镇压、耙耱保墒，使土壤平净细碎、表面无根茬。施底肥，在中等地力条件下，每亩施腐熟有机肥 2000～4000 千克、氮磷钾复合肥 50～60 千克（$N:P_2O_5:K_2O=22:8:15$），或缓释控肥 60～70 千克（$N:P_2O_5:K_2O=18:7:13$）。

【覆膜】选用宽 120～160 厘米、厚 0.01～0.012 毫米的普通地膜或渗水地膜。

【农机具】采用与四轮拖拉机配套的旋耕、覆膜、覆土穴播机。

【种植要求】行距 40 厘米，穴距 15～20 厘米，播种深度 3～5 厘米，播种量 0.2～0.3 千克/亩。

② 半膜穴播技术

【播前准备】选用适合机械种植的抗旱、抗倒、优质、高产的红小豆、绿豆品种，在作物收获后，灭茬并深耕土壤 20～25 厘米，镇压、耙耱保墒，使土壤平净细碎、表面无根茬。施底肥，在中等地力条件下，每亩施腐熟有机肥 2000～4000 千克、氮磷钾复合肥 50～60 千克（N：P_2O_5：K_2O＝22：8：15），或缓释控肥 60～70 千克（N：P_2O_5：K_2O＝18：7：13）。

【覆膜】选用宽 90 厘米，厚 0.01～0.012 毫米的普通地膜或渗水地膜。

【农机具】采用与四轮拖拉机配套的鸭嘴式穴播机进行播种。

【种植要求】膜上 2 行，行距 30 厘米，株距 15～20 厘米，沟宽 50 厘米，播种深度 3～5 厘米。播种量 2～3 千克/亩。

（2）技术特点　食用豆覆膜集雨高产高效生产技术是指集地膜覆盖、农田集雨播种方式及田间管理技术为一体的实用栽培技术。采用半膜和全膜穴播技术可充分发挥集雨、保墒、增温作用，实现雨水的有效叠加，变无效水为有效水，提高天然降水利用率，建立主动抗旱机制，有效改善食用豆根部水、肥、气、热状况，增强植株抗旱减灾性能，节约除草用工，实现食用豆高产高效。

通过使用覆膜、施肥、播种一体机，一次完成开沟、施肥、喷除草剂、覆膜、播种、覆土镇压等工序，该技术集地膜覆盖，结合底施缓释肥、有机肥，具有保墒、积温、集雨以及不间苗、不除草简化生产等特点为一体，使食用豆种植、施肥、中耕全部机械化。

（3）对当地生产技术的提升及区域农业发展的推动作用　该项技术的应用提升了食用豆的栽培技术，将食用豆传统栽培方式中播种、施肥、间苗、中耕除草、收获等田间作业全部由人工作业改为机械作业，从而减少了栽培用工，减轻了劳动强度，提高了生产效率，可推进食用豆规模化种植，使食用豆生产机械化向前迈了一大步，对实现农业机械化起到了巨大的作用，使农业产业化生产上了一个新台阶。

6. 红小豆增产增效抗旱栽培技术

种子萌发期或幼苗期进行适度干旱处理，使植物在生理代谢上发生相应的变化，增强了对于干旱的适应能力。采用蹲苗法，即在作物的苗期给予适度的缺水处理，起到促下（根系）控上（抑制地上）的作用，提高抗旱性。合理施用磷钾肥，适当控制氮肥，可提高植物的抗旱性。应用矮壮素增加细胞的保水能力。

7. 食用豆与禾谷类高光效间作模式

针对辽宁省食用豆主产区生产中存在轮作倒茬困难、病虫害发生严重、生产效率和经济效益低等实际问题，与高粱、谷子主推技术结合，开展绿豆、小豆与高粱、谷子的宽幅等比间作套种栽培模式示范，达到了增产增效、合理轮作、培肥地力的目的。

第六章
特色产业红干椒主推品种及技术模式

第一节　红干椒品种简介

1. 北京红

【特征特性】早熟，生长势强，辣味香强，商品性好，产量高。果长在 11～14 厘米，果径 1.0～2.0 厘米，单株坐果 30～40 个，单果重 12 克左右，果实近羊角形，成熟后呈枣红色，辣椒皮厚、平整、有光泽，辣味中等，株型结构好，株高 80～100 厘米。一般株距适宜约 30 厘米、行距 40 厘米，从种子种植到红辣椒成熟需 100～120 天，苗期生长稳健，根系发达，枝干粗壮，不易落花、落叶、落果，成果率高，果实着色快、成色好、品质佳。

2. 鲁红系列

（1）鲁红 6 号

【特征特性】该品种由胶州市宏隆红辣椒研究所经杂交选育而成，是传统益都椒的升级换代产品。植株长势强、抗病、连续坐果能力强，坐果多、高产，亩产干椒 300～400 千克，高产田可达 500 千克以上，果实短锥形，长 8～10 厘米、果径 4 厘米，干椒单果重 4 克以上，鲜果实脱水快、易制干、干椒一级率高，商品性好。内外果品均呈紫红色，果皮厚，平整光滑，有光泽。色素含量高，椒香浓郁，风味佳，是提取天然色素及食品加工和外贸出口的最佳干椒品种。

【栽培要点】亩栽 5500～6000 株，不可过密。

（2）鲁红 8 号

【特征特性】常规种。中早熟干鲜两用高色素加工型品种。株高 75 厘米、株幅 60 厘米左右；坐果集中，果实圆锥形，单株结果 23 个左右，果实长 10.2 厘米、果横径 3.6 厘米左右，鲜椒单果重 25 克左右；成熟后转色快，能快速自然脱水，成品干椒光滑无皱。抗逆性好，成熟集中，椒果皮厚，油性好，外表光亮，内外皮均呈紫红色。

【栽培要点】适宜密度每亩 5000～6000 株。

3. 辽红 3 号

杂交种。该品种中早熟，一般株高 55 厘米，株幅 40 厘米，初花节位 8～9 片叶，果长 15 厘米左右，果径 2.5 厘米左右。鲜椒单果重 25 克左右，果绿色，成熟后浑红，果实脱水快，色价高，一般在 16％左右。亩产干椒 375 千克左右，抗病性强，是目前干椒生产首选品种。

【栽培要点】适于中等肥力以上的地块种植，应选择地势平坦、排灌方便、土层深厚、富含有机质的壤土或沙壤土栽培。育苗适宜播期为 3 月上中旬，不宜超过 3 月 20 日。栽植密度每亩 5000 株左右。

4. 辽红 4 号

加工型中早熟红辣椒杂交种，株高 50 厘米左右，株幅 45～50 厘米，一般 10 片叶现第一朵花。果实小羊角形，果长 14～15 厘米，果径 3.0～3.5 厘米，青果绿色，成熟后深红色，色价高。味辣，熟性早，单株坐果 17.5～20 千克，亩产鲜椒 2500 千克左右，干椒 400～500 千克。该品种抗病性强，适应性广，丰产，属干鲜两用红辣椒新品种。

5. 辽红 7 号

加工型中早熟红辣椒杂交新品种（F1），株高 50 厘米左右，株幅 45～50 厘米，一般 10 片叶左右现第一朵花，果实羊角形，长 16～17 厘米，果径 2.5 厘米左右，青果绿色，成熟果深红色，色价特别高，辣味浓。一般单株坐果 35～40 个，坐果集中，一般亩产鲜椒 2500～3000 千克，干椒 400～500 千克，属干鲜两用品种。该品种茎上有茸毛，抗病性好，根系发达，不倒伏，高产。

辽红 7 号（彩图）

第二节 红鲜椒品种简介

以下仅介绍园艺 5 号。

【特征特性】园艺 5 号属于中早熟红辣椒杂交品种，辣味强，果实羊角形，株高 65 厘米左右，果长 12～14 厘米，果径 2～3 厘米，单果鲜重 15～20 克，干椒重 3.0 克左右，干椒暗红光亮、高油脂，红辣椒红素含量高。该品种坐果能力强，单株坐果可达 50～60 个。其抗性极强，抗旱，抗涝，高抗病毒病、青枯病、叶斑病、疫病。商品椒烂椒、病椒很少，品质优良。

园艺 5 号是绿椒、红椒和加工干椒多用品种，亩产红鲜椒 2000 千克以上，高产地块可达 2500 千克以上，干椒亩产 300～500 千克。

【栽培要点】园艺 5 号适应性广，在平肥地和坡地均可种植，由于该品种株型紧凑，为了获得最佳产量，可以适当加大种植密度，根据地力平肥地可每亩种植 4500～5000 株。

第三节　干鲜两用品种简介

1. 辽红 2 号

该品种是从辽宁省农科院蔬菜所引进的杂交一代红辣椒品种，中早熟，属干鲜两用品种，初花节位 7～8 片叶，株高 60 厘米左右，株幅 45 厘米左右，果长 15～16 厘米，果径 2.5～3.5 厘米，单果重 30 克左右。一般单株坐果 45～50 个。亩鲜椒产量 3500 千克左右，干椒产量 400 千克左右。其色价高，抗病性强，适合北方露地栽培。

经试验示范，该品种非常适合在北票推广，平肥地和坡地均可种植。由于该品种株型紧凑，增产潜力巨大，正常每亩种植 5000 株左右，若种植在水肥条件好的地块，种植时可以适当加大密度到 6000 株。

2. 辽红 5 号

加工型中早熟红辣椒杂交种，株高 50～55 厘米，株幅 45～50 厘米，第一朵

辽红 5 号（彩图）

花着生第十一节，结果集中，坐果率强，单株坐果一般 35 个，果实羊角形，长16 厘米左右，果径 2.8～3.0 厘米。青果绿色，成熟果深红色，色价高，不辣，抗疫病、中抗炭疽病、细菌性斑点病，耐热，抗倒伏。亩产鲜椒 3000～4000 千克，干椒 400～500 千克，属干鲜两用型红辣椒新品种。

3. 辽红 6 号

加工型中早熟红辣椒杂交种。株高 55～60 厘米，株幅 50～55 厘米，一般 10片叶现第一朵花，坐果集中，一般单株坐果 35 个左右。果实羊角形，长 15 厘米左右，果径 3.0～3.5 厘米，果皮厚，辣味浓，青果绿色，成熟果深红色，色价高，果面光滑。该品种抗病性强，丰产性好，一般亩产鲜椒 3250～4250 千克。

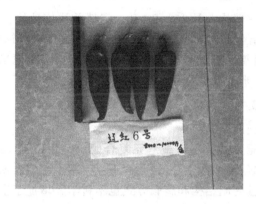

辽红 6 号（彩图）

第四节　露地红辣椒化肥农药减施技术集成研究

北票市红辣椒常年种植面积 1.3 万公顷（20 万亩）左右，平均每亩红干椒产量 300 千克、红鲜椒产量 2500 千克左右。近几年，为获取高的产量，当地存在化肥农药施用过量、施用种类不合理现象，土壤、水等自然环境受到威胁。为保护生态环境，实现化肥、农药零增长，从 2016 年开始经过多年试验示范，笔者在北票市建立红辣椒化肥农药减量增效技术示范区，与常规栽培技术相比，化肥用量减少 43%，化学农药用量减少 40%，且提高了辣椒产量和收益。现将关键技术要点总结如下：

1. 选择优良品种

通过引种示范，筛选出适合当地种植的抗病、抗逆性强、产量高的鲁红 8 号和辽红 2 号。鲁红 8 号为中早熟干椒常规品种，由青岛三合农产科技有限公司生产，每亩适宜种植 5000～6000 株，干椒产量 350 千克。辽红 2 号为中早熟干鲜两用一代杂种，以生产红鲜椒为主，由天津先优达种子有限公司生产，每亩适宜种植 4500 株，鲜椒产量 2500～3000 千克，干椒产量 400 千克。

2. 优化育苗技术

当地农户一般采用大棚育苗，在 3 月末 4 月初，大棚室内温度提高慢，辣椒苗生长缓慢，尤其夜间棚内温度低于 8℃，极易造成低温障碍。针对这一问题，笔者对育苗技术进行了优化，采用日光温室育苗，3 月 20 日播种，苗龄 55～60 天。壮苗标准：叶色墨绿，叶片十叶一心，株高 18 厘米，主根长 1.5～2.0 厘米。和常规大棚育苗相比，日光温室育出的苗主根长、须根茂密、茎秆粗壮、苗整齐一致，定植后缓苗快。

3. 机械整地、定植

红辣椒定植期一般为 5 月 15～25 日。定植前浅旋地块，起垄台 10 厘米高，垄台宽 70 厘米，用经过改装的玉米节水滴灌机一次性完成铺膜（0.08 毫米厚的黑色地膜）、铺滴灌管、施肥、双行打孔。定植小行距 40 厘米、大行距 60 厘米，辽红 2 号株距 30 厘米，鲁红 8 号株距 22～26 厘米。

4. 化肥减施技术

（1）测土配方施肥

示范地常规施肥方式：每亩施三元复合肥（N-P-K 为 15-15-15）40 千克作基肥，后期追施尿素 1～2 次，总量约 40 千克，基本不施农家肥。该施肥方法不仅施肥量过大，而且施肥结构和施肥方式也不科学，增加了生产成本，还对生态环境造成了严重影响。

通过采集、检测示范区土样，得出示范地块土壤养分状况：碱解氮（98 毫克/千克）中等、速效磷（9.2 毫克/千克）缺乏、速效钾（67 毫克/千克）缺乏、有机质（0.951%）很缺、pH 值 6.84。依此计算出红辣椒（鲜椒）每亩产量 2500 千克的理论施肥量：每亩施氮肥（尿素）14.8 千克、磷肥（磷酸二铵）14.13 千克、钾肥（硫酸钾）33.73 千克。

按照配方每亩基肥施高钾型复合肥（N-P-K 为 15-5-25，下同）25 千克＋腐熟农家肥 2000 千克，可提高植株抗逆性，使果实着色均匀，色泽增加 2%。生长期追肥 4 次，每次追肥 4～5 千克，肥料总用量控制在 18 千克左右，基本可满足辣椒生长要求。

（2）水肥一体化施肥技术 针对常规生产在红辣椒整个生长期仅封垄后追肥 1 次，施肥量大，肥料利用率低的情况，示范区采用水肥一体化技术，追肥把握"前期少施，中期多施，后期少施"的原则，缓苗后（6 月 20 日左右）进行第 1 次追肥，每亩施根苗壮水溶肥（$N+P_2O_5+K_2O \geqslant 700$ 克/升，氨基酸≥100 克/升，$Ca+Mg \geqslant 30$ 克/升，下同）3 千克＋尿素 2 千克，有利于辣椒生根，促进花芽形成；7 月上旬进行第 2 次追肥，每亩施尿素 5 千克，促进辣椒完成营养生长阶段；7 月中下旬进行第 3 次追肥，每亩施尿素 2 千克＋果必多水溶肥（$N+P_2O_5+K_2O \geqslant 540$ 克/升，$B+Zn \geqslant 2$ 克/升）2 千克＋根苗壮水溶肥 1 千克；盛果期（8月10日）进行第4次追肥，每亩施根苗壮水溶肥1千克＋磷酸二氢钾2千克。

5. 农药减施技术

由于长年重茬种植，北票市红辣椒产区病虫害发生较重，主要病害有疫病、炭疽病、细菌性斑点病、脐腐病、软腐病等，虫害为蚜虫、棉铃虫、玉米螟等。以往椒农防治病虫害比较混乱，主要表现为用药时期不当、用药品种和剂量不对、病虫害预测能力不高等方面，为解决上述问题，北票市建立病虫害预警机制，每个辣椒种植乡配备一名专业农技人员进行病虫害测报工作，在及时收集了解气象信息的基础上，预判病虫害是否发生、发生程度、是否应该用药、是局部用药还是大面积联防，然后提供精准的化学防治方法。红辣椒农药减施技术以农业防治、生物防治、物理防治为主，化学防治为辅。

（1）农业防治　实践证明，红辣椒与玉米进行轮作可减少病害发生，选择抗病品种及利用深翻浅旋也可有效减轻病害发生。辽红2号鲜椒示范区因前茬为玉米且品种抗病能力较强，没有发生病害，鲁红8号示范区和常规管理区均发生不同程度的疫病和炭疽病。

（2）生物菌剂替代化学农药　红辣椒初花期（6月25日）每亩用100亿个孢子/毫升金龟子绿僵菌油悬浮剂250毫升兑水稀释4倍喷施，防治地下害虫和蚜虫；盛花期（7月15日）每亩用8000国际单位/毫克苏云金杆菌可湿性粉剂100克兑水30千克喷施，防治棉铃虫。

（3）物理防控　安装4台环境友好型太阳能杀虫灯（每40亩安装1台），主要用于防治二代棉铃虫和玉米螟，杀虫灯均采用诱虫精准、节能高效的窄波LED灯管。其中2台应用迷航式双网结构设计电网击杀，另外2台应用撞击和风吸式击杀，杀虫灯的优点是绿色无公害，有效降低田间虫口密度，可长年使用、降低防治成本，及杀虫范围可调整、保护益虫，使用杀虫灯可有效降低农药使用量，保护生态环境安全。

（4）化学药剂防控　整个示范区在防治虫害方面没有进行化学药剂防治。在防病方面，辽红2号鲜示范区为倒茬轮作区，没有发生病害；鲁红8号干椒示范区为重茬区，2019年降雨量大，炭疽病零星发生，7月下旬喷施1次43％戊唑醇悬浮剂1000倍液＋0.3％磷酸二氢钾叶面肥基本控制了病害大面积传播；鲁红8号干椒常规管理区疫病、炭疽病和软腐病普遍发生，由于常规管理技术防治不及时造成叶片和果实均发病，共进行化学药剂防治4次，即防疫病1次（72％甲霜百菌清可湿性粉剂800倍液）、防炭疽病2次、防软腐病1次（2％春雷霉素可湿性粉剂500倍液）。

6. 化肥农药双减效果及效益分析

红辣椒化肥农药减量增效技术示范区面积12.3公顷（185亩），其中辽红2号种植面积5.3公顷（80亩）、鲁红8号种植面积5.3公顷（80亩）、常规管理区鲁红8号种植面积1.6公顷（25亩）。

（1）双减效果　与常规管理区相比，示范区化学肥料以减氮磷、增钾为主，化肥总量减施43%；化学药剂防治辽红2号示范区减少4次，鲁红8号示范区减少3次，用药量约减少40%。辽红2号示范区每亩减肥减药节本增效52元，鲁红8号示范区每亩减肥减药节本增效40元。

（2）效益分析　辽红2号示范区平均每亩鲜椒产量2797.5千克，鲁红8号示范区每亩鲜椒产量2571.0千克；常规管理区的对照鲁红8号平均每亩鲜椒产量2486.7千克。辽红2号示范区比常规管理区的对照增产12.5%，2019年鲜椒均价2.4元/千克，平均每亩增收797.92元（含节本增效52元）；鲁红8号示范区比对照增产3.4%，平均每亩增收242.32元（含节本增效40元），增收效果非常显著。

北票市红干椒栽培（彩图）

第五节　红辣椒露地栽培技术

用于红辣椒栽培的品种应具备以下三个特点：果形细长，颜色鲜红，晒干后不褪色；有较浓的辛辣味；果肉含水量小，干物质含量高。

一、育苗

1. 选种

选择具有抗逆性强、适应性广、品质好、产量高、抗病虫害等优良性状并在本地区试验、示范两年以上被认定为定向推广的红干椒系列红辣椒品种。目前北票市大面积种植的品种有辽红系列、园艺5号、北京红、鲁红系列等。

（1）订单选种　依据产品回收订单选种。

（2）主栽品种　当地或周边地区多年主栽品种。

（3）优质高产新品种　选用当地或周边地区试种成功的新品种。

（4）了解品种特性　明确是干椒还是鲜椒、品种类型及生育期。

2. 选地和茬口安排

红干椒根系不发达，根量少，入土浅，茎基部不易生不定根，为获丰产，最好选择土壤肥沃、地势平坦、通透性良好、能浇易排的地块且土壤富有团粒结构，如土壤疏松肥沃的沙质壤土、黑钙土，其保肥、保水及通气条件都好，最适于红干椒生长。红干椒不宜连茬和迎茬种植，选玉米、大豆、高粱、葱、蒜、瓜类、豆角等茬为宜，避开黄瓜、茄子、番茄、青椒、马铃薯、甜菜等作物茬口，实行 3~4 年轮作，以避免病虫害传染。前茬除草剂使用不超标。

3. 种子处理

选用籽粒饱满、色泽浅黄、生活力强的种子，晴天晒种 2 天。

（1）清水处理

【温水浸种】水温 30℃ 左右，6~8 小时，只是促进发芽，并无消毒作用。

【温汤浸种】55℃ 的恒热水温，10~15 分钟后倒入冷水，耐寒蔬菜 20℃、喜温蔬菜 30℃ 下浸种，除加快吸水还有杀菌作用。

【热水烫种】70~75℃ 的热水，保持 1~2 分钟。主要用于难吸水的种子。

（2）药剂处理　常用药剂有多菌灵、高锰酸钾、福尔马林等，可分为拌种和浸种两种，拌种最好是干拌，用药量为种子重量的 0.2%~0.3%。采用药剂浸种消毒时，必须严格掌握药液浓度和浸种时间，否则易产生药害。浸种前，先用清水浸种 3~4 小时，然后浸入药液中，按规定时间捞出种子，再用清水反复冲洗至无药味为止。

4. 育苗床处理

采用日光温室（3 月 15~20 日）或塑料大棚（3 月 5~15 日）进行育苗。每亩育苗面积为 8~10 平方米，用种量为 50 克（依种子出芽率、亩定植株数、辣椒种子千粒重而定），据此做苗床（凸床、凹床），可育红辣椒苗约 7000 株。

（1）床土配方　播种床床土配方（按体积计算）如下。

【配方 1】1/2 园田土、1/2 马粪。

【配方 2】1/3 园田土、1/3 细炉渣、1/3 马粪。

（2）床土消毒　用 50% 多菌灵可湿性粉剂与 50% 福美双可湿性粉剂按 1:1 混合，或 25% 甲霜灵可湿性粉剂与 70% 代森锰锌可湿性粉剂按 9:1 混合，按每平方米用药 8~10 克与 15~30 千克细土混合，播种时 2/3 铺在床面、1/3 覆在种子上。也可在播前床土浇透水后，用 72.2% 普力克水剂 400~600 倍液喷洒苗床，每平方米用 2~4 升。做苗床前，每亩以 50% 辛硫磷颗粒剂 2.5 千克用细土拌匀，撒于土表再翻入土。

5. 播种

播种期春天 3 月 5 日至 3 月 20 日。床土 10 厘米深处温度稳定超过 15℃ 时，选择晴天上午播种。播种前将苗床铺平、压实，畦面要求做到"肥、暖、净、细"，播前灌足底水，人工撒播或机械编绳后机播在床面上。

6. 育苗注意事项

① 播种后，立即覆盖地膜（白），防止晒干和底水过多蒸发。

② 盖土黏性不可过大，防止硬盖。

③ 盖土厚度因种子大小而不同，一般为 1 厘米。

④ 盖土后立即盖上地膜，出苗前不宜浇水，必须靠保湿来保证正常出苗。待 70％辣椒苗出土后，撤掉覆膜。

⑤ 浇水采用微喷或水车浇水。

⑥ 除草，首选辣椒苗床专用除草剂，或敌草胺 20％乳油 250～300 毫升/亩，用 30 千克喷壶两壶，喷药。

7. 苗床管理技术

（1）温度管理　红辣椒苗期对温度的要求比较高。播种后注意保温，日温低于 15℃或夜温低于 5℃，幼苗停止生长，时间过长出现死苗。白天温度应当保持在 24～28℃，夜间温度保持在 15℃。

（2）水分管理　苗期需水少，保护地育苗苗期要控水防徒长，幼苗出土到第一片真叶展开期间，尽量不浇水，防止降低温度，而且湿度过大会造成幼苗徒长和猝倒病的发生。后期要适当喷水或浇小水。

（3）光照管理　棚膜保持清洁透光，经常去掉外膜上的覆土和碎草，及时抹去内膜上的水滴。

（4）苗龄　苗龄为 55～60 天，生长苗龄为植株高 18 厘米，具有 10～12 片真叶。

（5）炼苗　定植前一个月开始炼苗，使苗具有 9～10 片叶，18 厘米高。拔除病株（如发现白粉虱、蚜虫可用啶虫脒等防治，如发现真菌病害可用百菌清等防治）。

（6）去顶　定植前 10 天，剪去辣椒苗头，去顶后留 15～16 厘米高，上午9～12 点进行，去顶后 2～3 天不要浇水。

二、定植

1. 整地、施肥与起台

（1）整地　定植前 7～10 天必须把地整好，进行深耕、耙平、除草（33％二甲戊灵 200 毫升，水 40～50 千克，两台拖拉机同时进行前面打药、后面翻耙）。

（2）起垄覆膜　大垄双行，小垄行距 40 厘米，大垄行距 60 厘米。铺滴灌带，覆黑膜，施入高钾复合肥 20 千克（垄台尽量高一点）。一般在秧苗定植前10 天即 4 月 25 日覆膜，有利于提高土壤温度，促进秧苗早发壮苗。

2. 定植方法

（1）定植日期　5 月 5～20 日为定植最佳时期。

（2）定植密度　每亩定植鲜椒一般为 4500～5000 株、干椒 5500～6000 株（依品种栽培方式定），苗入埯后马上覆土。

（3）起苗　起苗前一天浇水，平锹铲起，略带土，蘸生根剂。

（4）苗的打包运输　蘸根后，头朝外、根朝里两排对放于 30 厘米宽、2 米长黑膜上，平铺 5～6 厘米厚，卷成卷后装车运输。

（5）定植　定植前浇水，待水下沉到土壤 10 厘米后，开始定植。

三、定植后管理

1. 水分管理

（1）缓苗水　定植后 2～3 天浇缓苗水。

（2）促棵水　缓苗后 15 天浇促棵水。

（3）保花保果水　开花坐果以后根据土壤状况，浇保花保果水。

（4）八月下旬以后一般停止浇水。

2. 养分管理

（1）保花保果肥　第一个果 6～7 厘米长施入（尿素 10 千克＋氮磷钾平衡肥 15 千克）。

（2）促果肥　间隔半个月施入促果肥（高钾复合肥 10～15 千克）。

（3）果实成熟肥　间隔半个月施入（高钾复合肥 10～15 千克）。

3. 中耕除草

（1）两铲　缓苗水和促棵水之后进行。

（2）一趟　封垄前，深趟一遍。

4. 催红

用 40％的乙烯利 1000 倍液，于采收前 10～15 天，喷洒植株。

（1）鲜椒催红　8 月中旬第一次，8 月末 9 月初第二次，不落叶催红，附加磷酸二氢钾及微肥。

（2）红干椒催红　8 月下旬第一次，9 月上中旬第二次，第一次不落叶催红，第二次落叶催红，附加磷酸二氢钾及微肥。

四、采收和晾晒

果实达到红熟红辣椒标准时采收，分一次采收和多次采收。

（1）鲜椒二遍采收　第一遍 8 月下旬，第二遍 9 月中旬，人工采收（应从品种、栽培技术及机械上探讨一次性采收）。

（2）干椒一遍采收　9 月末拔秧，平放田间自然脱水，10 月中旬采收。

红干椒栽培（彩图）

第六节　红辣椒病虫害防治技术

一、侵染性病害

1. 猝倒病

【病原】瓜果腐霉菌 *Pythium aphanidermatum*，属鞭毛菌亚门真菌。

【症状】幼苗基部呈水渍状，倒伏，缢缩，随病情发展引发幼苗成片倒伏。

【发病规律】病菌借雨水、灌溉水传播。土温较低（低于 15℃）时发病迅速，土壤湿度高、光照不足、幼苗长势弱、抗病力下降易发病。在幼苗子叶中养分快耗尽而新根尚未扎实之前，由于营养供应紧张，造成抗病力减弱，如果此时遇寒流或连续低温阴雨（雪）天气，而苗床保温不好，会突发此病。猝倒病多在幼苗长出 1～2 片真叶前发生，3 片真叶后发病较少。

【防治方法】

①床土消毒。每平方米苗床用 95％噁霉灵原药（绿亨 1 号）1 克，对水成 3000 倍液喷洒苗床。也可按每平方米苗床用 1 克绿亨一号，或 30％地菌光 2 克，或 30％多·福（苗菌敌）可湿性粉剂 4 克，或重茬调理剂 4 克，或 50％拌种双粉剂 7 克，或 35％福·甲（立枯净）可湿性粉剂 2～3 克，或 25％甲霜灵可湿性粉剂 9 克加 70％代森锰锌可湿性粉剂 1 克对细土 15～20 千克，拌匀，播种时下铺上盖，将种子夹在药土中间，防效明显。

② 农业措施。苗床要整平、松细，肥料要充分腐熟，并撒施均匀。苗床内温度应控制在 20～30℃，地温保持在 16℃以上，注意提高地温，降低土壤湿度，防止出现 10℃以下的低温和高湿环境。缺水时可在晴天喷洒，切忌大水漫灌。

③ 药剂防治。及时检查苗床，发现病苗立即拔除，并喷洒 72.2％普力克水剂 400 倍液，或 70％代森锰锌可湿性粉剂 500 倍液，或 3％甲霜·噁霉灵（又名广枯灵）水剂 1000 倍液，或 15％噁霉灵（又名土菌消、土壤散）水剂 700 倍液等药剂，每平方米苗床用配好的药液 2～3 升，每 7～10 天喷 1 次，连续 2～3 次喷药后，可撒干土或草木灰降低苗床土层湿度。苗床病害发生始期，可按每平方米苗床用 4 克敌克松粉剂，加 10 千克细土混匀，撒于床面上。灌根也是防治猝倒病的有效方法，于发病初期用根病必治 1000～1200 倍液灌根，同时用 72.2％普力克 400 倍液喷雾效果很好。也可使用新药猝倒必克灌根，效果很好，但注意不要过量，以免发生药害。

2. 疮痂病

【病原】野油菜黄单胞菌疱病致病受种 *Xanthomo nas cam pestris* pv. *vesicatoria*，属薄壁菌门、黄单胞菌属细菌。

【症状】叶片发病时最初出现许多小型褪绿水渍状圆斑，随病情发展，病斑变为褐色，稍凸起，呈疮痂状。茎部感病出现褐色条斑，逐渐木栓化，有时纵裂。果实染病，表面出现小的圆形斑，稍隆起，有时病斑连片，表面呈木栓化、深褐色、疮痂状。

【发病规律】病原为细菌，主要在种子表面越冬，还可随病残体在田间越冬。病菌由叶片上的气孔侵入，潮湿情况下，病斑上产生的灰白色菌脓借雨水飞溅及昆虫作近距离传播，高温高湿时病害发生严重。露地栽培时多发生于 7～8 月份，尤其在暴风雨过后，容易出现发病高峰。

【防治方法】

① 种子消毒。播种前先把种子在清水中预浸 10～12 小时，再用 1％硫酸铜溶液浸 5 分钟，捞出后播种。也可用 55℃温水浸种 15 分钟，再催芽播种。

② 加强管理。实行 2～3 年轮作；结合深耕，促进病残体腐烂分解，加速病菌死亡；定植以后注意中耕松土，促进根系发育，雨季注意排除田间积水。

③ 药剂防治。此病属于细菌性病害，要喷相应的防治细菌的农药，喷防治真菌和病毒的农药无效。通常应选发病初期和降雨后喷药，常用药剂有 72％农用链霉素可溶性粉剂 4000 倍液，或新植霉素 4000～5000 倍液，或 2％多抗霉素 800 倍液，或 60％DTM 可湿性粉剂 500 倍液，或 14％络氨铜水剂 300 倍液，或 27％铜高尚悬浮剂 600 倍液，或 78％波·锰锌可湿性粉剂 500 倍液，或 60％琥铜·乙铝·锌可湿粉剂 500 倍液，或"401"抗菌剂 500 倍液，重点喷洒病株基部及地表。每 7 天喷 1 次，连喷 3～4 次。

3. 软腐病

【病原】马铃薯软腐病菌 *Erwinia carotovora* subsp. *carotovora*。

【症状】多发生在青果上，最初出现水渍状暗绿色斑点，迅速扩展，病斑变为淡褐色，果肉腐烂、发臭，果实变形，好像在袋子里装满了泥水，俗称"一兜水"。病果多数脱落，少数留在枝上，失水以后仅留下灰白色果皮，挂在植株上。

【发病规律】该病属细菌性病害，露地栽培时发病重。病菌随病残体在土壤中越冬，随雨水、灌溉水在田间传播，成为翌年田间发病的初侵染源。此后病菌通过蛀果害虫继续传播，由果实伤口侵入，导致病害流行。管理粗放、蛀果害虫猖獗的地块发病重。低洼潮湿地块、阴雨连绵天气，均能加重病害。

【防治方法】

① 农业措施。与非茄科及十字花科蔬菜进行 3 年以上轮作；培育壮苗，适时定植，合理密植，进行地膜覆盖；雨季及时排出田间积水；及时摘除病果并携出田外深埋，以减少田间的再侵染源；保护地栽培时要注意通风，降低空气湿度。

② 防治蛀果害虫。棉铃虫、烟青虫等蛀果害虫会在果实上造成伤口，引发病害。可用 2.5％功夫乳油 5000 倍液，或 20％多灭威 2000～2500 倍液，或 4.5％高效氯氰菊酯 3000～3500 倍液，或 20％氰戊菊酯 2000 倍液等药剂喷雾。

③ 药剂防治。雨后或浇水前后及时喷药，用 33.5％喹啉铜悬浮剂水剂 1000 倍液、2％春雷霉素可湿性粉剂 500 倍液或 72％农用硫酸链霉素可溶性粉剂 2000 倍液喷雾。

4. 炭疽病

【病原】胶孢炭疽菌 *Colletotrichum gloeos porioides*。

【症状】叶、果均会受害。发病初期叶片上出现水渍状褪绿斑，渐渐变成圆形病斑，中央灰白色，长有轮纹状黑色小点，边缘褐色。生长后期危害果实，成熟果受害较重，病斑长圆形或不规则形，褐色水渍状，病部凹陷，上面常有不规则形隆起轮纹，密生黑色小点，空气湿度高时，边缘出现浸润圈。环境干燥时，病部组织失水变薄，很容易破裂。茎及果梗受害，病斑褐色凹陷，呈不规则形，表皮易破裂。

【发病规律】病菌在种子及病残体上越冬。翌年借助风雨传播，由植株伤口和表皮直接侵入，借助气流、昆虫和农事操作传播并在田间反复侵染。高温多雨或高温高湿、积水、田间郁闭、长势衰弱、密度过大、氮肥过多以及病毒病发生较重的地块，炭疽病发生也很重。露地栽培时多从 6 月上中旬进入结果期后开始发病。

【防治方法】

① 种子消毒。播种前进行种子消毒，用 55℃温水浸种 10 分钟或用 50℃温水浸种 30 分钟，取出后用清水冲洗，冷却后催芽播种。也可用冷水浸种 10～12 小时后，再用 1％硫酸铜溶液浸种 5 分钟，取出后加上适量消石灰或草木灰拌种，立即播种。或用 50％多菌灵可湿性粉剂 500 倍液浸种 1 小时，以清水冲洗

后，催芽播种。

② 加强管理。定植前深翻土地，多施优质腐熟有机肥，增施磷、钾肥，提高植株抗病能力。避免栽植过密，采用高畦地膜覆盖栽培方式，促进红辣椒根系生长。未盖地膜的，生长前期要多中耕、少浇水，以提高地温，增强植株抗性。夏季高温干旱，适宜傍晚浇水，降低地温。雨季及时排水，防止地面积水。适时采收，发现病果及时摘除。

③ 药剂防治。发病初期摘除病叶、病果，然后喷药，用 20％氟硅唑·咪鲜胺水乳剂 55～70 毫升/亩，或 60％唑醚·代森联水分散粒剂 80～100 克/亩。用二氢吡唑酯＋吡唑醚菌酯或咪鲜胺＋戊唑醇 6 月中旬开始打药，包括地面。

5. 病毒病

红辣椒病毒病是系统侵染病害，在全国各地普遍发生，危害极为严重，轻者减产 20％～30％，严重时损失 50％～60％，是甜（辣）椒栽培中的重要病害。

【病原】有 CMV（黄瓜花叶病毒）、TMV（烟草花叶病毒）、PVY（马铃薯Y病毒）、PVX（马铃薯 X 病毒）、BBWV（蚕豆萎蔫病毒）、TEV（烟草蚀纹病毒）、AMV（苜蓿花叶病毒）、TSWV（番茄斑萎病毒）等。

【症状】病毒病发生后会导致"三落"（落花、落叶、落果），田间症状十分复杂。最常见的有两种类型，其一为斑驳花叶型，所占比例较大，这一类型的植株矮化，叶片呈黄绿相间的斑驳花叶，叶脉上有时有褐色坏死斑点，主茎和枝条上有褐色坏死条斑。植株顶叶小，中、下部叶片易脱落。其二为黄化枯斑型，所占比例较小，植株矮化，叶片褪绿，呈黄绿色、白绿色甚至白化。植株顶叶变小，狭长，中、下部叶片上常生有褐色坏死环状斑（褪绿变黄的组织上由许多褐色坏死小点组成环状斑），有时病斑部开裂，病叶极易脱落。后期腋芽抽生丛簇状细小分枝。

【发病规律】各种病毒具有不同的特性，例如，黄瓜花叶病毒寄生范围很广泛，主要由蚜虫传播，这类病毒可在多年生宿根植物上越冬。春季，带毒宿根植物发芽，蚜虫取食这些植物便可带毒，然后迁飞到红辣椒上取食而引起红辣椒发病。烟草花叶病毒是一种毒力很强的植物病毒，其寄主范围比黄瓜花叶病毒更加广泛，可以在各种植物上越冬，种子也可带毒，在干燥的病组织内可存活 30 年以上。烟草花叶病毒通过汁液接触传染，田间农事操作过程中，人和农具与病、健植株接触传染是引起该病流行的重要因素。带毒卷烟、种子及土壤中带毒寄主的病残体可成为该病的初侵染源。春季以烟草花叶病毒危害为主，夏、秋季以黄瓜花叶病毒危害为主。

红辣椒病毒病的发生与环境条件关系密切，特别是遇高温干旱天气，不仅可促进蚜虫传毒，还会降低红辣椒的抗病能力，黄瓜花叶病毒危害重。田间农事操作粗放，病株、健株混合管理，烟草花叶病毒危害就重。阳光强烈，病毒病发生随之严重。大棚内光照比露地弱，蚜虫少于露地，病毒病较露地发生轻。但中后期撤除棚膜以后，病毒病迅速发展。此外，春季露地红辣椒定植晚，与茄科作物连作，地势低洼及红辣椒缺水、缺肥，植株生长不良时，病害容易流行。

【防治方法】

① 选用抗病品种。羊角形或牛角形品种比灯笼形品种抗病。

② 种子消毒。一般要用10%磷酸三钠溶液浸泡种子20分钟，然后再催芽、播种。

③ 培育无病壮苗。使用营养钵育苗。在两年以上未种过茄果类蔬菜的地块建苗床，用大田净土作苗床土。分苗和定植前，分别喷洒1次0.1%～0.3%硫酸锌溶液，防治病毒病。育苗期间注意防蚜虫。

④ 加强管理。最好与大田作物实行2～3年轮作。深耕深翻，每亩施优质腐熟有机肥5000千克作基肥，还要及时追肥，提高植株抗病能力。采用高畦、双行密植法，覆盖地膜，以促进红辣椒根系发育。未覆盖地膜者，生长前期要多中耕、少浇水，以提高地温，增强植株抗性。夏季高温干旱，傍晚浇水，降低地温。雨季及时排水，防止地面积水，以保护根系。注意防治蚜虫。避免农事操作传毒，在进行整枝、绑蔓、喷花等农事操作时，对病、健株分开操作，避免传毒。

⑤ 药剂防治。发病初期喷洒20%病毒A可湿性粉剂500倍液，或20%病毒克星400倍液，或1.5%植病灵乳剂1000倍液，或抗毒剂1号200～300倍液等药剂。这些药剂对病毒病有缓解和抑制作用，但通常不能根治。

6. 疫病

【病原】辣椒疫霉 *Phytophthora capsici*。

【症状】是红辣椒的一种毁灭性病害，苗期和成株期均可发病。苗期发病，幼苗茎基部呈水渍状暗褐色，而后枯萎死亡。成株发病时，病叶上有淡绿色近圆形斑点，逐渐扩大，使叶片软腐脱落。空气干燥时病斑呈暗褐色，其边缘呈黄绿色。病茎有水渍斑，病斑逐渐扩展成黑褐色条斑，病部易缢缩，植株折倒。病果的果蒂部有水渍状暗绿斑，潮湿时长有白霉，病部呈褐色腐烂，干燥后成为褐色僵果。发病严重时整株枯萎，并以病株为发病中心，向四周蔓延。

【发病规律】病菌随病残体在土壤中及种子上越冬，土壤中的病菌是主要初侵染源，翌年借雨水、灌溉水或农事活动传到茎基部及近地面果实上发病。病部产生孢子囊，经风雨、气流重复侵染。露地红辣椒5月上旬开始发病，6月上旬遇到高温高湿或雨后暴晴天气发病快而重。病菌发育适温28～30℃，适宜空气相对湿度在90%以上。

【防治方法】

① 农业措施。选用抗病品种。进行营养土消毒，或采用无土育苗方式。实行轮作，深耕晒地，清除田间病残体，注重高畦窄垄种植及地膜覆盖栽培等。施足底肥，合理密植，采用高畦或高垄栽培方式，及时排除积水。发现病株后立即

拔除，带到田外深埋。保护地栽培时要注意避免出现高温高湿环境。

② 种子消毒。用55℃温水浸种20分钟，或用种子重量0.3%的58%甲霜灵粉剂拌种后播种。

③ 药剂防治。43%露娜森（氟吡菌酰胺＋肟菌酯）悬浮剂10毫升/亩兑水15千克，或52.5%噁唑菌酮·霜脲氰水分散粒剂32.5～43克/亩喷雾防治。

二、生理病害

1. "三落"现象

【症状】红辣椒落花、落叶、落果。

【发病原因】春季若温度太低，根系停止生长，地上部就会发生三落现象。栽培后期，温度超过35℃，地温超过30℃，高温干旱，授粉受精不良，根系发育不好，也容易落花落果。种植过密，光照不足，营养缺乏，水分过多或过少，或者植株细长茎叶过旺也易引起落花落果。缺乏肥料或者施用未腐熟有机肥造成烧根，根系功能受损伤，养分不足，易发生"三落"。露地栽培，前期没有封垄，强光照射地面，根系吸收功能受阻，夏季多雨，高湿环境引发疫病，也会引发"三落"。

【防治措施】低温季节注意提高地温和气温，栽培后期注意通风降温，气温不要超过32℃。适度浇水，不可过多或过少。合理施肥，施用腐熟有机肥，增施磷钾肥。培育壮苗，协调营养生长和生殖生长。前期注意控水控肥，促进根系生长，后期加强肥水管理，促进果实膨大。积极防治病毒病、炭疽病、叶斑病、茶黄螨、烟青虫等病虫害。

2. 日灼病

【症状】主要发生在果实上，果实被强烈阳光照射后，出现白色圆形或近圆形小斑，经多日阳光晒烤后，果皮变薄，呈白色革质状，日灼斑不断扩大。日灼斑有时破裂，或因腐生病菌感染而长出黑色或粉色霉层，有时软化腐烂。

【发病原因】日灼果是强光直接照射果实所致，故果实日灼斑多发生在朝西南方向的果实上。这是因为在一天中，阳光最强的时间是午后1：00～2：00时，此时太阳正处于偏西南方向。日灼斑的产生是由于被阳光直射的部位表皮细胞温度增高，导致细胞死亡。有时果实日灼斑发生在果实其他部位，这往往是因雨后果实上有水珠，天气突然放晴，日光分外强烈，果实上水珠如同透镜一样，汇聚阳光，导致日灼，这种日灼斑一般较小。

【防治方法】

① 合理密植。栽植密度不能过于稀疏，避免植株生长到高温季节仍不能"封垄"，使果实暴露在强烈的阳光之下。可采取一穴双株方式，使叶片互相遮阳，避免阳光直射果实。

② 间作。可与高棵植物（如玉米）间作，利用玉米给红辣椒遮光。

③ 遮光防雨。保护地红辣椒在高温季节的中午前后或降雨期间盖棚膜遮蔽

阳光和雨水，可减少发病。有条件可进行遮阳网覆盖栽培。

④ 加强肥水管理。施用过磷酸钙作底肥，防止土壤干旱，促进植株枝叶繁茂。

⑤ 防治病虫害。及时防治病毒病、炭疽病、细菌性疮痂病、红蜘蛛等病虫害，防止植株受害而早期落叶，以减少日灼果发生。

3. 脐腐病

【症状】果实顶部（脐部）呈水浸状，病部暗绿色或深灰色，随病情发展很快变为暗褐色，果肉失水，顶部凹陷，一般不腐烂，空气潮湿时病果常被某些真菌所腐生。

【病因】有两种观点，最普遍的观点认为是缺钙。沙性土壤供钙不足；可溶性盐浓度高根系吸钙受阻；氮肥、钾肥过多根系吸钙受阻。另一观点是高温干旱导致供水不足，辣椒根系吸水受阻，叶片蒸腾量大，果实中原有水分被叶片夺走，导致果实大量失水，果肉坏死。

【发生规律】通常由于果实形成前缺钙而造成。当土壤水分过湿或过干，氮素过高，或种植期间损伤根部均可造成脐腐病的发生。一般土壤钙含量在0.2%以下时，也易发生脐腐病。

【防治方法】

① 科学施肥。如果土壤出现酸化现象，应该施用一定量的石灰，避免一次性大量施用铵态氮化肥和钾肥。

② 均衡供水。土壤湿度不能剧烈变化。

③ 叶面补钙。结果期每7天喷施1次0.1%～0.3%的硝酸钙水溶液。

三、虫害

1. 蚜虫

【学名】辣椒田蚜虫以棉蚜为主，棉蚜（*Aphis gossypii* Glover）属同翅目蚜科，北方发生普遍。

【为害特点】喜在叶面上刺吸植物汁液，造成叶片卷缩变形，植株生长不良，影响生长，并因大量排泄蜜露、蜕皮而污染叶面。

【发生规律】辽河流域每年发生10～20代。北方棉区以卵在植株近地面根茎凹陷处、叶柄基部和叶片上越冬。6月下旬遇上干旱年份为害期延长。

【防治方法】辣椒收获后及时处理残叶，清除田间、地边杂草。发生期及时用药：5%吡虫啉乳油，10～20克/亩；70%啶虫脒水分散粒剂2.0～2.5克/亩；10%氯氟氰菊酯悬浮剂6～8毫升/亩喷雾防治。视虫情间隔7天再喷一次。

2. 棉铃虫

【学名】*Helicoverpa armigera*，属鳞翅目夜蛾科钻蛀性害虫。

【为害特点】以幼虫蛀食蕾、花、果为主，也为害嫩茎、叶和芽。花蕾受害时，苞叶张开，变成黄绿色，2～3天后脱落。幼果常被吃空或引起腐烂而脱落，成果虽然只被蛀食部分果肉，但因蛀孔在蒂部，便于雨水、病菌流入引起腐烂，所以，果实大量被蛀会导致果实腐烂脱落，造成减产。

【形态特征】成虫体长14～18毫米，翅展30～38毫米，灰褐色。老熟幼虫体长30～42毫米，体色变化很大，由淡绿至淡红至红褐乃至黑紫色。

【发生规律】全国各地均有发生。内蒙古、新疆一年发生3代，长江以北4代，华南和长江以南5～6代，云南7代。以蛹在土壤中越冬。5月中旬开始羽化，5月下旬为羽化盛期。第一代卵最早在5月中旬出现，多产于茄科蔬菜、豌豆等作物上，5月下旬为产卵盛期。5月下旬至6月下旬为第一代幼虫为害期，6月下旬至7月上旬为第一代成虫盛发期，7月份为第二代幼虫为害期，8月上中旬为第二代成虫盛发期。8月上旬至9月上旬为第三代幼虫为害期，部分第三代幼虫老熟后化蛹，于8月下旬至9月上旬羽化，产第四代卵，所孵幼虫于10月上中旬老熟，全部入土化蛹越冬。

【防治方法】

① 农业防治。冬前翻耕土地，浇水淹地，减少越冬虫源。根据虫情测报，在棉铃虫产卵盛期，结合整枝，摘除虫卵烧毁。

② 生物防治。成虫产卵高峰后3～4天，喷洒Bt乳剂、HD-1苏云金杆菌或核型多角体病毒，使幼虫感病而死亡，连续喷2次，防效最佳。

③ 物理防治。用黑光灯、杨柳枝诱杀成虫。

④ 药剂防治。坐果后，当百株卵量达20～30粒时即应开始用药，如百株幼虫超过5头，应继续用药。一般在红辣椒果实开始膨大时用药，每周1次，连续防治3～4次。可用2%甲维盐乳油10～20毫升/亩，或5%氯氰菊酯乳油60～120毫升/亩，或2.5%氯氟氰菊酯微乳剂40～60克/亩喷雾防治。

3. 红蜘蛛

【形态、习性及为害】红蜘蛛成虫虫体很小，体色多为红色或锈红色。幼虫更小，近圆形，色泽透明，取食后体色变暗绿。幼虫蜕皮后为若虫，体椭圆形。红蜘蛛一年发生15～20代，在干旱、高温年份容易大发生，一般在25℃以上才发生。

通常是从植株中部开始为害。红蜘蛛的幼虫、若虫、成虫均群集在叶背面吸取汁液，然后逐渐向上扩展。受害叶先形成白色小斑点，后褪变为黄白色，严重时变锈褐色，造成叶片脱落和植株枯死。果实受害则果皮变粗，并形成针孔状褐色斑点，影响果实品质。

【防治方法】

① 及时清除田间杂草，减少虫源。

② 可选用20%好年冬乳油1000倍液、72%克螨特乳油1000倍液、20%螨克乳油1000倍液、5%卡死克乳油1000倍液、1.8%害极灭乳油3500倍液或来扫利2500倍液等进行防治，交替使用，每隔7～10天喷1次，连用2～3次。

第七章
大豆绿色生产高效栽培

第一节　概述

一、大豆在国民经济中的地位

大豆是一种高营养作物，它的营养价值和热能是其他作物不可比拟的。其种子中大约含有 40% 的蛋白质、20% 的脂肪和 30% 的碳水化合物，并含有多种矿物质和维生素。大豆不但蛋白质含量高，而且氨基酸组成的比例比较理想，属于平衡性蛋白质，与动物蛋白的营养价值很近似，食用后容易被人体吸收。此外，大豆因含有丰富的钙、磷、铁等矿物质盐，对人体骨骼形成及代谢具有重要作用。大豆除维生素 C 含量较少外，其他维生素含量丰富，由于淀粉含量较少，因此对糖尿病人是很好的食物。大豆含油多，是我国北方主要食用油之一，由于其富含不饱和脂肪酸，可以降低人的血清胆固醇，因此可以代替肉类，制成多种人工合成蛋白，这对于降低胆固醇、防止因血管硬化引起的心脏病、高血压等均有良好的作用。

大豆的茎秆、荚皮是良好的粗饲料。其茎秆中含有 3.4% 的蛋白质和 1.5% 的脂肪，作为饲料其营养价值不仅高于禾本科牧草，而且高于豆科苜蓿。豆饼中含有 40% 以上的蛋白质，营养丰富，是畜禽的主要精饲料。

大豆是重要的工业原料和出口物质。大豆可以做油漆、印刷油墨、甘油、塑料、脂肪酸及卵磷脂以及作为医药工业用的原料。在食品工业中大豆可以做代乳粉、豆粉、人造黄油等上百种食物。我国大豆特别是东北大豆在国际市场上享有很高的声誉，品质极佳，畅销三十多个国家。

大豆在轮作制中占有重要地位，是培养地力的重要作物，大豆根瘤可固氮，据试验测算每亩大豆可固氮 3～3.5 千克，相当于 15～17.5 千克的硫铵。另外，根瘤菌还向土壤中分泌各种有机酸，将土壤中不可给态养分溶解为可给态养分，供作物吸收。豆饼又是优质的有机肥，果、瓜、花都可用饼肥提高品质。大豆残根落叶遗留在土壤中，将一部分氮素返回土壤，对培肥地力具有重要意义。

综上所述，可见栽培大豆在国民经济建设中占有重要地位。

二、生产概况

大豆原产于我国，在我国已有五千多年的栽培历史，这是有古文字记载和出土的碳化大豆所证实的。至今我国各地仍分布有广泛的野生大豆，也说明了这一点。世界各国栽培大豆历史较短，大约是 18 世纪末才从我国传出，但是近年来，美国、巴西发展较快，总产位居世界第一、二位，我国居第三位。因此如何发挥我国的优势，充分利用现有野生资源，不断提高大豆产量和改进大豆品质，生产优质品种，占领国际市场，开展创汇农业，这具有重要的现实意义。

辽宁省大豆的种植也很悠久，是我国大豆主要产区之一。1949 年全省培植753 万亩，亩产只有 56 千克，1955～1960 年期间大豆生产恢复很快，全省栽培面积达到了一千万亩左右，每亩产量在 70～90 千克。以后面积有所减少，单产基本稳定在这一水平，到 1984 年全省亩产最高，达到了 114 千克。现在全省栽培面积约 600 万亩左右，亩产水平虽然不高，但全省各地都出现了很多亩产 250千克以上的高产典型，说明大豆栽培在当地具有很大的发展前景。

第二节　生物学特性

一、生长发育

大豆从出苗到成熟所经历的天数称为生育期。东北春大豆可划分为 5 类：极早熟类型（125 天以内），早熟类型（126～135 天），中熟类型（136～145 天），晚熟类型（146～155 天），极晚熟类型（156 天以上）。掌握大豆生育期，可以根据各地无霜期的长短而种植不同类型的大豆品种，以充分利用自然资源。

在大豆整个生育期内，根据大豆的生长中心与营养分配规律，可以把大豆一生分为 3 个生育阶段：自出苗到开花之前是以营养生长为主的阶段；自开花到终花是营养生长和生殖生长并进阶段；自终花后期到成熟为生殖生长阶段。此外，根据器官出现和生育特点不同，可划分为出苗期、分枝期、开花期、结荚期、鼓粒期和成熟期。下面分别介绍大豆各生育时期的形态特征及其与环境条件的关系。

1. 种子萌发与出苗

（1）种子的形状与构造　种子形状可分为圆形、卵圆形、长卵圆形、扇卵圆形等。栽培大豆多为圆形或卵圆形。种子大小以百粒重表示。栽培大豆一般百粒重14～20克，野生大豆种子百粒重只有2克左右，栽培大豆大粒品种百粒重可达40克。种子颜色分为黄、青、褐、黑及双色等5种，以黄色的经济价值较高。

大豆种子是由受精的胚珠发育而成，无胚乳。种子由种皮、子叶、胚三部分组成，种子最外部为种皮，从种子外部可见有脐、珠孔、胚根透视处（将发育为幼茎）。脐是珠柄的残迹，合点在脐的下部，为珠柄维管束与种脉连处的残迹，脐上部的小孔叫珠孔，种子发芽时幼根从此处首先伸出，所以又叫做发芽孔。珠孔的上端有一个明显的幼茎透视痕迹，种皮内有两片肥大的子叶，约占种子全部重量的90%左右，子叶富含蛋白质和油分，是幼苗生长初期养分的主要来源。胚是由胚芽（两枚很小的单叶）、胚轴、胚根组成（如图7-1所示）。

（2）种子萌发与出苗　大豆播种后，在适宜的外界环境条件下，贮藏在子叶中的营养物质在酶的作用下开始分解，由复杂的不可给态物质转化为可给态物质，供种子萌发出苗使用。首先胚根从珠孔伸出，当胚根长到与种子等长时，称为发芽，胚根继续生长向下形成幼根。接着胚轴伸长，种皮脱落，子叶随着胚轴伸长露出地面，当子叶展开时称为出苗，一般品种从播种到出苗需5天左右。当全田有50%子叶展开时为出苗期，子叶出土后，由黄变绿，开始光合作用。

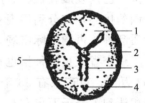

图7-1　大豆种子的形态构造
1—胚根透视处；2—珠孔；
3—脐；4—合点；5—种皮

（3）种子萌发、出苗与环境条件的关系

① 水分　大豆种子因为含蛋白质多，亲水性强，所以吸收水分多。种子萌动时需要吸收相当于种子风干重量120%～140%的水分，种粒越大，吸水越多。种子萌发时对土壤的适宜水分要求是田间最大持水量的50%～60%。由于大豆种子相对禾本科作物种子来说吸水量较大，因此在春天干旱地区应选用小粒种子为宜，而在雨量充沛地区可选用大粒种子。

② 温度　温度是影响酶活性和呼吸作用的重要因素，温度过低，酶活性弱，发芽缓慢，发芽率低，发芽势弱，且种子易霉烂；而温度过高，蛋白质会产生变性，酶失去活性，使发芽活动停止。适宜的发芽温度是20℃左右。

③ 氧气　充足的氧气可提高种子呼吸强度，促进种子内部养分转化。当播种过深或灌水过多、镇压过紧使土壤板结时，种子所需氧气不足，会影响发芽甚至使之在土壤中腐烂，所以播种时必须是土壤疏松，覆土深浅适宜。

2. 幼苗生长

从出苗到分枝出现称为幼苗期。一般品种需25～30天。大豆出苗后，幼茎继续伸长，过 5 天左右，一对真叶（也称对生单叶）展开，再过 10 天左右，第一片三出复叶展开。这时大豆已有三个节，即地表的子叶节、单叶节和第一复叶节，有两个节间，第一节间的长短很重要，植株过密时，第一节间往往过长，茎细、苗弱，发育不良，为防止幼苗徒长，应及早间苗。第一片三出复叶展开时一般株高可达 6～10 厘米，已经能够进行独立的光合作用，根瘤开始形成，根系下扎迅速，对水分和养分有进一步的要求。此后，复叶陆续出现，腋芽同时分化。主茎下部节位的芽多为枝芽，条件合适即形成分枝。中上部腋芽一般都是花芽，长成花簇。

幼苗期大豆根系较地上部分生长迅速，二者比例为 3：1。当幼苗有 4～5 片复叶时，株高仅 12 厘米左右，而根系长达 40 厘米左右，可达到最大长度的1/2。由此可见幼苗期的营养中心在于扎根，子叶中的营养以及吸收制造的营养主要供给地下部分根系的生长，此时虽然根瘤已经形成，但还不能进行有效的固氮作用，根系吸收能力也有限，因此，大豆长到第三、第四节时容易出现营养缺乏，应供应适量的养分和水分，同时从温、光等方面入手，加强田间管理，促进生长正常、发育良好。培育壮苗的形态特点是，根系发达，茎秆粗壮，节间短，叶片肥厚，叶色深绿，生长敦实稳健，这也为以后的增花保荚打下了良好基础。

3. 根、茎、叶的生长

（1）根　大豆由主根、侧根、根毛构成直根系。主侧根上结有根瘤。初生根由胚根发育而成，自珠孔伸出来的胚根，在适宜的土壤环境条件下不断产生新细胞，向下和向四周伸长，向下可达 1 米左右，向四周可达 40～50 厘米，主根在10 厘米以内较粗壮，向下渐细，最后几乎与侧根很难分辨。根的分布数量以80％集中在 5～20 厘米土层内、10％分布在 20～30 厘米土层内，但随耕作层的加深，根系分布也有向深层扩展的趋势。

根瘤分布在主根和侧根上，在土层 20 厘米以内的根结瘤较多。根丛生、单生，呈球状，坚硬，色鲜润，微带淡红色。大豆幼苗期时，由于根在生长过程中不断向土壤分泌一些物质，在特定条件下刺激根瘤菌的繁殖。随即根瘤菌也分泌出一些有机酸刺激根毛，使其卷曲，同时侵入根毛，形成感染线，根瘤菌通过感染线侵入内皮层细胞，然后大量分泌有机物质促进内皮层细胞强烈分裂形成分生组织，分生组织向外突出膨大，根上出现根瘤。由于根瘤菌在根内的大量繁殖而形成类菌体，类菌体具有固氮酶，可产生固氮作用。

大豆植株与根瘤之间是共生关系。大豆光合作用产物向下输送给根瘤，主要是输送糖类；而根瘤供给寄主氨基酸。根瘤菌固氮主要是空气中的游离态氮。根瘤的固氮能力因品种、菌种及环境条件差别很大，有的研究表明，根瘤菌所固定的氮可供给大豆一生中需氮量的1/2～3/4，这说明共生固氮是大豆的重要氮源，但还不能满足大豆的生长需要。

大豆根瘤固氮规律为,幼苗第一片复叶展出,即可形成根瘤,但要在两周后才能固氮。植株生长早期固氮较少,自开花期迅速增长,开花至青粒时固氮最多,约占总固氮量的80%,接近成熟时固氮能力又下降。

大豆根瘤菌是好气性细菌,要求土壤通气良好。根瘤菌需要土壤湿润,干旱时根瘤形成少,固氮力也弱。根瘤菌活动最适宜的温度为25℃左右,低温下根瘤菌不活动,高温时容易死亡。适宜的土壤pH值为6.5~7.5。在生育前期促进营养体的发育,钼是固氮酶的组成成分,生产上施用磷肥和微量元素钼肥能促进根瘤菌生长。氮肥可以抑制根瘤菌的活动。光照强度对大豆的结瘤和固氮有直接影响,光合产物是根瘤生活的能源,光照强度不足的情况下,会使固氮作用减弱。

(2)茎 栽培大豆有明显的主茎,茎秆比较粗硬、坚韧。一般株高50~100厘米,有节12~20个。主茎上有分枝,一般二级分枝比较少见。幼茎颜色分紫色和绿色两种,由幼茎色泽可判别花色,紫茎开紫花,绿茎开白花,可作为鉴别品种特征和苗期除杂的主要标志。茎、叶、荚上都生有茸毛,但也有无茸毛的品种。

由于茎的长短、粗细和生长习性不同,植株可分为3种类型:第一种类型为蔓生型,其特点是茎细弱,主茎不发达,植株高大,节间长,分枝多,半立或匍匐地面,野生大豆或半野生大豆属于这种类型。第二种类型为半直立型,主茎较粗,但上部细弱有缠绕倾向,在土地瘠薄、干旱情况下,直立不倒,但在肥水充足、高温多湿的情况下,往往缠绕性增强甚至倒伏。东北地区一些无限结荚习性的品种多属这种类型,例如辽宁的铁丰20号。第三种类型为直立型,植株矮,主茎较粗壮,节数少,节间较短,直立不倒。这一类多属于有限结荚习性的品种,例如辽宁的铁丰18号和铁丰8号、开育8号等。

大豆植株株形受自然环境条件影响很大。例如,当降雨过多、栽植较密或氮肥过多时,直立或半直立类型常常出现半直立或蔓生性状。又如高纬度地区半直立、蔓生品种引种到低纬度地区,由于提早成熟,常表现为直立或半直立性状。反之,将低纬度地区的直立或半直立品种引种到高纬度地区,则由于延迟成熟而呈半直立或蔓生的倾向。

(3)叶 大豆叶片有子叶、单叶、复叶之分。子叶最先出土,叶片肥大,子叶大小与种粒大小有关,种粒大子叶也大,种粒小子叶也小。子叶出土后经阳光照射变绿,便开始光合作用。幼苗初期的养料主要靠子叶供给,当子叶内养料全部消耗后才枯黄脱落。因此幼苗期子叶生长健壮,是保苗和促大豆壮苗的重要一环。子叶长出3天后产生一对对生单叶,再过2天即可出现第一片三出复叶。以后陆续长出互生复叶。复叶由托叶、叶柄和叶片组成。托叶一对,小而狭,位于叶柄和茎相连处两侧,有保护腋芽的作用。叶柄连着叶片和茎,是水分和养分的通道,它支持叶片承受阳光。叶片的形状、大小因品种而异。叶形分为椭圆形、卵圆形、披针形和心脏形等。圆形叶片容易截获光线,一般抗旱性较弱,丰产性较高，适于在肥水充足的地区栽培，但也容易造成冠层封顶、株间郁闭。披针形叶片透光性较好，比较抗旱，但丰产性较低，适于栽培在较干旱的地区。现在有些品种，下部为圆形叶，到上部为披针形叶，这样冠层开放，有利于充分利用阳光，是丰产的株形。

4. 大豆的分枝和花芽分化

第一分枝形成至第一朵花出现称为分枝期。这个时期由于同时伴随着花芽分化，所以又称为花芽分化期。

（1）分枝 大豆的每个叶腋内，都有两个潜伏芽，一为分枝芽，一为花芽。但是究竟是分化为分枝还是为花簇，与品种和栽培条件有关，在环境条件不良或高度密植时茎基部枝芽呈潜伏态，基部分枝少，结荚部位提高；稀植时分枝多，结荚部位也低。一般只有基部几个节上长出 3～5 个分枝，中部节上形成花芽。大豆的分枝能力是一种适应性。生产上分枝强的品种在缺苗处可以调节空间以充分利用光能。但主茎发达的条件下，采取合理密植产量高。

分枝期植株开始旺盛生长，进入营养生长与生殖生长并进时期，但仍以营养生长为主，一方面花芽迅速分化，地下部分根系继续下扎，植株积累养分为下阶段生长准备物质。这个时期所需养分、水分较多，因此应供应充足的养分和水分，使主茎、根系发育健壮，同时又能促进花芽分化。如果养分供应不足，首先影响分枝，常常造成不能分枝或无效分枝。这个时期根瘤固氮能力增强，应注意施用磷、钾肥以供植株生长。

（2）花芽分化 由于分枝期也称花芽分化期，可知分枝和花芽分化是同时进行的。因不同品种花芽分化早晚不同，有的品种第一片复叶展开后就有花芽分化，有的品种要有几片复叶展开才有花芽分化。一般来说无限结荚习性品种分化较早，有限结荚习性品种分化较晚。花芽分化全过程一般要 25 天左右。

花芽分化过程简述如下：先分化花萼，此时植株外部形态特征为第二片复叶展开；再分化花瓣，形成旗瓣、翼瓣、龙骨瓣，此时植株已展开第三片复叶；接着分化雄蕊，植株第四片复叶展开；然后雌蕊分化，紧接着分化胚珠、花药、柱头，这时花药、花丝明显区分，雄蕊为九个一体，一个单独离生，子房一室内有 1～4 个胚珠。植株此时已有 5～6 片复叶展开。

影响花芽分化的环境条件：首先要有足够的营养物质。主要是碳水化合物，这是花芽分化的必要条件。此外，钼、铜、锰等元素也促进花芽分化的形成。其次是光照条件。大豆是典型的短日照作物，虽然不同品种类型对日照长度反应不同，但都需要特定的日照时数，在花萼分化以前，光照阶段就已完成。第三是温度。大豆是喜温作物，要求有较高的温度，花芽才能分化。昼夜平均温度为 20℃左右，且温差不大较为合适。第四是水分。水分适量，以田间最大持水量的 50%～60%为宜。

5. 开花

（1）花序 大豆花序为总状花序，一个花序上的花朵通常是簇生的。

（2）花的构造 每朵花由苞片、花萼、花冠、雄蕊和雌蕊组成。苞片两个，很小，成管形。苞片上生有茸毛，有保护花芽的作用。花萼在苞片上部，由5片萼片组成，绿色有茸毛，下部合成管状，上部开裂。花冠似蝴蝶，称为蝶形花，位于花萼内部，由5个花瓣组成。5个花瓣上面最大的一枚叫旗瓣，在花没开放时旗瓣包围其余4个花瓣，旗瓣两侧有两个形状和大小相同的翼瓣，最下面的两瓣基部相连、弯曲，是龙骨瓣。大豆的雄蕊属于二体雄蕊，为豆科作物所特有的类型。雄蕊共10枚，其中9个雄蕊花丝连在一起，呈管状，另外1个离生，花药着生在花丝的顶端。雌蕊一枚，位于花的中央，如图7-2所示。

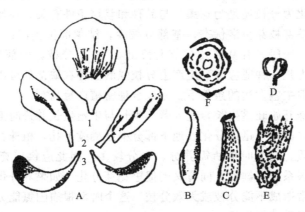

图 7-2 大豆花的构造

A—花冠：1—旗瓣，2—翼瓣，3—龙骨瓣；B—雌蕊；C—二体雄蕊；D—花药；

E—花萼；F—大豆花式图

（3）开花 大豆属于自花授粉作物，花朵开放前就已完成授粉，天然杂交率不到1%。开花次序为：花芽分化→花瓣出现→花萼裂开→雄蕊伸长。开花时，旗瓣、翼瓣、龙骨瓣开放，可见到雄蕊。大豆多在上午开花，下午较少。每朵花开放时间0.5～4小时。最适开花温度为20～26℃，相对湿度为80%左右。连续降雨，延迟开花时间，使花粉黏在一起，降低花粉活力，影响受精。大豆的花小，无香味。全田开花株数达50%时为开花期。

6. 结荚

大豆荚是由胚珠受精后子房发育而成，形状呈直形和微弯形。每荚粒数有一定稳定性，一般栽培品种含2～3粒种子。荚呈黄、褐、黑等色，荚上有茸毛呈灰色或棕色，茸毛有长短、多少，是区别不同品种的特征。

大豆授粉后，子房膨大形成小荚，当荚长1厘米时，称为结荚。田间有50%植株已结荚，称为结荚期。豆荚生长时先长长度，再长宽，然后是长厚。

成熟的豆荚中常有发育不良的子粒，或只有一个小薄片，通称为粃。发生原因为，受精后的合子未能得到足够的养分。粃粒形成有以下规律：基部分枝上的粃粒少，上部分枝粃粒多；先开花结荚的粃粒少，后开花结荚的粃粒多；同一分枝上，基部豆荚秕粒少，顶部秕粒多；同一荚内，先豆（荚顶端的豆）由于先受精，养分供应先于中豆、基豆，因此先豆较饱满，而基豆常秕。

根据开花次序、开花时间、花荚分布、着生状态等特征特性，大豆的结荚习性分为无限结荚习性、有限结荚习性、亚有限结荚习性三种类型，如图 7-3 所示。

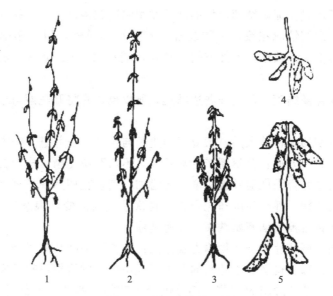

图 7-3 大豆的结荚习性

1—无限结荚习性；2—亚有限结荚习性；3—有限结荚习性；4—腋生花序；5—顶生总状花序

无限结荚习性：大豆茎尖削，始花期早，开花期长。主茎中、下部的腋芽首先分化开花，然后向上依次陆续分化开花。始花后，茎继续伸长，叶继续产生。如环境条件适宜，茎生长很高，节间长，易倒伏，株形松散，花梗短，结荚分散，每株荚数以中、下部较多，每节着生 2～5 个荚，向上渐少，主茎和分枝顶端只有 1～2 个小荚。这种类型的大豆，营养生长和生殖生长并进时间较长，二者之间对光合产物的竞争也较激烈。

有限结荚习性：茎秆不那么尖削。始花期较晚，开花期较短。当主茎生长高度接近成株高度前不久，才在茎的中上部开始开花，然后向上、向下逐节开花，花期集中。当主茎顶端出现一个大花簇后（称总状花序），茎的生长终结。大豆植株较矮，茎粗壮，节间短，株形紧凑，花梗长，不易倒伏。豆荚多集中在主茎节上。由于茎的生长停止，顶端花簇能得到较多的营养物质，因而生长发育良好。这种类型的大豆，营养生长和生殖生长并进的时间较短，二者对光合产物竞争不那么明显。

亚有限结荚习性：这种类型的大豆介于无限结荚习性和有限结荚习性之间而偏于无限结荚习性。植株高大，主茎较发达，分枝性较差，开花次序由下而上，主茎结荚较多。

　　了解大豆结荚习性在生产上具有重要指导意义。有限结荚习性的品种耐湿耐肥，在雨水充沛、土壤肥沃地区栽培不易徒长和倒伏，但在气候干旱和土壤瘠薄地区栽培，往往发育不良，产量不高。无限结荚习性的品种耐旱、耐瘠薄，适宜在干旱和水肥条件较差的地区栽培，如在土壤肥沃和雨水充足的情况下，往往徒长倒伏，降低产量。无限结荚习性的品种在肥水适宜条件下，稀植栽培，个体得到充分发育，顶端结成花簇，可能表现出有限结荚习性，但在多雨、高温、肥足、密度大的情况下栽培，上部节间延长，顶端长出1～2个荚，表现出无限结荚习性。

　　由于开花伴随结荚，即边开花边结荚，所以也常常将开花期与结荚期合并起来讨论。

　　开花结荚期的生育特点是：大豆营养生长与生殖生长并进，一方面植株旺盛的营养生长，另一方面花芽不断产生与长大，不断开花受精形成荚粒。在这个时期，呼吸作用、光合强度随叶面积增大而增加，到盛花期达到最高峰，而后逐渐下降。到结荚盛期，呼吸强度和光合作用再次达到新高峰，根系活动达到高峰，营养生长速度到结荚后期开始减缓，并逐渐停止。

　　大豆花期各层叶片光合产物输送规律是：植株下部叶片的光合产物绝大部分留在本叶中，一部分输送到本叶腋的花中，很小部分供给根系和根瘤。中部叶片光合产物较多供给叶腋间的花蕾，部分供给下部的一些花。上部叶片的光合产物除供给该叶腋花外，大量供给生长点。如果将生长点除去，该叶的光合产物就部分地供给该叶腋的花，绝大部分养分留在该叶片中，作为后期结荚积累养料。因此无限结荚习性的品种，在盛花期打尖，能减少花荚脱落，是增产的一项措施。

　　大豆结荚期光合产物的输送有"局部定向供应"的特点，不同部位叶片的光合产物，首先集中分配给本叶腋的豆荚内，先满足本节上豆荚的需要，在养分剩余或本叶腋内豆荚脱落情况下光合产物才向其他豆荚转移。上部叶片光合产物合成及向本节内荚转移占优势，因而花荚很少脱落。而中、下部叶片互相遮阴，光照不足，光合产物合成及运输受到很大影响，叶片较早枯黄脱落。因此采用合理密植，等距点播，对减少黄落叶、增花保荚、提高产量有重要作用。

　　这个时期的环境条件，首先要有充足的光照条件。充足的光照，加速有机物质的运输与积累。如阴雨连绵，株间郁闭，通风透光不良，湿度过大，对开花结荚都不利，易造成落花落荚。其次是养分供应要充足。这个时期无论是氮还是其他微量元素，积累速度都达到最高峰，因而要供应充足。第三是需大量水分。所需水分占全生育期的一半左右。但阴雨连绵不利于开花保荚，最适宜是雨后即晴。雨水太大和干旱都不利于保花保荚。第四是温度。正常适宜温度为22～25℃。

7. 鼓粒成熟

（1）鼓粒 大豆从开花到结荚、鼓粒没有明显界限。当豆粒达到最大体积与重量时为鼓粒期。这时营养生长逐渐停止，生殖生长居首位。无论是光合产物还是矿质养分都从植株各部位向豆荚和子粒转移，转移也有"定向供应"的特点。

（2）成熟 大豆鼓粒以后，植株逐渐衰老，根系死亡，叶片变黄脱落，种子脱水干燥，由绿变黄、变硬，呈现出该品种所特有的子粒大小和颜色，并与荚皮脱离，摇动时植株有微响，即为成熟期。这个时期外界环境条件，温度以 22℃左右、土壤水分以田间最大持水量的 60%～70%为宜。

蛋白质、脂肪形成和积累规律：大豆子粒油分与蛋白质含量之和为 60%左右，而这两种物质在形成过程中呈负相关。油分和蛋白质都是由光合产物——糖转化而来，凡条件有利于蛋白质形成，子粒中蛋白质含量即增加，相反，环境有利于油分形成，则油分含量增加。

大豆含油量高低与不同生态性状及其地理分布区域有密切关系，大粒、圆粒的黄豆含油量高于小粒、长粒的黑豆或其他颜色的大豆。一般来说，进化程度高的类型含油量高，接近野生类型的品种含油量低。影响大豆含油量的因素很多，其中以品种作用最大，因而选育含油量高的品种种植，是提高含油量较有效的办法。此外，据研究表明，土壤水分适中，气候凉爽，阳光充足，气温在 21～23℃的自然条件下，对油分形成有利，但蛋白质较低。反之，土壤干旱，高温多湿，对蛋白质合成有利，但油分含量低。因此，以人工定向选择，可选出高油量或高蛋白质含量的大豆品种。

生产上提早播种，开花后供给充足的水分，施氮肥的同时配合施用磷、钾及其他微肥，既可增加大豆产量，又可提高子粒含油量。

二、大豆产量

1. 大豆产量的形成

大豆产量可分为生物学产量和经济产量。生物学产量即大豆植株在单位面积上形成的干物质重量，是形成经济产量的基础。通常，生物学产量高时，则经济产量也高。经济产量是指子粒产量。生物学产量转化为经济产量的能力叫经济系数（也就是指子粒产量占生物学产量的百分率），用百分率表示。可以用如下关系表示大豆的生物学产量和经济产量：

经济产量＝生物学产量×经济系数

要想获得较高的生物学产量，适当增大叶面积和延长光合时间，是行之有效的措施。下面分别讨论其中各项因素在形成产量中的作用。

（1）叶面积——叶面积指数 适当地增大叶面积指数是现阶段提高大豆产量的主要途径之一。叶面积指数大小与品种的叶形、株形、生育期、种植密度、土壤肥力、栽培措施等有密切关系。叶面积指数表示群体叶面积的大小。几乎所有的增产措施都是通过叶面积指数的变化反映出来。大量的试验表明，最适宜的叶面积指数变化动态的规律是：苗期 0.2～0.3，分枝期 1.1～1.5，开花末期至结荚初期 5.5～6.0，鼓粒期 3.0～3.4。总的来看，大豆始花期的叶面积应稳健扩展，在结荚期达到高峰，鼓粒期叶面积回降缓慢，适当延长叶的功能期，以积累更多的干物质。沈阳农学院的一项研究结果表明（1982 年），商产 225 千克大豆的群体叶面积系数，大于 4 的天数要在 40 天左右较为合适。

（2）光合势　光合势是光合面积与光合时间的乘积，以"平方米·日"表示。光合面积——叶面积指数上面已经介绍，这里再说明一下光合时间。一般来说，生育期长的品种，在条件许可范围内，产量也高。由光合势的定义可以看出，光合时间越长，干物质积累得越多，生物产量就越高。生产上为了达到较大的光合势，除了合理促控叶面积指数外，也可选用生育期长的品种，以延长光合时间。

（3）生物产量　大豆是 C_3 作物，所形成的生物产量较低。要想获得较高的子粒产量，首先必须想办法提高生物产量，同时注意光合产物向子粒转移。

（4）经济系数　经济系数实际上是指光合产物的有效利用率或转移率。大豆的经济系数在作物中是较低的，通常经济系数在 20% 左右。有些试验报道以"粒茎比"代表经济系数，没有将落叶部分计算在干物质产量之内，因而数值偏高。提高经济系数的措施实际就是提高光合产物的转移率。生产上常采用选用适期早熟高产的优良品种，防止大豆的植株生长过盛而引起倒伏，合理施肥灌水、防止落花落荚、减少秕粒、提高百粒重等办法都能收到较好的效果。

2. 大豆产量构成因子

大豆子粒产量是由每亩株数、每株荚数、每荚粒数、粒重的乘积构成，即：

$$亩产量 = 亩株数 \times 每株荚数 \times 每荚粒数 \times 粒重$$

以上四个构成因素中任何一个发生变化都会引起产量的增减。理想的是四个因素同时增长，但在同一品种中，集荚多、粒多、粒重于一体，同时又要密植，是很困难的。生产上实际解决问题的办法是如何促进上述四个因素互相协调发展，这就要通过农业措施解决复杂问题。每亩株数在一定肥力和栽培条件下变化不大，每株荚数变化较大，每荚粒数和粒重变化不大。生产上根据不同的栽培条件确定影响产量的主要因素，抓住主要矛盾，确定主攻方向，协调各产量构成因素的关系，以获得较高产量。就每亩荚数而言，要获得 200～250 千克产量，应不少于 70 万～80 万。这个数值应该保持稳定。

三、落花落荚及防治措施

1. 造成落花落荚的原因

大豆的落花落荚很普遍，一般花荚脱落率在 40%～70%。而脱落比例大致是：花占 5%，幼荚占 40%，花蕾占 10%。花荚脱落的原因很复杂，但主要是由于光、水、养分等供给不足或分配不当，引起植株内部生理失调。

（1）通风透光不良 植株过密，使植株间光照不足，造成落花落荚。密度过大或栽培技术不良，容易引起徒长，过早封垄，枝叶荫蔽，湿度大，光照强度降低，植株下部光照条件恶化，致使叶片叶绿素含量减少，花荚得不到营养，造成脱落。

（2）水分供应不合理 土壤水分不足或雨水过多也是造成落花落荚的重要原因。干旱年份，土壤水分得不到充分供应，植株造成凋萎，吸收养分能力相应降低，而造成花荚脱落。如果阴湿多雨，土壤水分过多，不但减少日照时数，而且引起地温下降，相对湿度增加，植株易徒长，光合作用减弱，影响有机物的合成和运输，造成花荚脱落。

（3）养分供应不足或失调 大豆开花结荚时期是需要养分最多的时期，如果此期养分供应不足或失调，都会造成花荚大量脱落。

（4）机械损伤、病虫为害与自然灾害的影响 由于田间管理不当，叶脱落，碰掉花荚，造成人为损伤。病虫为害直接造成花荚脱落，也有的破坏植株，影响叶的光合作用，降低光合强度，减少养分积累和运输造成花荚脱落。大风大雨袭击等不良气候条件也可引起花荚脱落。

2. 防止花荚脱落的措施

采取综合的农业措施，减少花荚脱落，一是要注意培肥地力，增施底肥，巧施追肥，使大豆植株有足够的营养，长势健壮；二是采取合理密植，合理的种植形式，使群体得到良好的发展，既有利于通风，又有利于透光，使植株上下叶片都能处在积极的光合作用之中；三是注意耕作保墒，及时铲蹚，合理灌水；四是及时防治大豆病虫害，保护叶片功能不被病虫害破坏。

四、需肥、需水规律

1. 需肥规律

大豆是需要矿质营养数量多、种类全的作物，需要最多的是氮、磷、钾。据研究，每生成相同数量的子实产量，大豆需氮量是玉米的 2.8 倍、磷 2 倍、钾1.9 倍。大豆需钼肥多，是其他作物的 100 倍，其次是钙、镁、硫等，只需少量的氯、铁、锰、锌、铜、钴等。由此可见，要获得大豆的高产，必须相应地提高土壤肥力和增加施肥量。应该指出，不论需要多少，所有这些元素在大豆产量形成中都是不可缺少的。由于微量元素在土壤中一般可以得到满足，常被人们忽视，如果长期不注意补充，会对产量产生影响。国外有试验报道，每亩获得268.8 千克的子粒产量，需要制造 597.6 千克干物质，吸收 23.9 千克氮、2.25千克磷、8.2 千克钾及多种其他微量元素。

（1）氮 氮素是合成蛋白质的主要元素。研究大豆吸收氮的规律有特殊的意义。大豆的氮素营养有两个来源，一是来自土壤和肥料中的氮，另一是来自根瘤固氮，两者相互制约，又相互联系。施用氮肥过多过早，都会妨碍根瘤的形成，降低固氮效率。但如果土壤中氮含量过低，大豆幼苗生长不良，植株不能为根瘤供应足够的碳水化合物，则根瘤发育不良，也影响共生固氮作用。

大豆一生迫切需要氮素营养有两个关键时期，一是在幼苗期，即当种子内含氮物耗尽后，而根瘤尚未开始固氮之前，植株可能出现短时间的"氮素饥饿期。"施用氮素 1～1.5 千克作种肥，可促进幼苗生长，对形成根瘤有利。另一个是在开花末期，大豆需氮量达到最高峰。同时大豆体内的氮化物大量流向种子，由于叶内氮化物减少而严重削弱叶的功能，也使根瘤菌缺少足够的碳水化合物供应，固氮作用减弱。因此在这之前追施氮肥也是一项有效的增产措施。试验表明，在缺氮土壤上早期施氮和开花期追氮都有明显的增产效果，但在肥沃的土壤上却没有上述情况明显。

(2) 磷   磷也是构成蛋白质和油的主要成分。磷的生理功能是传递能量，大豆体内有机物的合成及运转磷都有参加，所以大豆一生中吸收磷比较均衡。磷在植物体内是可以移动和再利用的，只要前期吸收了足够的磷，后期也不致影响产量。由于土壤中有效磷含量较低，因此生产上施用后效果明显。磷肥施用后可明显增加根瘤固氮能力，因而施用磷肥有"以磷增氮"的作用。

(3) 钾   主要是调节植物生理机能。它可以增强原生质的水化程度，与碳水化合物的合成运转以及脂肪和蛋白质代谢有关。钾在前期和氮配合，可使茎粗壮，防止倒伏。通常土壤中不缺钾，有机肥中钾含量也较丰富。但土壤中含钾（K_2O）低于 5 毫克时（每百克土壤）施钾肥效果显著。

(4) 钙   是组成细胞壁的成分。它还可调节土壤中的 pH 值（高产的土壤以 pH 值为 6.5 合适），使之适于根瘤菌活动。

(5) 钼   是大豆生育所必需的元素。其在豆科作物体内的含量比其他作物含量多 10 倍。钼多集中于根瘤内，其次是种子。钼参与根瘤固氮作用，能促进根瘤发育，增强固氮能力，加速对氮、磷的吸收。生产上施用钼酸铵一般都能获得增产效果。钼可拌种作种肥或喷肥用。

其他微量元素应根据具体情况决定是否施用。

2. 需水规律

大豆是需水较多的作物。水分往往是大豆生产的重要限制因子，每株大豆一生需水 16～30 千克，生产 1 千克大豆子粒耗水量 2 吨左右。大豆一生需水基本是：发芽时，要求水分充足，如果土壤墒情不好，种子不能膨胀发芽；幼苗期比较耐旱，水分少些可促其深扎根；从始花至盛花期，植株生长最快，需水量渐增，既要求土壤湿润，又不能雨水太多。干旱时营养体生长受阻，雨水多时容易造成徒长，蕾花脱落；从结荚到鼓粒期间，要求土壤水分充足，以保证子粒发育，水不足容易造成落荚；成熟时期，要求水分稍少。

大豆能忍受短时期干旱，这与它的开花期较长有一定关系，它的抗旱能力比玉米强，但不如高粱和谷子。大豆不同生育阶段的需水情况见表 7-1。

表 7-1　大豆不同生育阶段需水情况

全生育期总需水量 /(立方米/亩)	生育阶段	阶段需水量占总耗水 量的百分比/%	适宜土壤水分占土壤最大保 水率的百分比/%	湿润层深度/厘米
130～400	播种—分枝	9	60～65	30
	分枝—开花	7	60～70	40
	开花—结荚	35	75～80	50
	结荚—鼓豆	32	60～65	60
	鼓豆—成熟	17	60～65	70

第三节　栽培技术

一、种植制度

1. 合理轮作

进行合理的轮作倒茬，不仅可以减少病虫和杂草为害，提高大豆产量，而且能调节土壤水分、培肥地力，为整个轮作周期各作物均衡增产创造条件。

大豆最忌重茬和迎茬，也不宜种在其他豆科作物之后，农民早就有："油见油，三年愁"的说法。重茬或迎茬种植，大豆生长缓慢，植株矮小，叶色黄绿，易感染病虫害，荚少粒小，显著减产。重茬一般减产 20%～30%，有的甚至更多，迎茬减产 5%左右。土壤肥力高时减产幅度小，肥力低时减产幅度大。大豆重茬和迎茬减产的原因是：

（1）促使病虫害蔓延　重茬或迎茬使一些病虫害逐年加重。如大豆孢囊线虫病、大豆食心虫、根潜蝇等。这些病虫害的寄主范围较窄，只要与禾谷类作物轮作都能显著减轻危害。

（2）营养过分消耗　大豆重茬使土壤中的磷、钾过分消耗，造成土壤中营养成分比例失调，影响大豆正常生长发育，降低经济效益。

（3）根系分泌物毒害　大豆根系分泌有机物质，对大豆根系自身生长发育有毒害作用，可造成大豆根系发育不良，根量降低，根瘤减少，固氮力下降，植株生长受到抑制而减产。

（4）草荒严重　各种作物都有不同的杂草伴生。与大豆伴生的主要有苍耳、菟丝子、龙葵等。由于重茬和迎茬而使这些恶性杂草加速蔓延。

因此大豆生产上要避免重茬和迎茬，最好实行与其他作物 3 年以上的轮作制。一般说来，凡有机耕、机翻基础的禾谷类作物都是大豆良好的前茬。大豆非常适合于和多种作物轮作。豆在轮作中被称为"肥茬、红茬和软茬"，豆茬之后，种植其他多种作物都可高产（只要不种其他豆科作物）。这是由于大豆可将所固定氮素的 30％左右遗留在土壤里。此外大豆的残根落叶遗留在土壤里较多，也增加了土中的养分和有机质，培肥了地力，提高了后作产量。因此在轮作制中，大豆占有特殊重要地位。

东北地区春作大豆主要的轮作形式有以下几种：

3 年轮作制有大豆—玉米（高粱）—谷子、大豆—小麦—玉米、大豆—高粱—玉米、大豆—小麦—小麦。

4 年轮作制有大豆—高粱—玉米—谷子、大豆—谷子—玉米—小麦。

2. 几种主要的种植形式

（1）清种　只有清种，才能彻底解放大豆生产力，获得高产优质，增加经济收益。大豆是典型的 C_3 作物，生产力低，只有清种才能充分发挥个体生产潜力，获得理想的产量。清种还便于合理轮作倒茬田间管理和机械化作业。因此大豆主产区必须实行清种，目前辽宁省清种面积逐渐扩大，高产地块都实行了清种。清种是提高大豆产量的关键性措施之一。

（2）大豆玉米间作　东北地区以前主要采取这种种植形式。这种种植形式对提高土地粮食混合单产有明显效果，但是大豆减产严重，品质下降。大豆与玉米间作时，大豆行数越少，减产越严重。有试验表明，大豆为两行的比清种大豆减产 30％～40％，大豆为四行的减产 20％～30％，六行的减产 10％～20％。大豆减产的主要原因是：大豆属于喜光作物，在玉米脚下长期处于光照不足、蔽荫状态，生产力受到很大影响，因此而减产。并且不但产量下降，品质也有所下降，病粒可增加 6～9 倍，虫口粒也有所增加。如果增加大豆行数，则玉米增产效果又逐渐消失。辽宁省有些地区仍采取这种形式，但并不提倡，如果确实要采取这种形式，应注意从以下几方面改进：一是确定适宜的间作行比，常采用 6：6 种植，可以适当减轻玉米对大豆的遮阴。二是选用合适的品种。玉米采用矮秆的中、早熟品种，大豆也采用中、早熟品种，要求抗倒伏、植株矮、分枝多的品种类型，这样的大豆在间作时不易贪青、徒长和倒伏，能按时成熟。三是注意轮作倒茬，尽量避免大豆重迎茬。

（3）大豆、小麦套种　这是东北地区实行多年的一种形式。事实证明，在春小麦行间套种早熟大豆，可获得满意的收成。这种套种使原来清种任何一种作物未被利用的自然资源获得充分利用，从而显著提高了土地产量。

栽培技术要点：首先要注意两种作物的品种搭配。一般要选用早熟、矮秆、不易倒伏的优良品种，尽可能缩短两种作物的共生期，尽量减少生育时期的互相影响，减少共生期两种作物之间的矛盾。其次是加强大豆的田间管理，收麦时应注意防止损伤豆苗，麦收后深松除茬，大豆要抓紧铲蹚两次，防止草荒，这种套种要求农田生态条件较高，特别是肥水要有保证，如果土地肥力差很难高产时，尽量不用这种模式栽培。

（4）豆、麦、米间（套）作　豆、麦、米间（套）作是一种丰收的间作种植形式，适于在春小麦主产区采用。其特点是用早种早收的春小麦，把大豆与玉米隔开。麦收后，大豆和玉米都单独生长，互不影响，能有效地克服大豆、玉米间作时造成大豆减产。采用这种形式应注意以下几点：一是确定合适的间作比例，以6：6：6为宜。二是原则上大豆、玉米不接触在一起，中间用春小麦隔开，田间布置顺序为豆、麦、米、麦的方式，春小麦面积50％，大豆、玉米各占25％。三是选用合适的品种，玉米和春小麦尽量选用矮秆、早熟、耐肥和不倒伏的品种，尽量加大播种密度。大豆选用植株高大而又抗倒的品种，采用正常的种植密度，以充分利用后期的自然资源。四是选用抗病品种，加强植保工作，因为在一块地上近距离轮作，仍有病虫害加重的风险。

二、整地施肥

1. 深耕细整地

合理深耕，细致整地，能熟化土壤、蓄水保墒，改善土壤环境条件，提高地力，消灭杂草，减轻病虫危害，为作物创造良好的耕作层，是大豆苗全苗壮的基础，是增产的基本措施。

实践证明，改浅耕为深耕，使耕层深度从10～13厘米到20～22厘米，破除了原有的底层，改善了土壤环境条件，促进了大豆根系发育和根瘤菌分布，有利于大豆生育，一般可增产15％～20％，如果配合增施底肥，增产效果尤为显著。

大豆耕地深度一般应达到16～20厘米，20厘米以上更好。深耕时还必须结合细致整地，重视保持土壤水分，以利播种出全苗。

春播大豆的主要产区，秋季封冻早，春季播种前干旱少雨，因此，前作收获后应及早进行深耕，争取在封冻前耕翻完毕。来不及秋耕的土地，一般在化冻前达到耕翻深度时开始春季耕翻，但耕后必须立即耙碎、耢平，镇压保墒。

在冬春雨雪少、风大地区，为防止水分蒸发，秋耕后要随即耙地，耙碎土块，使土层细碎，以利保墒。春天化冻后，一般采取顶凌耙压、顶浆打垄、及时镇压等措施，做到地面平整疏松，保持湿润，以利播种夺全苗。

连年频繁耕翻土地，机车多次进地作业，加重了对土壤结构的破坏，造成土壤板结，风蚀严重，肥力下降，从而使作物产量降低。同时机耕费用高，增加成本。有试验证明，连年机耕翻地反而不如隔一年或两年轮番产量高。例如在春小麦—玉米—大豆3年轮作制基础上，玉米不翻地，把玉米茬除净，在原垄上即可播种大豆，可提高大豆产量。也有的采取耙茬深松整地办法，或中耕时深松，在原茬不耕翻的地上耙茬平播大豆。耙茬整地要在早春顶凌耙茬，才能将玉米、高粱的残茬耙碎碾平。等地全部化冻后，根茬已不能耙碎，就不能采用上述这种整地办法。上述这两种措施都是为了克服频繁翻地的副作用而采取的措施。

2. 科学施肥

大豆是需肥较多的作物，但有其自身的需肥特点。常年培养地力，可以显著地提高大豆产量，但是当年施肥必须合理，施肥量要恰当，肥料比例合适，施得及时，才能收到最大的经济效益，这就是科学施肥。根据大豆的需肥规律，为满足大豆生育对养分的需要，必须做到以下施肥原则：基肥为主，种肥为辅，看苗追肥。

（1）基肥 基肥施用量应占施肥总量的 2/3。增施农家肥作基肥，并实行深层施肥是保证大豆高产稳产的重要条件。农家肥属于完全肥料，含有较多的有机质，肥劲稳、肥效长，能在较长时期内持续供给大豆各种养分，以猪、马粪腐熟最好。施用量因粪的质量、土壤肥力和前作具体情况而定，质量高的，亩施2500 千克合适。根据辽宁省 200 千克以上高产地块的调查分析可知，亩施优质农肥都在 3000 千克以上。质量差的多施，前作肥足少施，肥少多施；土壤肥力高的少施，肥力低的多施。

施肥方法因播种方法的不同而异。春大豆耕翻平播的，翻前撒施，翻入土壤下层，以利深层施肥。秋起垄和顶浆打垄播种的，都是在打垄同时将基肥施入垄内。

（2）种肥 与大豆播种的同时施用，种肥可用优质腐熟的农家肥，但通常多以化肥作种肥，最好是以优质农家肥混入速效氮、磷为宜。在基肥不足或未施基肥时，施用种肥作为一种辅助办法，效果非常明显，是一项经济有效的措施。大豆幼根开始发育就从土壤中吸收养分，满足大豆幼苗期对养分的需要，是大豆壮苗的基础。

作大豆的种肥以磷酸二铵为最好，其含氮 18%、含磷 46%，比例正好符合大豆苗期对养分的需要，使用量不宜太多，5 千克左右即可。施用方法最好是边开沟（或穴播）、边施入，施入后即播种。

（3）追肥 追肥的原则是依据苗情、地力和施肥基础而定。

① 苗期追肥 大豆出苗后，当第一片复叶展开时，由于种子内贮藏的养分基本耗尽，根瘤菌尚无固氮能力，根系发育弱，土壤缺乏速效养分，使大豆处于"饥饿"状态，影响培育壮苗。在一些瘠薄地块，未施基肥和种肥情况下，幼苗生长不壮，叶色淡绿，应该及时追施适量的氮、磷肥，以促进幼苗生长，这对于促进分枝形成和花芽分化、增加根瘤固氮力均有作用。追施数量应根据土壤肥力、苗情而定。每亩用尿素 2.5~5 千克，过磷酸钙 7.5~15 千克。在施足基肥和种肥情况下，可以不追或少追肥。

② 初花期追肥 可以降低落花落荚，延长叶片寿命，增加粒重。此期追肥可增产 5%~20%。肥力较差的地块，效果明显，肥力较好的地块效果较差。在基肥或种肥已施用的地块，每亩追施尿素 5 千克，或硫铵 10 千克，可显著提高产量。一般此次追肥都结合中耕进行，即中耕时将肥料施于距大豆株旁 3~5 厘米处，然后培土，将肥料盖严，以免流失。在基肥特别充足，又有种肥，植株生长特别健壮时也可不追，以防植株徒长和倒伏。

③ 结荚鼓粒期追肥 进行根外追肥，也称叶面喷肥。此时大豆根系吸收能力降低，叶面喷肥可显著提高肥效。特别是喷施磷肥有增进种子品质、提高含油量、促早熟等作用。喷施方法为：亩用 2%~3% 的过磷酸钙溶液 30~75 千克喷洒植株上。也可用 5%~10% 的氮、磷、钾混合液根外喷用。也可在磷肥溶液中

加进 10～13 克钼酸铵，搅拌均匀即可使用。钼肥也可单独喷施，一般每 50 千克水加 20～25 克钼酸铵，制成溶液，每亩喷施 25～30 千克。叶面喷肥时最好在早上有露水时喷洒，能提高喷肥效果。也可与防治病虫害的喷药作业相结合进行，以降低成本。但喷肥时应注意肥料浓度不宜过大，以免烧伤叶片，造成不必要的损失。

三、播种

全苗是大豆丰产的基础，缺苗是造成大豆减产的重要因素。实现全苗在不增加人力、物力情况下就可获得高产。影响大豆全苗的因素有大豆本身种子质量、土壤状况、整地质量、播种期、播种质量、施肥方法等。因此播种工作是全苗的基础。播种工作的中心要求是在整好地、选好种的基础上，适时早播，保证播种质量，要做到土壤水分适宜、上下均匀、覆土深浅一致。

1. 播前准备

（1）选择合适的品种　因地制宜地选用优良品种，是高产的基础。首先要根据当地无霜期长短来选择与生育期相适应的品种。选用既能充分利用当地生育季节，又能在正常年份充分成熟，在低温年份和早霜年份一般也能成熟的良种。二是根据土壤肥力及地势特点选用品种。如平原肥地选用耐肥力强、秆强不倒，属于有限结荚习性的品种以获高产。在瘠薄坡地选用生育繁茂、耐瘠薄、无限结荚习性的品种。三是根据雨水条件选用品种。如雨少干旱，应选用分枝多、植株繁茂、中小粒、无限结荚习性的品种。在雨水充沛地区，选用主茎发达、秆强不倒、中大粒、有限结荚习性的品种。四是根据栽培方式及耕作制度选用不同品种。如与玉米间作，应选耐阴性强、秆强不倒、根系发达、节间短、结荚密、较高产的品种。和小麦间作，选用植株高大、繁茂、分枝多的品种。与小麦套种应选用早熟、后期鼓粒快的品种。机械化栽培应选用便于机械化管理和机械收割的品种，用植株高大、不倒、分枝少、株形收敛、底荚高、不裂荚、不碎皮的品种。

（2）精选种子　播前精选种子，将碎粒、秕粒、病粒、霉粒、褐斑粒及杂豆清除，以提高种子发芽率和纯洁度。选出粒大而整齐的种子，以保证出苗质量。精选种子常用人工手选，也可用粒选机选种。

（3）种子处理

① 根瘤菌接种　未栽培过大豆的地块首次播种大豆时，应进行根瘤菌接种，能促进大豆形成更多更有效的根瘤以提高根瘤固氮力。接种方法较简单，可将根瘤菌剂倒入种子重量 1%～2% 的清水中，充分搅拌后，将菌液均匀喷洒在种子上，充分搅拌种子，待阴干后即可播种。要注意的是经根瘤菌接种的种子不能再用药剂拌种，以免对根瘤产生毒害作用。

② 药剂拌种　用 10% 福·克，每 100 毫升拌大豆种 10 千克，堆闷 1 小时，防治苗期害虫。

③ 钼酸铵拌种　每亩用钼酸铵 10 克，先加少量温水，使之溶解后，再加种子

重量 1.5%～2% 的水，制成钼酸铵溶液，均匀喷洒在种子上，边喷边搅拌，阴干后即可播种。钼酸铵拌种不要用铁器，不要在阳光下进行晾种，以免降低肥效。用钼酸铵拌种的如还需要用药剂处理种子，应该待其阴干后再拌药，以防止发生药害。

④ 防治苗期害虫　除处理种子外，也可在播种时用药。每亩用 3% 呋喃丹颗粒剂 2.2～4.4 千克均匀施在播种沟内，然后下种覆土，可防治大豆蚜、潜秆蝇、大豆孢囊线虫等。

2. 播种期

春作大豆区，决定大豆播种期的主要因素是温度，当然也要考虑到水分和品种类型。通常土壤 5 厘米深处温度稳定通过 8℃ 即为适宜播种期。这时辽宁大部分地区大约是在 4 月 20 日至 5 月 5 日期间。播种过早由于土壤温度不能满足种子发芽出苗的要求，种子长期处在湿土层内，容易霉烂；而播种期太晚，出苗虽然快，但苗不健壮，还可能出现贪青晚熟，而且种子含油量降低，因此生产上要求抢墒播种，又不能太早，即所谓的适期早播，可一次播种保全苗。

就品种和水分来说，早熟品种可以适当晚播，中、晚熟品种应适当早播。旱年早播，涝年晚播。

3. 播种量

播种量要根据计划的密度要求、发芽率、种粒大小、种子清洁率、播种方法而定。一般来说密植、大粒，播量要大；发芽率低、种子清洁率差的要多播，点播少于穴播，穴播又少于条播。适宜的播种量用如下方法计算：

$$每亩播种量(以千克计) = \frac{亩株数 \times 百粒重(克)}{种子用价 \times 100 \times 1000 \times (1 - 田间损失率)}$$

$$种子用价(\%) = 净度(\%) \times 发芽率(\%)$$

田间损失率：包括不出苗种子百分率和田间作业伤苗率，一般按 20% 算。

中粒种子一般每亩 3～4 千克，大粒种子一般每亩 4～5 千克。

4. 播种方法

播种的方法很多，但都应该根据当地自然条件和使用的农机具而定。无论采用什么播种方法，最终都应做到出苗整齐、种子分布均匀、省工高产。以下介绍几种常用的播种方法。

(1) 平播　在深翻细整地或耙茬细整地基础上，于平整的土地上开沟播种，结合中耕管理再培土起垄。这种方法优点是：便于保持土壤水分，在干旱地区尤为适用，种子直接播在湿土中，播深一致，种子分布均匀，出苗整齐，效率高，可缩短播期，便于大面积机播，也便于选用各种行距的播种机，便于调节行宽，达到合理密植。

(2) 垄上播种　春天或秋天起垄，在垄上进行条播、穴播或点播。由于播前已形成垄台，因而有利于提高地温。采用该播种方式，大豆幼苗生长快，根系发育壮，中期生长稳健，通风透光良好，适于在土壤肥力和早春墒情好的地块应用。

（3）等距点播（或等距穴播）　对种子要求严格，种子要经过粒选，一粒一苗，既适合机播，也适合手工播种，既可平播也可垄上播种。它的优点是定粒下种，每穴两粒即可，节省种子，每百亩地可节省 100～150 千克；做到了精量播种，下种均匀，定株种植；并且植株分布合理，出苗整齐，减少间苗用工，苗与苗之间互不影响，因此，苗全、苗匀、苗壮；便于除草和进行农事操作，可充分发挥个体生长发育的有利条件。因此，该播种方式深受广大农民欢迎，辽宁省目前高产地块大多采用这种方法。等距点插既可用播种机，也可以用人工手播。

（4）机械播种　用畜力牵引播种机或用机械牵引播种机进行播种。一般采用平播方法进行，也有起垄后在垄上播种的，条播、点播都有。采用该播种方式作业进度快，可缩短播期，达到大面积适期播种。目前辽宁省用的播种机有小型单体播种机，还有 702 播种机等，均可使用。

5. 播深

播种深度对出苗有很大影响。播种深度因种粒大小、土壤墒情、土壤质地而定，种粒小、土壤墒情差、土壤质地松，应该深播些；相反种粒大、墒情好、土壤质地板结的情况下，应该浅播些，一般深 4～5 厘米，播后应根据土壤墒情及时镇压，使种子与土壤毛细管水分密接，利于种子吸收水分，促进快速出苗。大豆是双子叶植物，出苗较难，播后如遇雨或土壤过湿，不应立即镇压，避免形成硬结而阻碍大豆出苗。

四、合理密植

合理密植的重要意义就是通过调节群体结构以充分利用地力和光能，达到高产。合理密植应注意遵循以下原则：

（1）根据品种决定　当采用植株高大、生长繁茂、分枝性强的品种时（例如铁丰 18 号、24 号等），应适当稀植。采用植株矮小、分枝少、株形紧凑、主茎结荚率高的品种应当密植，晚熟品种一般具有株高、分枝多、生长繁茂的特点，要稀植；早熟品种适当密植。

（2）根据土壤肥力决定　土壤肥力高时，由于大豆个体能得到充分发育，植株繁茂，应稀植；土壤肥力低时，由于单株生产力较低，应该注意发挥群体增产潜力，适当密植，即"肥地宜稀、薄地宜密"的原则。

（3）根据栽培制度决定　与玉米等高秆作物间作时，光照条件差，植株生长细弱、节间长、易倒伏，因此应稀植。大豆与小麦间作，密度应比清种时加大。早播的品种应稀植，晚播的品种应密些。机械化作业的，应密些，以减少分枝，提高荚位，便于机械作业。

（4）根据地势、气候条件决定　地势高，气温低，植株生长矮小，应密植；水分充足或有灌溉条件的应该稀植一些；干旱地区应密植些。

五、田间管理及收获

加强田间管理是获得大豆高产的保证。我国农业一直就有"三分种、七分管、十分收成才保险"的说法，这说明田间管理的重要性。大豆田间管理的主要任务是：疏松土壤，消灭杂草，间苗培土，追肥灌水，消灭病虫害，合理促控等。因此大豆田间管理工作必须结合各生育时期，根据生长特点采取综合农艺措施，促进大豆生长发育，夺取高产。

1. 出苗前管理

春播大豆播种后，地温较低，又常常干旱，种子萌发出苗缓慢，而杂草种子萌发又先于大豆，因此，采取各种措施，松土保墒，提高地温，促进大豆快出苗，早消灭杂草，是这一阶段的主要任务。

（1）蹚一犁　锄地前用机械先蹚一次，达到先发制草的目的。采用该方法有提高地温、松土保墒、防风等作用，可促进大豆深扎根，有利于壮苗。一般在小苗刚拱土时，子叶尚未展开之前操作。

（2）耙草　即所谓的耙萌生，在大豆出苗之前，用钉齿耙地，耙深以不超过3厘米为宜，耙得太深易伤豆苗。采用该方法有利于杀除杂草，提高地温，松土保墒。

（3）蒙头土　这也是一种先发制草的措施。因为耙草用钉齿耙，容易伤苗，所以常采用蒙头土的办法。这种方法是利用大豆"子叶顶瓣，不怕土盖"的特性，在大豆刚拱出地面时，使用各种农机具或大犁进行中耕，将蹚起的暄土盖在垄上，把豆苗和杂草一起埋在土中，覆土深度2厘米。由于豆粒大，贮藏养分多，过两天又可拱出地面，而杂草幼苗已靠光合作用维持生活，被土盖后由于阳光照不到，很快死去。这种办法不但能消灭杂草，在干旱时又有减少水分蒸发、防旱保墒的作用。但是操作时必须注意以下几点：一是抓住最佳时期，一定在子叶刚拱出土的3天内完成，当第一片真叶展开时则不可再蹚；二是严格控制盖土厚度，不可过厚，以免豆苗过分消耗养分；三是过于湿润和黏重的土壤不宜采用这种方法，以免土垄夹住豆苗造成缺苗。

（4）化学除草　这是一项省工高效的措施，目前应用的除草剂很多，这里只简要介绍以下几种。

① 稳杀得　防除禾本科杂草，例如旱稗、狗尾草、马唐等。在杂草2～5叶期（此时大豆约为2～4叶期）进行叶面喷雾。每亩用50～100毫升35%的乳油加水30千克喷雾，雨后用药效果更好。土壤处理，杂草根部也能吸收，但是用药量要大。

② 除草醚　防治1年生单子叶、双子叶杂草。播后出苗前每亩用25%可湿性粉剂0.4～0.6千克对水30千克于土表喷雾。选择气温较高的晴天使用药效显著。

③ 杂草焚　可防除多种阔叶杂草，如苍耳、龙葵、苋、藜、鸭跖草、马齿苋等。在杂草 2~4 叶期（大豆 3 片复叶前）每亩用 21.4% 的水剂 100~130 毫升喷雾。也可与氯乐灵、拉索等混合使用。

④ 氯乐灵　可防除禾本科杂草。每亩用 48% 乳油 80~100 毫升对水 25~100 千克在播种前喷施，喷后立即混土，混土深 5~7 厘米，施药后 5~7 天播种。

⑤ 拉索　可防治禾本科杂草。每亩用 48% 乳油 300~400 毫升对水 30~40 千克，均匀地喷洒在土表面，在播种后喷施。

⑥ 五氯酚钠　可防治大豆菟丝子。将 1 千克药剂与 40~50 倍细土拌匀，堆后盖土闷 10 小时，均匀撒在田间。许多除草剂可以防治菟丝子，其中地乐胺防治效果最好，使用国产 48% 的乳剂 150~200 倍稀释液，于始花期喷洒，防效可达 80% 以上。大豆始花期后抗药能力增强，此时菟丝子种子大多已经萌发，容易发现，可只喷洒病株，喷药后 3~5 天菟丝子变褐色，枯死脱落。另外每亩用 48% 拉索乳油 200 毫升，对水 30 千克，在大豆出苗、菟丝子缠绕初期均匀喷雾。每亩用 86% 乙草胺乳油 100~170 毫升对水 50 千克均匀喷雾于土壤也有较好的防除效果。

各种除草剂在使用时还应详细阅读说明书，注意使用范围、注意事项，以免发生药害或降低药效。

2. 幼苗和分枝期管理

苗期壮苗长相应该是：地上部分幼茎粗，节间长度适中，叶片较小而厚，叶色浓绿，地下部分根系发达，侧根多。分枝期壮苗长相是：根系发达，根瘤多，茎秆粗壮，节间短，分枝多，叶片厚而浓绿，群体生长整齐一致，叶面积系数为 1 左右。通过综合农业措施达到苗全、匀、齐、壮，促进花芽分化是田间管理的中心任务。因此应做到及时间苗、中耕除草，看苗追肥灌水，及时防治病虫害，培育壮苗，使苗迅速生长，促进花芽分化，保证群体整齐一致。

（1）间苗　"间苗早一寸，顶上一茬粪"，间苗宜早不宜迟，及早间苗、定苗，减少养分、水分不必要的消耗。一般在两片对生单叶展平时进行间苗，在第一片复叶展平时定苗。在保苗较难的地块可适当晚些。间苗时除掉病苗、弱苗、小苗、杂苗。

（2）中耕　消灭杂草，疏松土壤，提高地温，调节水分，促进养分迅速分解，供大豆吸收利用，加强根系生理活动，保证生长健壮。主要采取的管理措施有：

① 铲地　一般用人工铲进行。主要目的是疏松土壤，消灭杂草，提高地温，调节土壤水分，促苗健壮生长。

② 蹚地　用机械牵引机具进行。结合铲地后蹚一次。

铲蹚次数一般应做到三铲三蹚，第一次在间苗后进行，浅铲浅蹚，少培土，蹚成"张口垄"有利防旱，提高地温；第二次是当苗高 10 厘米左右（即不晚于分枝期）时进行，要深铲，铲净杂草，培土不宜过多，蹚成"四方头垄"以接纳雨水；第三次在封垄前（即不晚于初花期）结束，铲地见草下锄，蹚地深蹚多培土，但不应超过第一复叶节，成"碰头垄"以利防旱抗涝。

（3）看苗追肥灌水　如果基肥、种肥充足可以不追，如果不足可追一定数量的氮肥。苗期正是"氮饥饿"时期，追肥对于壮苗有重要作用。在追氮的同时也可配合追施一定数量的磷肥。

苗期由于根系生长迅速，比较耐旱，"蹲苗"又有利于后期生长发育，不遇严重干旱，可以不灌水。但分枝期如果土壤水分不足，进行合理灌水，则有显著增产作用。

（4）防治病虫害　幼苗分枝期常有各种病虫为害，要及时防治。除播前用药剂处理种子及土壤外，如仍有地下害虫发生，每亩可用甲胺磷 50% 乳油 1000～2000 倍液喷雾，对防治蒙古灰象甲、地老虎、蝼蛄、蛴螬等有显著作用。这种农药属于剧毒农药，使用时要注意安全，还要注意防火，不能与酸碱农药和肥料混用，以免降低药效。

3. 开花结荚期管理

这个时期大豆的营养生长与生殖生长的矛盾、个体生长与群体生长的矛盾、外界条件与大豆生育要求的矛盾都是比较突出的，协调各种矛盾、达到增花保荚的目的是这一时期田间管理的主要任务。田间管理应采取"促、控"结合的措施，根据大豆生育的要求进行看苗追肥，适时灌水、摘心、打叶，防治各种病虫害，施用各种调节剂，以协调各种矛盾，既要增花保荚，又要控制徒长、倒伏和提前衰老。

（1）除大草　虽然已经过三次铲蹚和化学除草，但可能仍有些残存的草长大，与大豆争光、争水、争肥。在大豆结荚前期，草籽尚未成熟之前必须及时除掉，这样既能减轻对后作的草害，又有利于大豆生长发育。

（2）花期追肥　这一时期由于大豆需要大量养分，单靠原来的土壤肥力和已经施用的基肥和种肥，已不能满足大豆的要求。在初花期追一次肥对增花保荚、提高产量有明显效果，特别是在薄地上增产更显著。追施数量及种类如前述。追肥可以结合中耕进行，即中耕前把肥料施于大豆株旁 3～5 厘米处然后培土，以防止肥料流失失效。

开花末期已开始鼓粒，这时由于根吸收能力开始减弱，可以实行叶面喷肥，办法如前述。

（3）合理灌水　大豆此期需水量最大，所谓"旱谷涝豆"，涝豆即主要表现在这一时期。如果水分不足，应及时灌水，灌水量和次数依干旱情况而定。灌水不要等到即将旱死才灌，应及时灌，效果才明显。辽宁一般不发生涝灾，但如果雨水太大，也应注意排涝。

（4）摘心　无限结荚习性的品种，在肥水充足的条件下，极易徒长引起倒伏，如果不采取控制，对产量影响很大。摘心就是控制其营养生长，促进营养再分配，集中供给花荚，有利于增花保荚，控制徒长，防止倒伏，提早成熟。有试验表明，在盛花期摘心，可增产7％～20％，生产上在盛花期或开花末期之前摘去大豆主茎顶端2厘米左右的生长点即可。有限结荚习性的品种或较瘠薄土地上的大豆一般不用此法。

（5）防治虫害

① 防治大豆食心虫　田间熏蒸诱杀成虫，8月10～15日左右，每亩用80％敌敌畏乳油100克左右制成毒杀棒（玉米轴80个，高粱秫秸瓢也可），放在大豆田里即可。也可用赤眼蜂进行生物防治。

② 防治蚜虫　用50％来福灵乳油每亩10～20毫升兑水于8月中旬喷雾，既可防治蚜虫，又可兼治食心虫。防治蚜虫还可用50％辛硫磷乳油1500～2000倍液，或50％抗蚜威可湿性粉剂10000倍液喷雾，每亩用量50～75千克。

③ 防治红蜘蛛　用20％螨克乳油1000～2000倍液喷雾。喷药时期为每片大豆叶上2～3头时进行。

4. 鼓粒成熟期管理

鼓粒期植株营养生长已停止，正在进行旺盛的生殖生长，植株体内物质大量向子粒转移，子粒逐渐膨大，是积累干物质最多的时期。成熟期时生殖生长也已停止，需要充足的光照和干燥环境，以利于种子脱水，提早成熟。因此促进养分向子粒转移，促子粒饱满，增粒重，促成熟是田间管理的中心任务。

鼓粒期如遇旱可灌水，但灌水量应注意不要太大，以免影响早熟。继续清除田间大草。有条件时可使用各种生长调节剂，对增加粒重、促早熟有较大作用。

5. 收获

茎秆变褐，叶及叶柄大部分脱落，用手摇动植株，种子在内发出响声，种子此时已变圆变硬，显现出品种所固有的特征，这时为黄熟末期，是农业上最适收获期，应及时收割。收获太早影响产量，收获太晚易炸荚。如用机械收获，可稍晚几天，在叶及叶柄全部脱落、摇动植株有清脆的响声时进行。

大豆脱粒后，当种子含水量降至13.5％时即可入库贮藏。

第四节　大豆品种简介

1. 铁豆48号（审定编号：辽审豆2009111）

【主要性状】该品系为有限结荚习性，平均株高78.4厘米，株形收敛，分枝

4.0个，主茎节数 15.1 个；紫花，灰毛，椭圆叶；荚熟褐色，单株结荚 60.3个，三粒荚居多，籽粒椭圆形，种皮黄色有光泽，黄脐，百粒重 25.8 克，完整粒率 93.5%，生育日数 120 天左右，属于中熟品种。

【产量表现】该品种 2003～2004 年参加辽宁省区域试验，平均亩产 202.11千克，比对照品种平均增产 14.56%。2004 年参加辽宁省生产试验，平均亩产207.58 千克，比对照品种平均增产 17.59%。秆强抗倒，在田间一般不感染大豆病毒病和霜霉病，经人工接种鉴定，对大豆病毒 SMV1 号株系表现抗病。

【栽培措施】该品种适宜中等以上肥力地块种植，以 4 月中旬至 5 月上旬为宜；穴播，穴留苗 2 株，亩保苗 1.0 万～1.3 万株，肥地宜稀，薄地宜密；生育期间加强管理，注意防治虫害，成熟后及时收获。

【宜种植区域】有效积温 2600℃大豆种植区均可种植。

2. 东豆 1201（辽审豆 2012152）

【主要性状】辽宁春播生育期 136 天，株高 96.0 厘米，分枝数 3.6 个，单株荚数 53.7 个，籽粒圆形，种皮淡黄色、有光泽，黄脐，百粒重 25.4 克。籽粒粗蛋白含量平均为 42.35%，粗脂肪含量平均为 20.20%。

【栽培措施】在辽宁地区中等肥力以上地块栽培，适宜密度为 0.8 万～1.1万株/亩，注意防治大豆蚜虫和食心虫。

【种植区域】适宜在辽宁鞍山、大连、锦州、丹东等无霜期 136 天以上的晚熟区种植。

3. 东豆 88（辽审豆 2017020）

【主要性状】辽宁春播生育期 124 天，株高 68.4 厘米，有限结荚习性，株型收敛，分枝数 4.1 个，主茎节数 15.5 个，单株荚数 65.4 个，单荚粒数 2～3 个，籽粒圆形，种皮黄色、有光泽，黄色脐，百粒重 33.2 克。籽粒粗蛋白含量平均为 43.65%，粗脂肪含量平均为 19.25%。

【栽培措施】在辽宁地区中等肥力以上地块栽培，适宜密度为 0.9 万～1.1万株/亩，注意防治大豆蚜虫和食心虫。

【种植区域】适宜在辽宁省中部、南部等无霜期 124 天以上，活动积温2800℃左右的中晚熟区种植。

4. 东豆 17（辽审豆 2018008）

【主要性状】辽宁春播生育期 125～128 天，株高 85.9 厘米，分枝数 3.3 个，单株荚数 56.7 个，单荚粒数 2～3 个，籽粒圆形，种皮黄色、有光泽，黄色脐，百粒重 26.5 克。籽粒粗蛋白含量平均为 42.74%，粗脂肪含量平均为 20.17%。

【栽培措施】在辽宁地区中等肥力以上地块栽培，适宜密度为 0.9 万～1.1万株/亩，注意防治大豆蚜虫和食心虫。

【种植区域】适宜在无霜期 125 天以上区域种植。

5. 东豆 339（国审豆 2008019）

【主要性状】辽宁春播生育期 131 天，圆叶，紫花，有限结荚习性。株高 61.3 厘米，单株有效荚数 47.6 个，百粒重 24.9 克。籽粒椭圆形，种皮黄色、有光泽，褐色脐，籽粒粗蛋白含量平均为 42.28%，粗脂肪含量平均为 20.39%。

【栽培措施】在辽宁地区中等肥力以上地块栽培，适宜密度为 0.8 万～1.1 万株/亩，注意防治大豆蚜虫和食心虫。亩产量达 250～300 千克。

【种植区域】适宜在河北北部、辽宁中南部、甘肃中部、宁夏中北部、陕西关中平原地区春播种植。

【种植季节】一般将 5～10 厘米土层的地温稳定在 8～10℃定为适宜播种期，一般在 5 月 1 日至 20 日，积温高的地区可适当晚播。

6. 东豆 29（辽审豆 2007095）

【主要性状】辽宁春播生育期 126 天，比对照铁丰 33 号早 2 天。属中熟品种。有限结荚习性，平均株高 73.2 厘米，株形繁茂，分枝数 1.9 个，主茎节数 13.5 个，叶椭圆形，茸毛灰色，荚熟褐色，单株荚数 53.5 个，单荚粒数 2～3 个，籽粒圆形，种皮黄色、有光泽，黄色脐，百粒重 22.6 克。籽粒粗蛋白含量平均为 41.92%，粗脂肪含量平均为 19.11%。

【栽培措施】在辽宁地区中等肥力以上地块栽培，适宜密度为 0.8 万～1.1 万株/亩，注意防治大豆蚜虫和食心虫。

【种植区域】适宜在无霜期 126 天以上区域种植。

东豆 339（彩图）

东豆 29（彩图）

东豆 88（彩图）

东豆 1201（彩图）

第八章
花生生产概况与配套栽培技术

第一节　辽宁花生生产概况

辽宁花生产区包括辽西的阜新市、锦州市、葫芦岛市和朝阳市的全部及绥中县，辽南的大连市、营口市和鞍山市的全部，辽北的铁岭市、昌图县及沈阳北部的康平县、法库县，辽宁中部地区的沈阳、辽阳等地，是我国最北部的花生种植区域，也是我国北方农牧交错带区域，总面积36万公顷。

一、气候生态条件

辽宁省属北半球中温带大陆性季风气候，四季分明、干冷同期、雨热同季、光照充足、昼夜温差大，是世界适宜花生种植最北部区域之一。辽宁省年平均气温9.5℃左右（4.6~10.3℃之间），全年≥10℃的活动积温3200℃以上，无霜期125~212天；农作物生长季日照时数1000~1350小时；年平均降雨量400~1200毫米，多数区域600毫米左右，主要集中于6~8月份，占全年降雨量的70%，是非常适宜优质花生生产的气候条件。特别是辽西地区，由于秋季温度高、光照好、较少阴雨天气，适宜花生晾晒，生产的花生极少有黄曲霉菌污染，在国际市场上以无黄曲霉污染而著称。

二、花生生产分区

依据中国农业科学院提出的花生分区标准，我国划分花生适生气候区的主要温度指标是"气温全年平均12℃起—经气温最高月—气温全年平均15℃止"的自然积温，辽宁省早熟花生区可划分为以下几区：

（1）珍珠豆型花生适生区　以 7～8 月份均温 22～24℃作等值线，以积温 2700～3100℃、无霜期 143～153 天作修正参数，辽宁省绝大部分地区（阜新、锦州、沈阳、铁岭、辽阳、鞍山、朝阳）均可达到上述要求。

（2）各类型花生适生区　以 7～8 月份均温 24℃作等值线，以积温 3200℃、无霜期 163 天作修正参数，辽宁省的大连、营口、葫芦岛市均可达到上述要求。

（3）多粒型花生适生区　以 7～8 月份均温 19～22℃作等值线，以积温 2250～2650℃、无霜期 123～143 天作修正参数，辽宁省所有地区均可达到此项指标。

（4）花生不适生区　以 7～8 月份均温 19℃作等值线，以积温 2200℃、无霜期 113 天作修正参数，辽宁省内只有东部山区少数高寒冷凉地区属于此类。

根据花生种植品种类型，辽宁省花生生产区可分为：一是辽宁南部的大连、西部的葫芦岛丘陵地区，除白沙 1016、花育 20、唐油 4 号外，还可种植花育 23、花育 26、鲁花 11、鲁花 15、铁花 1 号等品种。二是辽宁西部的阜新、锦州及北部的铁岭、康平、法库一带的风沙区，可种植中早熟花生品种。目前除白沙 1016 外，花育 20、唐油 4 号、昌花 1 号等品种逐渐成为主栽品种，面积逐年扩大。

三、辽宁省花生生产现状

花生在辽宁省各地虽均有种植，但主要集中在辽西北干旱和半干旱地区，包括锦州、阜新、铁岭、葫芦岛和沈阳的康平、法库等地区，种植面积占全省种植面积的 90％以上，区域的高度集中为花生生产的规模化和产业化提供了便利条件。

近年来，由于市场拉动和自然条件的促进，辽宁花生种植面积呈现快速发展势头，一方面，辽西干旱地区沙壤土种植玉米产量较低，而花生比较抗旱，生产效益比较高，使花生成为重要的抗灾作物；另一方面，花生主产区锦州、阜新、铁岭、葫芦岛、沈阳等地，近两年花生加工出口量较大，年出口总量达到 20 万吨以上，也进一步拉动了生产的发展。1981—1986 年辽宁省花生种植面积基本稳定在 150 万亩以上，其中 1985 年高达 377 万亩；1987—1999 年面积回落到 150 万亩以下，其中 1996 年仅为 100 万亩，是 1980 年以后的最低点，此后逐年开始大幅度回升；2000—2005 年种植面积快速回升，最高的 2003 年达到 380 万亩。近年来因花生价格上涨，种植花生收益增高，推动了花生种植面积大幅度扩大，特别是由于国家先后制定了促进花生发展的优惠政策，各地种植花生的积极性空前高涨，辽宁的阜新、锦州、沈阳、铁岭确定了"百万亩"发展目标，由此带来花生种植面积的突破性增长。目前，辽宁花生种植面积已突破 600 万亩，种植品种以花育 20、阜花 10、阜花 12、唐油 4 号、昌花 1 号、铁花 2 号及白沙 1016 等为主。其中阜新和沈阳（康平、法库）花生产区重点推广了阜花 10、阜花 12、花育 20、唐油 4 号等花生品种，搭配品种有花育 22、阜花 11、阜花 13、鲁花 11 和白沙 1016 等；锦州和葫芦岛花生产区重点推广了花育 20、花育 22、唐油 4 号等花生品种，将花育 23、铁花 1 号、阜花 12 和白沙 1016 等作为主要搭配品种；昌图县花生产区重点推广了花育 20、唐油 4 号、铁花 1 号、铁花 2 号、昌花 1 号等花生品种。

尽管辽宁省花生生产形势越来越好，但与全国花生先进省相比仍然存在较大差距。原因：一是自然条件差异导致生产能力较低。辽宁省花生种植相对集中的西北部区域，干旱少雨，土壤瘠薄，往往种植玉米、大豆等作物产量较低的地块才种植花生，再加上肥料投入不足，采取裸地栽培、多年重茬种植、生态环境恶化等，必然导致花生产量较低，这种"雨养农业"的生产条件是花生生产的主要障碍因素。二是科研力量比较薄弱。与玉米、水稻、大豆等大宗粮油作物比较，辽宁省不仅花生科研单位较少，从事花生研究的科技人员也严重不足，而研究栽培技术的人员更是少之又少。由此产生的后果是既不能持续推出适合辽宁省栽培条件的高产、优质花生品种，以致不得不经常引进外省品种（白沙 1016 主栽近40 年足以说明问题），又使栽培技术长时间没有突破性进展，不得不沿用传统的栽培方式，进而制约了花生产量的大幅提升。三是技术集成程度不够。花生地膜覆盖、大垄双行、规范栽培等技术虽已推广多年，但应用面积仍然很小（覆膜面积仅为 10％左右）；管理粗放无法确保技术到位；缺乏机械精量播种作业，种植密度不足现象普遍存在，很难形成理想的产量结构。

第二节　花生品种简介

1. 阜花 17 号【登记编号：GPD 花生（2018）210202】

【特征特性】珍珠豆型。油食兼用。为连续开花亚种花生，直根系，株形直立、疏枝，株高 38.4 厘米，分枝 7.0 个，茎中粗，小叶片、椭圆形、黄绿色，花冠橘黄色。荚果蚕茧型、2 粒荚、中等；籽仁椭圆形、饱满，种皮粉红色。籽仁含油量 46.51％，蛋白质含量 25.71％。中抗叶斑病，中抗锈病。荚果第一生长周期亩产 311.2 千克，比对照白沙 1016 增产 26.3％；第二生长周期亩产224.5 千克，比对照白沙 1016 增产 52.6％。籽仁第一生长周期亩产 233.4 千克，比对照白沙 1016 增产 15.8％；第二生长周期亩产 168.4 千克，比对照白沙 1016增产 18.7％。

【栽培技术要点】严禁重迎茬地、盐碱地、涝洼地种植。覆膜、露地种植都适宜。亩施农家肥 3000～4000 千克、磷酸二铵 15～20 千克、尿素 5～8 千克、硫酸钾 8～10 千克，生育中期亩追尿素 12.5～15.0 千克，露地栽培亩保苗 2.1万～2.3 万株、覆膜栽培亩保苗 1.9 万～2.1 万株。适时播种、及时收获，及时防治病虫草害。

【适宜种植区域及季节】适宜在辽宁种植。

2. 花育 20 号

该品种是山东省花生研究所新育成的早熟直立"旭日型"小花生品种，在黑山县生育期为 120 天左右，疏枝型，主茎高 36 厘米左右，果柄短、易收获，百果重 173.8 克，百仁重 68 克左右，出仁率 75.3%，粗脂肪含量 53 克左右，油酸/亚油酸比值 1.51，比白沙 1016 高 0.6 个百分点。经黑山县 2 年试验种植，平均亩产荚果 227.5 千克，比对照白沙 1016 品种增产 15.18%，亩产籽仁 167.4 千克，比对照白沙 1016 增产 19.17%。该品种适于排水良好的中等以上肥力的沙壤土种植，每亩 1.0 万～1.1 万穴，每穴播 2 粒种子。

3. 花育 22 号

其为山东省花生研究所选育的早熟出口大花生新品种。2003 年 3 月通过山东省农作物品种审定委员会审定。

【产量表现】在 2000～2001 年山东省花生新品种区试中，平均亩产荚果 330.1 千克、籽仁 235.4 千克，分别比对照鲁花 11 号增产 7.6% 和 4.9%，2002 年参加生产试验，平均亩产荚果 372.2 千克、籽仁 268.9 千克。

【特征特性】早熟普通型大花生，株形直立，结果集中，生育期 130 天左右，抗病及抗旱、耐涝性中等。主茎高 35.6 厘米，侧枝长 40.0 厘米。百果重 245.9 克，百仁重 100.7 克，出米率 71.0%。脂肪含量 49.2%、蛋白质含量 24.3%、油酸含量 51.73%、亚油酸含量 30.25%，油酸、亚油酸比值（O/L）为 1.71。籽仁椭圆形，种皮粉红色，内种皮金黄色，符合出口大花生标准。

【栽培技术要点】适于排水良好、中等以上肥力的沙壤土种植，春播每亩 10000 穴，夏播每亩 11000～12000 穴，每穴均播两粒。

4. 阜花 22【登记编号：GPD 花生（2018）210200】

【特征特性】珍珠豆型。食用、鲜食。连续开花直立小粒花生，平均生育期 123 天，主茎高 38.3 厘米，总分枝数 7.5 个，结果枝数 5.7 个，单株荚果数 15.6 个，叶色绿色，籽仁椭圆形、饱满、光滑，仁皮色粉白，百果重 170.34 克，百仁重 68.00 克，出仁率 72.2%，荚果蚕茧型、2 粒荚。油酸含量 81.1%，籽仁亚油酸含量 3.0%。中抗叶斑病。荚果第一生长周期亩产 323.98 千克，比对照白沙 1016 增产 28.2%；第二生长周期亩产 316.7 千克，比对照白沙 1016 增产 12.9%。籽仁第一生长周期亩产 228.4 千克，比对照白沙 1016 增产 26.9%；第二生长周期亩产 228.84 千克，比对照白沙 1016 增产 12.9%。

【栽培技术要点】①选择土层深厚、耕作层肥沃的沙壤土，地势平坦，排灌方便。②亩施农家肥 3000～4000 千克、磷酸二铵 15～20 千克、尿素 3～5 千克、硫酸钾 5～10 千克，生育中期亩追尿素 10 千克、CaO 5 千克、K_2SO_4 3～5 千克。③选择典型果进行剥壳，剥壳后，选皮色好、饱满的一级米作种子，做好发芽试验。④亩保苗露地为 2.1 万～2.3 万株、覆膜为 1.9 万～2.1 万株。⑤5 月上中旬播种，播前 5 厘米日均地温≥16℃为播种适期。⑥注意防治花生蚜虫、蛴螬、叶斑病等病虫害。⑦成熟时及时收获，荚果含水量降至 10% 以下，籽仁含水量降至 8% 以下，入库贮藏。

【适宜种植区域及季节】适宜在辽宁春播种植。

【注意事项】该花生品种具有高油酸特性，生产过程中要避免混杂，确保种子纯度。

5. 阜花 27【GPD 花生（2018）210199】

【特征特性】珍珠豆型。食用、鲜食。为连续开花直立小粒花生，平均生育期 124 天，主茎高 37.6 厘米，株形紧凑，株系发达，结果集中，总分枝数 6.9 个，结果枝数 5.3 个，单株荚果数 15.2 个，荚果蚕茧型、2 粒荚、仁皮色粉白，百果重 197.16 克，百仁重 74.37 克，出仁率 72.5%，籽仁含油量 53.02%，蛋白质含量 24.67%，油酸含量 78.8%，籽仁亚油酸含量 4.7%。中抗叶斑病。荚果第一生长周期亩产 331.94 千克，比对照白沙 1016 增产 31.4%；第二生长周期亩产 308.92 千克，比对照白沙 1016 增产 10.1%。籽仁第一生长周期亩产 234.3 千克，比对照白沙 1016 增产 30.3%；第二生长周期亩产 224.26 千克，比对照白沙 1016 增产 10.6%。

【栽培技术要点】①选择土层深厚、耕作层肥沃的沙壤土，地势平坦，排灌方便。②亩施农家肥 3000～4000 千克、磷酸二铵 15～20 千克、尿素 3～5 千克、硫酸钾 5～10 千克，生育中期亩追尿素 10 千克、CaO 5 千克、K_2SO_4 3～5 千克。③选择典型果进行剥壳，剥壳后，选皮色好、饱满的一级米作种子，做好发芽试验。④亩保苗露地为 2.1 万～2.3 万株、覆膜为 1.9 万～2.1 万株。⑤5 月上旬、中旬播种，播前 5 厘米日均地温≥16℃为播种适期。⑥注意防治花生蚜虫、蛴螬、叶斑病等病虫害。⑦成熟时及时收获，荚果含水量降至 10% 以下，籽仁含水量降至 8% 以下，入库贮藏。

【适宜种植区域及季节】适宜在辽宁春播种植。

【注意事项】该花生品种具有高油酸特性，生产过程中要避免混杂，确保种子纯度。

6. 阜花 12 号【GPD 花生（2018）210203】

【特征特性】生育期 125～128 天，珍珠豆型。油食兼用。株形直立，连续开花（主茎开花）。株高 35 厘米，侧枝长 40 厘米。总分枝 8～9 条，茎中粗，呈绿色。小叶片，椭圆形，淡绿色。花冠橘黄色，花小。单株结果数 15～20 个，单株生产力 15～20 克。荚果斧头形，以 2 粒荚果为主，籽仁饱满，呈椭圆形，光滑无裂纹，种皮粉红色，百果重 175～180 克，百仁重 70～75 克。出仁率 73%～75%。籽仁含油量 50.6%，蛋白质含量 24.33%。中抗叶斑病。荚果第一生长周期亩产 236.5 千克，比对照白沙 1016 增产 20.7%；第二生长周期亩产 229.6 千克，比对照白沙 1016 增产 17.4%。籽仁第一生长周期亩产 177.38 千克，比对照白沙 1016 增产 19.8%；第二生长周期亩产 172.2 千克，比对照白沙 1016 增产 116.8%。

【栽培技术要点】选择土层较厚、砂性较大的壤土种植，最好避开涝洼地、盐碱地、重迎茬地种植。要求每亩施圈肥 3000～4000 千克，磷酸二铵 15～20 千克。种植密度为 10000～11000 穴/亩，每穴 2 粒。

【适宜种植区域及季节】适宜在辽宁种植。

7. 花育 23 号【鲁农审字［2004］013 号】

【特征特性】该品种属疏枝直立小花生，生育期 129 天，品质优，耐贮藏性好，适应性广。主茎高 37.2 厘米，侧枝长 43.1 厘米，百果重 153.7 克，百仁重 64.2 克，出米率 74.5％，粗脂肪含量 53.1％，蛋白质含量 22.9％，油酸、亚油酸比值（O/L）1.54，出苗整齐，种子休眠性、抗旱性强，较抗叶斑病和网斑病。

【栽培技术要点】适时早播，春播 1.0 万～1.1 万穴/亩，夏播 1.1 万～1.2 万穴/亩，每穴 2 粒，应施足基肥，确保苗齐苗壮，加强田间管理，注意防旱排涝。

8. 花育 34

花育 34 属普通型小花生品种。荚果普通形，网纹较浅，果腰浅，籽仁椭圆形，种皮浅粉红色，内种皮橘黄色。区域试验结果：春播生育期 124 天，主茎高 45 厘米，侧枝长 49 厘米，总分枝 8 条；单株结果 18 个，单株生产力 15.9 克，百果重 139.9 克，百仁重 61 克，千克果数 895 个，千克仁数 1893 个，出米率 73.1％；抗病性中等，2007 年经农业部食品质量监督检验测试中心（济南）品质分析，蛋白质含量 20.9％，脂肪含量 47.8％，油酸含量 48.8％，亚油酸含量 30.4％，O/L 值 1.6。2007 年经山东省花生研究所抗病性鉴定：网斑病病情指数 38.1，褐斑病病情指数 24.6。

【产量表现】在 2007—2008 年辽宁省花生品种小粒组区域试验中，两年平均亩产荚果 305.9 千克、籽仁 224.5 千克，均比对照花育 20 号增产 11.0％，2009 年生产试验平均亩产荚果 326.8 千克，籽仁 244.9 千克，分别比对照花育 20 号增产 12.2％和 11.6％。

【栽培技术要点】适宜密度为每亩 11000～12000 穴，每穴 2 粒，其他管理措施同一般大田。

9. 冀花 4 号

河北省农林科学院粮油作物研究所选育的中早熟种。2006 年经国家鉴定。适宜在河北省及北方花生产区春播种植和冀中南夏播种植。

【产量表现】2002—2003 年参加河北省春花生区域试验，荚果产量 351 千克/亩，比对照冀花 2 号增产 13.9％。2003～2004 年全国（北方片）小花生区域试验，荚果产量比对照鲁花 12 号增产 13.6％。2005 年生产试验，荚果产量 287 千克/亩，比对照鲁花 12 号增产 14.3％。

【特征特性】株型直立，疏枝型，连续主茎开花。株高 35.5 厘米，侧枝长 40.5 厘米。结果枝 7 条，总分枝 9 条。单株结果数 15 个。子仁饱满，呈椭圆形；种皮粉红色，内种皮金黄色。百果重 187.0 克，百仁重 79.9 克。出仁率 75.6%。经农业部油料及制品监督检验测试中心检测，平均粗脂肪含量 57.65%，粗蛋白含量 18.45%，油酸/亚油酸比值为 1.51。榨一千克食用油仅需 5.6 千克荚果（生产中常用的花生品种 6.4～7 千克）。春播生育期 120～130 天。开花较早，荚果发育快。果柄较坚韧，成熟后收获落果较少。抗旱、抗倒性强，抗叶斑病。种子休眠性强。

【栽培技术要点】选择土层较厚、砂性较大的壤土种植。对肥水要求不严，春播种植密度为 10000 穴/亩，每穴 2 粒。

10. 丰花 7 号【GPD 花生 (2017) 130013】

【特征特性】普通型。油食兼用。春播生育期 125 天。植株直立疏枝，株高 40 厘米；分枝 7 条；叶色绿，倒卵形；连续开花。果柄坚韧，稍长，收获时不易落果。荚果茧型，果嘴中，网纹较清晰；500 克果数 310 个，百果重 196 克；籽仁圆形，种皮粉红，光滑，百仁重 75 克，500 克仁数 562 个，出米率 74% 左右。抗倒好，抗旱性较强。种子休眠期较长，收获期不易发芽。籽仁含油量 56.2%，蛋白质 23.6%，油酸 47.1%，亚油酸 32.7%。高抗青枯病，中抗叶斑病、锈病。荚果第一生长周期亩产 280.6 千克，比对照唐科 8252 增产 15.7%；第二生长周期亩产 271.2 千克，比对照唐科 8252 增产 16.3%。籽仁第一生长周期亩产 230.0 千克，比对照唐科 8252 增产 14.4%；第二生长周期亩产 228.2 千克，比对照唐科 8252 增产 14.1%。

【栽培技术要点】①选择饱满种子适期播种，春播覆膜 4 月 25 日至 5 月 1 日，裸地 5 月 1 日至 5 月 10 日，一般播深 3 厘米。注意种肥隔离。每亩 2.2 万株。②亩施 2～3 立方米有机肥，沟施 N、P_2O_5、K_2O（1∶1∶1）复合肥 40 千克。③适时收获，当饱果率达到 90% 可收获。④注意病虫害防治。

【适宜种植区域及季节】适宜在河北省北部花生产区春播种植。

【注意事项】植株较高，生产上应适度控制株高。

11. 冀花 10 号（审定编号：冀审花 2016016 号）

【特征特性】普通型小果花生，生育期 129 天。株型直立，叶片长椭圆形、绿色，连续开花，花色橙黄，荚果普通形，籽仁椭圆形、粉红色、无裂纹、有油斑，种子休眠性强。主茎高 38.7 厘米，侧枝长 43.7 厘米，总分枝 9.4 条，结果枝 7.3 条，单株果数 18.5 个，单株产量 23.6 克，百果重 209.8 克，百仁重 90.9 克，千克果数 665 个，千克仁数 1426 个，出米率 75.7%。抗旱性、抗涝性强，中抗叶斑病。

农业部油料及制品质量监督检验测试中心（武汉）检测，2014 年含油量 55.52%，粗蛋白含量 21.53%，油酸含量 48.3%，亚油酸含量 31.1%，油亚比 1.6；2015 年含油量 54.92%，粗蛋白含量 23.66%，油酸含量 48.1%，亚油酸含量 31.2%，油亚比 1.54。

【产量表现】2014—2015年参加河北省小花生品种区域试验，两年平均亩产荚果371.58千克、亩产籽仁284.80千克。2015年生产试验，平均亩产荚果350.88千克、亩产籽仁264.76千克。

【栽培技术要点】选择地块平整、肥力中上等的沙壤土或沙土地种植。施足基肥，并以腐熟有机肥为主，追肥应追施氮、磷等速效肥。播种量为每亩25千克荚果。地膜覆盖4月25日左右播种，露地春播5月上中旬播种，麦套于小麦收获前15天左右播种，麦后夏直播于6月15日之前播种，作为榨油原料生产不适宜夏播种植。适宜种植密度为每亩1.0万～1.1万穴（2.0万～2.2万株）。保证开花、饱果成熟期两次关键水。合理喷施生长调节剂防止倒伏。多数荚果饱满成熟（内果壳变黑或褐色）时应及时收获。

【推广意见】建议在河北省唐山、秦皇岛和廊坊市及其以南花生适宜种植区域种植。

12. 冀花11号【GPD花生（2018）130072】

【特征特性】普通型。油食兼用型小果花生品种，春播平均生育期126天。株形直立，连续开花，叶片椭圆形、绿色，花色橙黄，荚果普通形，籽仁椭圆形、浅红色。平均主茎高34.2厘米，侧枝长37.8厘米，总分枝5.7条，结果枝5.0条，单株果数17.5个，百果重153.7克，百仁重64.5克，出米率76.19%。籽仁含油量56.44%，蛋白质含量23.68%，油酸含量80.7%，亚油酸含量3.1%。中抗叶斑病。荚果第一生长周期亩产262.02千克，比对照鲁花12号增产8.24%；第二生长周期亩产276.69千克，比对照鲁花12号增产15.87%。籽仁第一生长周期亩产199.81千克，比对照鲁花12号增产11.27%；第二生长周期亩产210.66千克，比对照鲁花12号增产19.59%。

【栽培技术要点】①选择地块平整、肥力中上等的沙壤土或沙土地种植。②施足基肥，并以腐熟有机肥为主，追肥应追施氮、磷等速效肥。③播种量为每亩50千克荚果，播前带壳晾晒。④播种期为地膜覆盖4月下旬，露地春播5月上中旬，麦套于小麦收获前15天左右。⑤种植密度为每亩1.0万～1.1万穴（2.0万～2.2万株）。⑥保证开花、饱果成熟期两次关键水。⑦多数荚果饱满成熟（内果壳变黑或褐色）时应及时收获。

【适宜种植区域及季节】适宜在河北、河南、山东、辽宁花生产区春播和麦套种植。

【注意事项】该品种出苗温度要求较高，5厘米地温稳定在15℃以上播种。夏播种植要在10月中旬以前收获。

13. 唐油4号（河北省审定品种）

【特征特性】唐油4号属直立疏枝型，株高40厘米，分枝7～9条，单株结果17个左右，饱果率90%，荚果整齐呈茧型，500克果数400个左右，籽仁圆形，500克粒数850个左右，出米率75%左右，主要特点为优质、抗性强、稳产性好。

广东省澄海区白沙农场通过有性杂交育成。属早熟中粒花生，春播生育期120天。茎枝较粗壮，后期分枝易下落成半蔓状。节间短，结果集中。小叶宽椭圆形，较大，色黄绿。开花期较集中。荚果整齐饱满，双仁果多。种皮粉红色，有光泽。果柄短而坚韧，不易落果。百果重190克左右，百仁重80克左右，出米率75%左右，种仁含油率52.7%。本品种适应的区域范围较广，耐黏、耐涝、耐阴性均强，较耐肥。抗病性、抗旱性、耐瘠薄性较差。每亩1.0万~1.1万穴，每穴2粒种子。其他栽培技术同当地普通栽培品种。

第三节　花生配套栽培技术

一、花生地膜覆盖栽培技术

1. 增产原理

花生地膜覆盖栽培协调了土壤耕作层的水、肥、气、热，改善了土壤物理性状，创造了一个相对稳定的适于种子萌发和幼苗生长的生态环境，促进花生生长发育进程，增加饱果数和粒重，提高产量。

（1）具有明显的增温效果　由于地膜的覆盖阻碍了土壤和大气的热量交换，使得土壤白天接受的太阳辐射热能量向土壤深层传导，温度升高。地膜覆盖下0~20厘米土壤温度比裸地栽培提高2~3℃，使花生整个生育期有效积温增加150~300℃，补充了冷凉地区积温不足的缺陷，加快出苗速度，苗齐苗全。

（2）具有显著的保墒效果　地膜覆盖阻断了土壤水分与大气之间的直接交换，使大部分土壤水分不能蒸发散失到空气中，只能在膜内循环。由于膜下温度较高，土壤热梯度差异加大，导致土壤深层水分向表层聚集。同时，由于昼夜温差的不断变化，土壤水分在膜下形成一个不断蒸发与液化的"气态—液态"水分循环，遇冷凝结成细小的水珠进入土壤，使土壤表层保持湿润，提高耕层土壤含水量，大大提高了土壤水分利用率，达到了良好的保墒效果。

（3）改善了土壤结构，促进了根系发育和果针入土结实　地膜覆盖使土壤表层避免或减缓了雨水的冲淋，减少中耕、除草等田间作业次数，避免了人、畜、机械的碾压和践踏，从而使土壤结构保持原来的良好疏松状态。同时，由于膜下温度的变化和水气的运动，使土粒间空隙变大，土壤容重降低，疏松通气，进而协调了土壤固、液、气三相比例，利于根系发育和果针入土结实，为花生高产创造了良好的条件。

（4）促进土壤微生物活化，促进了土壤养分转化　地膜覆盖改变了土壤物理性状，土壤温度高，水分含量较稳定，为土壤微生物繁衍创造了条件，各种有益微生物数量增加50%以上，活动增强，从而加速了土壤矿质营养转化为速效养分，使土壤中速效氮（N）、速效磷（P_2O_5）、速效钾（K_2O）含量增加，提高了土壤肥力，为作物提供了充足的营养。

（5）改善了田间小气候，提高了花生群体的光合产量 地膜覆盖栽培改善了农田生态环境，协调了水、肥、气、热之间的关系，缩短了花生发芽出苗时间，增强了发芽势，提高了发芽率，为苗齐、苗全、苗壮打下了良好的基础。地膜覆盖栽培也改善了花生群体结构，促进了幼苗生长、花芽分化和开花下针等生育进程。另外，覆膜后能够增加花生株行间的光照强度，薄膜表面光滑，减少了空气流动的阻力，近地表风速比露地栽培增加，有利于空气中二氧化碳的补给交换，从而提高了花生群体的光合产量。

2. 栽培技术

（1）选地，整地 平原地区可选择土层深厚、耕层深软、土壤肥力较高、保肥保水性能较强的沙壤土或壤土地块。丘陵地区应选择地势稍平坦、土壤耕层稍厚、地下水位较高、抗旱能力较强或有水源条件的地块。土壤肥力较低的地块，在增施农家肥、加强田间管理的前提下，也可进行覆膜栽培。花生地膜覆盖栽培首先要培植一个深、松、活的土体结构。花生是深根作物，根系发达，主根深、侧根容量大，一般冬前深耕20厘米以上，耕后细整，做到地势平坦、无坷垃、无根茬。早春顶凌耙轧保墒，耙平整细，达到待播状态。

（2）施足基肥 花生花芽分化早，营养生长和生殖生长并进时间长，而且前期根瘤菌固氮能力弱，中后期果针下扎，肥料又难深施，因此，施足基肥就显得十分重要。地膜花生原则上是一次施足底肥。一般每公顷施优质有机肥30000～45000千克，尿素150千克，过磷酸钙450～600千克，硫酸钾150千克或草木灰1500千克，结合整地和打垄作畦施入。

（3）作畦 覆膜花生的种植方法，多用作畦大垄双行种植。一般畦底宽90～95厘米，畦面宽60～65厘米，畦沟30厘米，地下水位高并有灌溉条件的地块畦高12厘米，无灌溉条件或地下水位低的地块畦高10厘米。垄面土壤细碎，中间略有隆起，垄直边齐。

（4）选膜 选用宽度适宜的聚乙烯薄膜，要求拉力强、弹性好、透光性好，膜宽90～95厘米，膜厚0.008～0.01毫米。选膜时要保证覆膜质量，同时又要考虑降低成本（也可选用降解膜、除草膜、黑膜、黑白膜、渗水膜等）。

（5）药剂灭草 在保持表层土壤墒情良好的条件下，覆膜前均匀喷洒除草剂防止膜内杂草滋生。除草剂可用甲草胺2.25～3.0千克/公顷或乙草胺1.5～2.25千克/公顷，均匀喷洒在畦面后立即覆膜，覆膜后再均匀喷施于垄沟，进行土壤封闭除草。

（6）覆膜 覆膜质量的好坏直接关系到出苗整齐与否及田间管理的难易。无论是采用机械覆膜还是人工覆膜，均要求覆膜时土壤细碎，水分充足，表层5厘米厚土壤含水量 15％以上。覆膜时将膜摆正、对齐、伸直、拉紧、铺平、贴实、压严，使薄膜紧贴于地面上，用湿土将膜边压紧压实，封闭严密，膜面每隔 3～4 米处在畦面压一条土埂，以固膜防风。

（7）播种

① 播期　一般可比裸地栽培提早 7～10 天，辽西、辽北、辽中地区一般年份在 5 月 5～10 日，大连、葫芦岛在 5 月 1 日前后，不宜播种过早，防止早衰。

② 种子播前准备　覆膜栽培种子要进行果选、分级粒选、催芽，有条件的用根瘤菌和微肥拌种。

③ 晒果　选择晴天中午晒 4～5 小时，连续晒 3～4 天即可。不能直接晒种子，以免种皮变脆爆裂，晒伤种子或"返油"，降低发芽率。

④ 剥壳　荚壳对果仁有保护的作用，剥壳后种子直接与空气中的水分和氧气接触，呼吸作用和酶的活动增强，种子内的养分消耗，降低种子的生活力，致使出苗慢而不整齐。因此，剥壳时间离播种期愈近愈好。一般在播种前 10 天左右剥壳，剥壳时间越早，种仁感染病菌的概率越高，种仁各种酶活性越差，发芽率及发芽势越低。

⑤ 发芽试验　花生种子在收获、贮藏、调运过程中，容易因受冻、受潮、发霉等原因，而降低种子活力，甚至丧失发芽力。尤其是花生用种量大，盲目播下了发芽率不高的种子，不仅难以达到苗全苗壮，而且浪费种子。通过发芽试验，就可预先知道花生的种用价值，对基本丧失种用价值的种子，及时调换，对发芽率偏低，又必须作种的种子，则可采取浸种催芽或适当增加播种量等办法加以补救。发芽试验在花生种子剥壳前进行，以测定种子的发芽势和发芽率。方法是随机取 100 粒花生种子放到 40℃左右温水中浸泡 4 小时左右，使种子吸足水分，取出放在培养皿或干净的碗碟中，用湿布盖起来，放在 25～30℃条件下发芽。每天淋温水 1～2 次，保持种子湿润。从第二天起，每天检查记录发芽种子数（胚根露出 3 毫米以上为发芽，3 天的发芽百分数为发芽势，7 天的发芽百分数为发芽率），发芽势应在 80％以上、发芽率在 95％以上才能作种。

⑥ 分级粒选　花生出苗前后所需要的营养主要由两片子叶供给，花生子叶的大小（种子大小）往往差异很大，选用粒大饱满的种子作种对幼苗健壮和产量高低具有很大影响。因此，应结合剥壳将种子按大小、皮色、饱满度进行分级粒选。按其大小分为一级和二级，分级的标准是，一级种子粒大饱满，种皮色泽新鲜，无皱纹，大花生 1000～1100 粒/千克，小花生 1300～1400 粒/千克；二级种子粒较小而饱满，种皮色鲜，个别有皱纹，大花生种子 1300～1400 粒/千克，小花生 1600 粒/千克左右。

⑦ 催芽　花生催芽是确保全苗的一项有效措施。催芽的主要作用：一是能准确无误地选出发芽种子，保证好种下地；不发芽的种子可他用，避免浪费。二是出苗整齐。催芽的方法很多，目前各地推广的方法有土炕催芽、沙床催芽和室内催芽三种。在精选种子的基础上，可根据花生种子发芽所需适宜温度、水分和

通气条件灵活掌握。浸种催芽应注意的问题：一是必须分级选种、浸种，才能使种子吸水均匀，发芽整齐。二是种子刚浸入温水内，种皮呈皱皮时，不要翻动，以免掉皮。三是催芽时间不要过长，以刚"露白"为宜。四是催芽后遇雨不能播种时，应将种子摊在阴凉处，抑制芽的生长。五是机播的种子不能催芽，以防止损伤幼芽。

⑧ 药剂拌种　花生种子常附有黄曲霉、镰刀菌、青霉菌、根霉等病菌，当种子生活力下降时，这些病菌就会大量繁殖危害种苗，不但会侵害花生的根、茎、叶，而且收获后还可以危害荚壳和种仁。危害花生的地下害虫主要有蛴螬、地老虎等。蛴螬（金龟子）是花生生产中主要的害虫，苗期时花生根茎会被平截咬断，造成缺苗，荚果期果柄被咬断、幼果被咬伤，从而减产。土壤药剂处理和危害期灌根是常用的防治措施，但这两种方法费时费力费钱，而且要使用高毒、残留时间长的杀虫剂才能达到效果。而采用药剂拌种可以较好地减轻或防止病虫害对花生的危害。通过不同的药剂拌种或包衣后，可提高花生种子抗病、防虫的能力，通过补充营养元素可以增强种子活力，增强抗旱性、抗寒性，而且能减轻播种后地下害虫、老鼠、鸟类等对种子的危害，保证苗全、苗齐、苗壮，从而为花生高产优质打下良好基础。

研究表明，用50%多菌灵可湿性粉剂处理种子后，不但可以消除花生种子内外的病菌，而且能起到保护种子、幼芽、根、茎基免受病菌侵害的效果，防治效率在80%以上。采用20%氯虫苯甲酰胺SC、22%吡虫啉辛硫磷EC等药剂进行拌种处理后，对地下害虫的防控效率达60%以上。另外，采用聚乙二醇（PEG 6000）处理可以提高花生种子活力，促进种子萌发，增强抗旱能力。不同剂量吡虫啉拌种对花生萌发及生长有一定的影响，从花生发芽率看，3克/千克处理与不拌种比无显著差异，4克/千克处理与对照相比发芽率下降了49%；在苗高、地上部干重、开花指数方面，随着吡虫啉用量的增加均呈递减趋势，但2克/千克处理，对花生苗高、开花指数无明显影响；叶绿素含量、根系活力方面，随着吡虫啉用量的增加各指标均呈上升趋势。

⑨ 播种方法　地膜覆盖的播种方法有先覆膜后播种和先播种后覆膜两种。先覆膜后播种的，以打孔器打孔，孔径5厘米、深3厘米。墒情差的应在孔内点水，水渗下后，每孔并插两粒催芽种子或平放两粒种子，用湿土把播孔封严、压平。采用先播种后覆膜的，要保证小行距及株距，在花生顶土时及时破膜引苗，并用混土封闭孔眼，增湿保墒，促进幼苗早发。

（8）加强管理，保叶防衰　做好覆膜花生田间管理工作，主要抓住查、清、促、控、灌、防六个关键环节。

① 查。一是查播后覆膜质量，防止膜破失墒，种子落干，促进早出苗。二是查苗情补种，防治苗期地上、地下害虫，确保全苗、齐苗、壮苗。三是查引苗放苗，花生顶土鼓膜（刚见绿叶）时，及时将覆盖在膜里的幼苗引出膜外（一般在上午10点前），引苗时注意先破孔通气锻炼幼苗，引苗后及时用土将茎基部孔

眼封闭严密，防止透风、散热、跑墒，使幼苗健壮发育。

② 清。即清棵，是在花生基本齐苗后，把幼苗周围的土四处扒开，使两片子叶露出土外的一种管理措施，能有效促进根系生长、茎枝粗壮和花芽早分化，提高产量。

③ 促。一是促秧，生育中后期，根据生育长势状况，可用 0.1％～0.3％磷酸二氢钾或 2％过磷酸钙澄清液根外叶面喷施 2～3 次，苗势弱的可以加入 1％尿素液混合喷洒增强长势。二是促花，在初花期至盛花期用喷施宝、植保素、108增产素等植物生长调节剂叶面喷施，促进开花，提高结荚率。

④ 控。控制地上部分营养生长，减少后期无效花养分消耗，促进生理发育，提高产量。

⑤ 灌。足墒覆膜花生苗期一般不需要浇水。开花下针期，花生生长旺盛，易造成缺水，有条件的地块此期要进行沟灌润垄，确保满足其生长发育需要。灌水方法要采取顺垄沟灌，不能漫灌，灌后及时对垄沟进行划锄或深中耕，防止板结和杂草生长，保墒防旱。

⑥ 防。即防病虫害。花生生长后期病害主要是叶斑病和锈病。主茎病叶率达到 5％～7％时，可用 50％多菌灵 800 倍液或 75％百菌清 800 倍液叶面喷施。防治花生锈病要在发病初期及时进行药剂防治，可喷施 25％三唑酮可湿性粉剂3000 倍液，或 15％三唑酮可湿性粉剂 1000 倍液，或 40％氟硅唑（福星）乳油7000 倍液，或 30％氟菌唑可湿性粉剂 2000 倍液。隔 7～10 天喷 1 次，连续 3～4次。喷药时可加入有机硅增效剂。

花生虫害主要有棉铃虫、蚜虫、蛴螬等。防治棉铃虫用 BT 乳剂 200 毫升对水 500 千克，在低龄期喷雾，隔 5 天再喷一次，或 20％的灭多威 2000 倍液喷雾防治；防治蚜虫，可选用 20％氰戊菊酯乳油，或 25％高效氟氯氰菊酯乳油，或25％溴氰菊酯乳油，或 40％氰戊·马拉松（菊马）乳油 2000～3000 倍液，或45％马拉硫磷乳油 1000 倍液喷雾，或 10％吡虫啉可湿性粉剂 1500 倍液，或25％噻虫嗪水分散粒剂 5000 倍液，或 3％啶虫脒乳油 1500 倍液等喷雾处理。蛴螬的防治一般采用毒土防治幼虫。毒土拌匀后，撒于种苗穴中，注意种苗与毒土隔开，免生药害。常用配方有：40％辛硫磷乳油 450～600 克/公顷或 40％甲基异柳磷乳油 1.5 千克/公顷，对水 75 千克，拌细土 300 千克。也可以在成虫盛发年的成虫盛发前（雌雄性比为 0.8∶1.2），于晴天傍晚喷洒 40％甲基异柳磷乳油1000 倍液于叶片上。

（9）适时收获，净地净膜　覆膜花生成熟后应及时收获，防止落果、烂果，影响产量与品质。收获前顺垄揭除地膜，带出田外统一回收处理，防止造成土壤或环境污染。为防止黄曲霉毒素污染，刚收获的花生或鲜果避免堆放，应迅速摊开，晒干收获后，要及时清除残留在土中和挂在花生棵上的残膜，统一处理，防止污染土壤和牲畜饲料，达到净地净膜的目的。

二、花生膜下滴灌技术

膜下滴灌技术是地膜栽培技术与滴灌技术的有机结合，是通过可控管道系统供水，将加压的水经过过滤设施滤清后，进入输水主管—支管—辅管—毛管（铺设在地膜下方的滴灌带），再由滴灌带上的滴水器一滴一滴地均匀、定时、定量地浸润作物根系发育区，供根系吸收。该技术不仅使传统的大水漫灌转向了浸润式灌溉，由浇地变为浇作物，作物棵间无积水，水流经滴孔直达作物根系，加之地膜覆盖，大大减少了作物棵间蒸发，提高了水资源利用率，为作物生长创造了良好的环境条件。而且，由单一浇水转向水肥一体供给，把水变成了庄稼的"营养液"，随水施肥、施药，达到水肥药一体化，使作物对水、肥、药的利用更直接，利用率更高。

1. 膜下滴灌技术的优点

（1）节约灌溉用水　滴灌仅湿润作物根系生育区，属局部灌溉形式，不会产生深层渗漏和水平流失，而且由于滴水强度小于土壤的入渗速度，因而不会形成径流使土壤板结。在整个输水系统中，灌溉水是在一个全封闭的系统中运行，无渗漏和蒸发，输水效率高。膜下滴灌滴水量很小，能够使土壤中有限的水分循环于土壤与地膜之间，有效地减少作物棵间蒸发，节约了灌溉用水。据有关研究测试，膜下滴灌的平均用水量是传统灌溉方式的12％、是喷灌的50％、是一般滴灌的70％。

（2）提高肥料利用效率　根据作物需肥规律，在灌水时将溶解的肥料注入滴灌管道系统，随灌溉水滴入作物根系附近，达到水肥一体化应用，避免了肥料的浪费。由于肥液集中分布于根系层，防止肥料的深层流失和地表流失，既提高了肥效，又避免了对地下水的污染。另外，在作物生育期内追施肥料，不需人畜和机械进入田间作业，既节省了劳力，又能达到较高的施肥均匀度，大大提高了肥料的利用率。据测试，膜下滴灌可使肥料的利用率由30％～40％提高到50％～60％。

（3）增产效果显著　膜下滴灌能适时适量地向作物根区供水供肥，调节棵间的温度和湿度。同时地膜覆盖昼夜温差变化时，膜内结露，能改善作物生长的微气候环境，从而为作物生长发育提供良好的条件，可显著提高作物产量，使一般低产花生产量提高35％左右。

（4）降低用工投入　由于滴灌仅湿润作物根部附近土壤，其他区域尤其是行间土壤水分较低，可防止杂草生长，减少除草用工。根据土壤质地设计最佳灌溉水量，减少水分向根区外渗漏，不会造成土壤板结，一般不需中耕。滴灌系统可自动控制，实行水肥药一体化，大大降低了施肥、喷药等田间管理的劳动量和劳动强度，提高了劳动生产率。

2. 膜下滴灌系统的组成

膜下滴灌系统一般由水源工程、首部枢纽、输配水管网、灌水器等四部分组成。

（1）水源工程　滴灌系统的水源可以是机井、泉水、水库、渠道、江河、湖泊、池塘等，但水质必须符合灌溉水质的要求。滴灌系统的水源工程一般是指：为从水源取水进行滴灌而修建的拦水、引水、蓄水、提水和沉淀工程，以及相应的输配电工程。对井水来说，不需要再修建沉淀工程。

（2）首部枢纽　滴灌系统的首部枢纽包括动力设备、水泵、施肥（药）装置、过滤设施和安全保护及量测控制设备，其作用是从水源取水加压并注入肥料（农药），经过滤后按时、按量输送进管网，担负着整个系统的驱动、量测和调控任务，是全系统的控制调配中心。

滴灌常用的水泵有潜水泵、离心泵、深井泵、管道泵等，由水泵将水流加压至系统所需压力并将其输送到输水管网。动力设备可以是电动机、柴油机等。如果水源的自然水头（水塔、高位水池、压力给水管）满足滴灌系统压力要求，则可省去水泵和动力。

过滤设备是将水流过滤，防止各种污物进入滴灌系统堵塞滴头或在系统中形成沉淀堵塞或腐蚀管道。过滤设备有拦污栅、离心过滤器、砂石过滤器、筛网过滤器、叠片过滤器等。当水源为河流和水库等水质较差的水源时，需建沉淀池，将大颗粒杂物沉淀除去后再进入过滤设备进行过滤。

施肥装置主要有压差式施肥罐、开敞式施肥罐、文丘里注入器以及注射泵等几种，将易溶于水并适于作物根施的肥料、农药、除草剂、化控药品等投入施肥罐内充分溶解，然后再通过滴灌系统输送到作物根部。

流量、压力测量仪表用于管道中的流量及压力测量，一般有压力表、水表等。安全保护装置用来保证系统在规定压力范围内工作，消除管路中的气阻和真空等，一般有控制器、传感器、电磁阀、水动阀、空气阀等。调节控制装置一般包括各种阀门，如闸阀、球阀、蝶阀等，其作用是控制和调节滴灌系统的流量和压力。

（3）输配水管网　输配水管网的作用是将首部枢纽处理过的水流按照要求输送分配到每个灌水单元和滴头，包括干管、支管、毛管及所需的连接管件和控制、调节设备。由于滴灌系统的大小及管网布置不同，管网的等级划分也有所不同。

干管是将首部枢纽与各支管连接起来的管道，起输水作用，一般使用聚乙烯（PE）塑料管埋设于地下。干管的材料一般采用聚氯乙烯（PVC）管材，具有抗腐蚀性好，柔韧性好，内壁光滑，密度小，重量轻，便于运输和安装等特点。

支管是连接干管与田间滴灌带的特制 PE 软管，每隔一定的长度就有一个出水口。这种特制的 PE 软管可以弯曲，抗腐蚀能力强。

（4）毛管（滴灌管或滴灌带）和滴头　滴灌系统的水流经各级管道进入毛管（滴灌管或滴灌带），经过滴头流道的消能减压及其调节作用，均匀、稳定地滴到作物根部，满足作物生长对水分的需要。滴灌带一般为黑色，能承受 130N 拉力不破裂，每隔一定距离有一个出水孔（滴头）。滴头是滴灌系统中最重要的设备，其性能、质量的好坏将直接影响滴灌系统工作的可靠性及灌水质量的优劣。对滴头的要求是出流量小、均匀、稳定，对压力变化的敏感性小，抗堵塞性能好，且价格低廉。滴灌系统常用的滴头有三种，即单翼迷宫式、内镶式和压力补偿式。其中单翼迷宫式为一次性薄壁塑料滴灌带，内镶式可为滴灌带或滴灌管，压力补偿式滴头一般安装在滴灌管上，可根据需要在流水线上安装，也可在施工现场安装。

3. 栽培技术

（1）品种选择　膜下滴灌可选择生育期较长、增产潜力较大的高产、稳产、商品性状好的花生品种，如阜花 10 号、阜花 12 号、花育 20 号、花育 23 号、唐油 4 号、农花 5 号、农花 11 号、铁花 1 号、铁花 2 号、昌花 1 号等。

（2）选地和轮作　倒茬花生膜下滴灌适宜选择地势平坦、灌排方便、耕作层疏松、含钙质和有机质较多的沙质壤土或轻沙壤土，最好是生茬、有灌溉条件、土地连片便于农机作业的地块。前茬作物以粮谷、棉花、薯类、蔬菜等为宜，实行轮作倒茬。

（3）整地　整地是膜下滴灌技术的关键，它直接影响播种质量、覆膜质量和花生的出苗、生长发育。整地宜在上季作物秋收后至土壤封冻前进行耕翻、旋耕耙耢、清除残茬杂物等作业。耕翻每隔 3 年一次，深度在 30 厘米以上。整地作业一般先灭茬、后旋耕，深度 20 厘米左右，随后耙地（镇压）耢地，达到地表平整土壤细碎，上虚下实无坷垃、无残茬的待播状态，为高质量覆膜铺滴灌带创造一个良好的土壤环境。

（4）施底肥　整地前施用腐熟农肥 60000 千克/公顷、磷酸二铵 225 千克/公顷、尿素 75 千克/公顷、硫酸钾 225 千克/公顷、生石灰 75 千克/公顷，随旋耕灭茬均匀施于耕作层。

（5）播前准备　有关发芽实验、晒果与剥壳、分级粒选等内容，详见"一、花生地膜覆盖栽培技术"中的相关内容。

（6）覆膜播种

① 播期。5 日内 5 厘米地温稳定在 12℃以上，辽西、辽北、辽中地区一般年份在 5 月 5～10 日，大连、葫芦岛在 5 月 1 日前后，吉林和黑龙江南部在 5 月 10～20 日。

② 大垄一膜一管双行栽培。大垄双行栽培标准为：垄上宽 65 厘米，垄底宽 95 厘米，垄间距 30 厘米，垄高 10～12 厘米，膜宽 90～95 厘米，膜厚 0.008 毫米以上，滴灌带铺设于垄上小行距双垄中间。

③ 除草剂用量。除草剂可用甲草胺 30～3.75 千克/公顷或乙草胺 2.25 千克/公顷。在覆膜播种机带的贮药筒内加入少量水，再加入除草剂，最后注满水，随播种均匀喷洒在播后的地表。

④ 种肥用量。施尿素 90 千克/公顷、磷酸二铵 150 千克/公顷、硫酸钾 300 千克/公顷，加入施肥箱，调好排肥量。

⑤ 播种密度。花生播种密度应综合考虑品种、气候、土壤肥力等因素，垄

间大行距 55 厘米、垄上小行距 40 厘米，穴距 16.0～17.0 厘米。其中珍珠豆型品种以每亩 1.0 万～1.1 万穴，每穴 2 粒为宜，亩保苗 20 万～22 万株；普通型和中间型直立大花生品种每亩以 0.8 万～1.0 万穴，每穴 2 粒为宜，亩保苗 16 万～20 万株。

⑥ 地膜选择。选用宽度适宜，抗拉伸、耐老化、不碎裂、透明度高、展铺性好，既能保证有效果针入土，又能控制高节位无效果针入土的地膜。一般以膜宽 90～95 厘米，膜厚 0.008 毫米，透光率≥70%的地膜为宜。

⑦ 播种。采用播种覆膜联合机械，实行作畦、施种肥、播种、覆土、镇压、喷洒除草剂、铺滴灌管、覆膜等作业一次完成。

（7）滴灌设备的安装　滴灌是一种半自动化的机械灌溉方式，播种前首部工程要安装到位，滴灌带随播种时铺设，播种后立即接通主管路和分管路。滴灌设备安装好后，使用时只要打开阀门，调至适当的压力，即可把水分送到花生根区自行灌溉。

（8）田间管理技术

① 花生需水规律。花生不同生育期对水分的需求不同表(8-1)，幼苗期植株生长量小，对水分需求少，成株特别是开花结荚期，对水分的需求量达到最大。田间管理上要根据花生的需水规律，结合降雨和土壤含水量来考虑灌溉水量。

表 8-1　花生不同生育期需水量

生育阶段	播种出苗	齐苗至开花	开花至结荚	饱果成熟
土壤相对含水量/%	60～70	50～60	60～70	50～60
需水量（比例）/%	3.5～6.5	16.0～19.5	52.0～61.5	14.5～25.0

根据花生的需水、需肥规律及种植区域的降雨特点，在花生苗期、花针期、结荚期分别滴灌 1 次，在花生结荚期滴灌施肥 1 次。第一次灌水时间为播种至出苗期，可以叫做补墒水，播种后如果土壤湿度不足最大持水量的 60%，应立即采取膜下滴灌，水量不宜过大，能保证土壤返潮即可，灌水量最多 5 立方米/亩，如果是全地面的系统模式，滴一个小时即可。其作用既是补墒，保证出苗，又可以使地膜与土壤贴合在一起，防止风大破膜，造成经济损失。第二次灌溉时间为开花至下针期，此阶段应以适当干旱为宜，7 月中旬前后，如果土壤湿度不足最大持水量的 60%时，进行滴灌，灌水量约为 10 立方米/亩。第三次灌水、第一次追肥时间为下针至荚果膨大期，即 7 月下旬至 8 月上旬，此阶段是花生一生中需水量最多的时期，这一时期膜下滴灌量约为 10～30 立方米/亩（根据降雨情况确定具体滴灌量和滴灌时间）。

②苗期管理　播种后，土壤墒情如能保证出苗，则不需浇水，如墒情差，不能保证出苗时，则在播种后需进行滴灌，用水量 15～75 吨/公顷。花生出苗顶土时，及时破膜开孔辅助引苗，随即用土将发黄植株部位和苗孔盖起来，并轻轻压一下，避光引苗。结合放苗，将压在膜下的侧枝抠出膜外，及时清除留在膜上的

残土。及时查田补苗，将缺苗断条处用催芽的种子补齐。此期地下病害主要有根腐病、茎腐病。防治根腐病可以使用25％戊唑醇可湿性粉剂25～35g，或者10％苯醚甲环唑水分散粒剂50～80g，将其对水稀释后喷洒在花生茎基部即可；生长期防治茎腐病用50％多菌灵可湿性粉剂600倍液或70％托布津加50％多菌灵粉剂喷雾，在花生齐苗后和开花前后各喷一次，或者发病初期喷1～2次，用普力克800～1000倍液喷雾还可兼治花生根腐病、立枯病、叶斑病等。

③ 开花下针期管理　此期花生进入盛花期（约7月15日），生长旺盛，需水量大，需要根据土壤墒情保证水分供应，这一时期一般滴灌配额为75～150吨/公顷。若有蚜虫发生，用40％乐果乳油1000～1500倍液喷雾防治。进入7月中下旬，田间若有大草需用刀割除，不要拔除，以免损伤果针或幼果。

④ 结荚期管理　进入结荚期，多数时间降水能满足花生需求，如遇干旱可滴灌，用水量150～450吨/公顷，同时随水追肥，每公顷追施尿素48千克、磷酸二氢钾45千克、硝酸钙30千克。此期若发生叶斑病，可用50％多菌灵可湿性粉剂800～1500倍液或75％百菌清可湿性粉剂500～600倍液喷雾防治；锈病发生可用75％百菌清可湿性粉剂500～600倍液喷雾防治。花生地下虫害主要有蛴螬和地老虎，可用辛硫磷或乐斯本乳油或敌百虫或甲基异柳磷乳油或30％辛硫磷微囊悬浮剂按比例装入施肥罐，随灌水和施肥滴灌到有蛴螬和地老虎为害的区域。

⑤ 饱果成熟期管理　此期花生水分的消耗减少，遇旱土壤墒情不足可滴灌，用水量为75～225吨/公顷，并随水追施尿素37.5千克/公顷、磷酸二氢钾15千克/公顷、硝酸钙22.5千克/公顷。

收获前15天，人工顺垄揭除地膜，带出田外统一回收处理，防止造成土壤或环境污染。田间滴灌带和支管统一回收，按要求进行处理或妥善保管。

（9）适时收获

① 收获期的确定　一是根据田间长相确定收获期，一般以植株呈现衰老状态，中下部叶片由绿转黄并逐渐脱落，茎枝转黄绿色为标准；二是根据饱果率确定收获期，即当荚果饱果率达65％～75％时即可收获；三是根据花生果外壳及种仁颜色确定收获期，即当果壳硬化，网纹相当清晰，果壳内侧乳白色稍带黑色，种仁皮薄光滑呈现出品种固有的色泽时即行收获；四是根据当地昼夜平均气温确定，即当本地昼夜平均气温降到12℃以下时，即可收获；五是根据品种的生育期计算收获期，即正常年份，当品种的固定生育天数达到时即可采收。

② 收获时间　正常年份，辽西、辽北、辽中地区一般在9月中下旬，大连、葫芦岛适当推迟。

③ 收获方法　不论是机械收获还是人工收获，起收后将花生植株2垄放成1垄，根部向阳，晒4～5天后即可摘果。地里晾晒时避免雨淋，防止果壳霉变。

（10）安全贮藏技术　摘果后把荚果摊在晒场上继续晒果，当荚果含水量低于10％，气温10℃以下时装袋入库。袋子要透气，库房要通风干燥，不得放化肥、农药，不能开通取暖设施。

三、花生测土配方施肥技术

测土配方施肥就是在国际上通称的"平衡施肥"，这项技术是联合国在全世界推行的先进农业技术。概括来说，一是测土，取土样检测化验土壤养分含量；二是配方，经过对土壤的养分诊断，按照庄稼需要的营养"开出药方、按方配药"，也就是按需配肥；三是合理施肥，就是在技术人员指导下科学施用配方肥。

花生测土配方施肥是以花生田土壤测试和肥料田间试验为基础，依据花生生长需肥规律、土壤供肥性能和肥料效应，提出氮、磷、钾及中、微量元素等肥料的施用品种、数量、施用时期和施用方法。

1. 土壤样品采集

采集土样是平衡施肥的基础，因此取样时必须认真对待，取样点的选择和样品的采集都要科学、准确。一般在秋收后选择有代表性花生田和土壤进行样品采集。取样一般以50~100亩面积为一个单位，如果是坡耕地或地块零星、肥力变化大的，取样代表面积也可小一些。取样深度一般在20厘米。选择东、西、南、北、中五个点，去掉表土覆盖物，按标准深度挖成剖面，按土层均匀取土。然后，将采得的各点土样混匀，用四分法逐项减少样品数量，最后留1千克左右即可。取得的土样装入布袋内，袋的内外都要挂放标签，标明取样地点、日期、采样人及分析的有关内容。

2. 土壤营养成分的测定

要找县级以上农业和科研部门的化验室。普遍测定碱解氮、速效磷、速效钾、有机质和pH值等5项基础化验指标，根据需要也可以有针对性地化验中、微量营养元素。化验取得的数据要按农户填写化验单，并登记造册，装入地力档案，输入计算机，建立土壤数据库。

3. 肥料养分配方的确定

肥料养分配方的选定应由农业大学、农业科学院和土肥管理站的相关农业专家和专业农业科技人员通过分析研究有关技术数据资料，根据一定产量指标的花生需肥规律、需肥量、土壤的供肥量，以及不同肥料的利用率，选定肥料配比和施肥量。肥料配方应按测试地块落实到农户，以便农户按方买肥，"对症下药"。

4. 配方肥的加工

配方肥料的生产要求有严密的组织以及系列化的服务体系。辽宁省成立了集行业主管部门、教育、科研、推广、肥料企业、农村服务组织为一体的科研课题，实行统一测土、统一配方、统一供肥、统一技术指导，为广大农民服务。

5. 按方购肥

县农业技术推广中心在测土配方之后，把配方按农户、按作物写成清单，县推广中心、乡镇综合服务站、农户各一份。由乡镇农业综合服务站或县推广中心按方配肥销售给农户。一定要认真对待"只测土而不配方、只配方而不按方买肥"的问题，不断提高施肥技术水平，提高肥料利用效率。

6. 科学施肥

多数的配方肥料是作为种肥一次性施用，播种时要控制好施肥的深度和肥料与种子的距离，尽可能有效满足花生苗期和生长发育中、后期对肥料的需要。用作追肥的肥料，更要看地力、看花生长势、看天气，掌握追肥最佳的时机，提倡深施、水施，提高肥料利用率。

四、花生单粒精量播种技术

在花生生产中，由于受到种植习惯、种子质量、种子处理水平、播种机械等因素制约，大多数花生种植者习惯于粗放型大播量播种方式，造成不同程度的浪费种子现象，有时种子的损失量多达10%～20%。同时，由于花生种子价格较高，增加了种植成本。然而，播种量过大容易造成田间群体过大，而植株个体却生长偏小、生长过高，病虫害、倒伏等危害加重，降低了产量。

花生单粒精播种植可以使花生植株空间分布均匀，幼苗期养分、光照、水分相对充足，有利于培育壮苗。单粒精播种植为花生植株创造了分枝的生长空间，改善了果针入土的条件，促进近根部位果针集中坐果，营养均匀集中，双仁荚果数量增多，百果重、百仁重增加。另外，单粒精播种植增强了覆膜后幼芽自行破膜率，地膜穿孔小、破坏少、密封严，这对保水、保温、防病虫、防涝烂果均具有重要作用，提高了产量。

冯烨等（2013）研究表明，单粒精量播种比传统穴播双粒种植花生，可以促进花生根系中细根的生长，显著提高植株根系总长度、总体积及活性吸收面积。在适宜的精播密度下单粒播种优势更为显著，根系健壮生长有利于吸收更多的水分和养分，保障了地上部生长的营养供应，增加同化产物，积累较多干物质。花生单粒精播种植还可以促进根冠协调生长，显著提高根冠比，保障了后期根系对养分的需要，避免根系的提前衰老，促进生殖生长，保障荚果发育，可在节种35%的前提下，使荚果产量增加7.98%～8.38%，实现花生高产。

铁岭市农业科学院花生研究所进行了花生精量单播高产栽培技术研究，其主要技术为：

（1）种子的筛选和处理 播种前必须进行果选及粒选。剥壳前剔除虫、芽果及异型种果。播种前10～15天剥壳，剥壳后对种子进行分级粒选，把秕、病、虫、霉变、发芽粒剔除，选一级健壮籽仁作种。

（2）发芽试验 只有发芽率在95%以上的种子才可以进行单粒精播。

（3）病虫害防治 播种时用甲胺磷、水、种子比为1∶20∶800的比例拌种或辛硫磷、水、种比为1∶50∶1000的比例拌种，防治地下害虫及幼苗害虫。

（4）合理密植 每亩10000穴（大粒型）～12000穴（中小粒型），每穴1粒。

第九章

大田农作物病虫害发生规律与绿色防控技术

第一节 玉米大斑病发生规律及绿色防控技术

一、症状与病原

玉米大斑病又称条斑病、煤纹病，是世界性的病害。本病在玉米整个生长期皆可发生，但多见于生长中后期，特别是抽穗以后。资源主要侵害叶片，严重时叶鞘和苞叶也可受害，一般先从植株底部叶片开始发生，逐渐向上蔓延，但也常有从植株中上部叶片开始发病的情况。其最明显的症状是叶片上形成大型梭状（纺锤形）的病斑，一般长 5～10 厘米、宽 1 厘米左右（有的甚至可长达 15～20 厘米，宽 2～3 厘米），病斑呈青灰色至黄褐色，但病斑的大小、形状、颜色因品种抗病性不同而异。在感病品种上，病斑大而多，斑面现明显的黑色霉层病征，严重时病斑相互连合成更大的斑块，使叶片枯死；在抗病品种上，病斑小而少，或产生褪绿病斑，外具黄色晕圈，其扩展受到一定限制。

玉米大斑病病原为半知菌亚门的大斑突脐蠕孢菌。其无性态分生孢子梭形，有时稍弯曲，中部最粗，两端渐细，基部细胞尖锥形，脐明显，突出于基细胞之外。分生孢子具 2～8 个隔膜，大小及形状变异很大，一般为（58～141）微米×（15～23）微米，厚壁，淡褐色至褐色。分生孢子梗丝状，褐色，上部多呈膝状弯曲，单生或 2～6 根丛生，不分枝，具 2～6 个隔膜，多从气孔伸出。病菌有明显的生理分化现象，美国报道有 4 个生理小种，我国已发现 3 个小种。

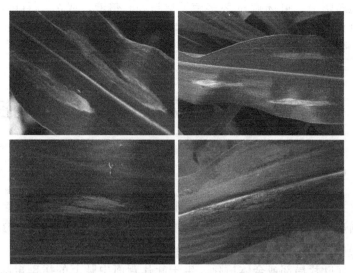

玉米大斑病（彩图）

二、发生规律

在北票地区通常 7～8 月间降雨量较多年份，适于玉米大斑病的发生流行。轮作或合理间套作的发病轻，稀植的比密植的发病轻，肥沃田比贫瘠地的发病轻，地势高、通透性好的比地势低湿的发病轻。近几年种子田，由于亲本抗病性较差，在 8 月份发生较重。预报发生程度及时间主要根据种植的玉米品种抗病性，结合 7～8 月份的降雨量进行预测。

危害性评估：玉米大斑病是北票市玉米主要病害，近几年制种田玉米大斑病发生严重，重病田发病株率高达 50% 以上，果穗减少，种子干瘪，千粒重降低，减产 15%～25%。因此该病是北票市玉米的最主要病害之一，严重影响玉米的高产、稳产。

三、防治方法

防治玉米大斑病应采取以推广抗病品种为主，栽培防病为辅的综合防治措施。具体应抓好下述环节：

（1）选育和播种抗病优质的玉米自交系、杂交种 各地应用抗大斑病或兼抗小斑病和丝黑穗病的品种有：中单系列、丹玉系列、东丹系列、屯玉系列、沈单系列，以及其他抗病品种。在大、小斑病和丝黑穗病混合发生区，应选用能兼抗几种病害的多抗性品种。

（2）抓好栽培防病 提倡合理密植和间套作；施足基肥，配方施肥，及早追肥，特别要抓好拔节和抽穗期及时追肥；注意排灌，避免土壤过旱过湿；清洁田园，减少田间初侵染菌源和实行轮作等。

（3）施药防治　可选喷50％多菌灵湿粉500倍液，或75％百菌清＋70％托布津（1∶1）1000倍液，或40％三唑酮＋50％多菌灵（1∶1）1000倍液，隔7～15天一次，连喷2～3次，交替施用，前密后疏，喷匀喷足。

第二节　玉米北方炭疽病发生规律及绿色防控技术

一、症状与病原

玉米北方炭疽病又名眼斑病，初生水浸状圆形褪绿小斑，后扩展为圆形、椭圆形、矩圆形斑点，大小为（1～2）毫米×（0.5～1.5）毫米。病斑中心灰白色，边缘褐色、紫褐色，周围有狭窄的鲜黄色晕圈，与鸟眼形态相似。后期病斑汇合成片，使叶片局部或全体枯死。生于叶片背面中脉上的病斑矩圆形，褐色，大小为（0.5～1.5）毫米×（2～3）毫米。多个病斑汇合后使中脉变褐色，而病斑正面中脉呈淡褐色。抗病品种叶片上的病斑仅为褐色小点。病原为玉蜀黍梗孢，属于半知菌亚门黑盘孢目球梗孢属。北方炭疽病现分布于东北三省和云南等地，常与弯孢霉叶斑病混合发生，且两病症状相似，易混淆。

二、发生规律

玉米北方炭疽病自苗期至成株期都可发生，近成熟期多发于中上部叶片、叶鞘和苞叶上。玉米北方炭疽病病原菌可侵染叶片中脉，此点与弯孢霉叶斑病不同。病菌在5～40℃范围内都可生长，适宜温度范围是20～25℃。病菌孢子在20～30℃范围内均能萌发，最适温度为25℃。玉米不同杂交种对北方炭疽病病原菌的抗性存在显著差异，辽原2号、掖单2号表现抗病，铁单9号、丹3068号、沈试31号、农大108、辽原1号、辽单24号、辽单25号表现中等抗性，东单6号、东单7号、丹413号、丹933号、海试19号、改掖单19号高度感病。

危害性评估：该病在辽宁省已普遍发生，且常与玉米拟眼斑病混合发生，一旦条件适宜，即可大面积流行。

三、防治方法

（1）选用抗病品种　推广高产优质兼抗病的玉米杂交种，是防病增产的重要措施。种植抗病品种时必须结合采用优良的栽培技术措施，才能充分表现出品种的抗病性。选用辽原2号、掖单2号、铁单9号、丹3068号、沈试31号、农大108、辽原1号、辽单24号、辽单25号等抗性品种，同时应根据具体情况选用能兼抗几种病害的多抗玉米杂交种。

（2）合理配套措施　改进栽培技术，加强田间管理，及时中耕，可以增强植株的抵抗力，减轻危害。

（3）药剂防治　用50％多菌灵500倍液、80％代森锰锌500倍液，75％百菌清500倍液等，一般在发病初期喷施，每周一次，连续喷2～3次，防效较好。

第三节　玉米纹枯病发生规律及绿色防控技术

一、症状与病原

玉米纹枯病主要危害玉米叶鞘，严重时叶片、苞叶、茎秆、果穗皆可受害。被害叶鞘初现暗绿色小斑点，病斑逐渐扩大成椭圆形至不规则地图状，后病斑相互连合为云纹状大斑块。病斑边缘深褐色，病健部分界明晰，斑中部淡褐至灰白色。潮湿时病斑呈灰绿色水渍状，干燥时呈草黄色。斑面病征前期表现为蛛丝状物（病菌菌丝体），中后期表现为白色疏松的绒球状物（由菌丝纠结而成的幼嫩菌核）或茶褐色萝卜籽粒状物（老熟菌核），菌核易脱落。

玉米纹枯病主要由半知菌亚门的立枯丝核菌侵染所致。此外，禾谷类丝核菌中的一些菌丝融合群也是本病的重要病原菌，其中以CAG-10菌丝融合群对玉米致病力较强。菌核由菌丝纠结而成。幼嫩菌核呈白色疏松绒球状；老熟菌核呈茶褐色萝卜籽粒状，表面粗糙，具海绵状孔。菌核外层为死细胞群、内层为活细胞群，内外层比例决定着菌核在水中的浮沉性。

二、发生规律

病菌以菌丝和菌核在病残体或土壤中越冬。翌年条件适宜时，菌核萌发产生菌丝，直接穿透寄主表皮或气孔侵入致病，发病后病部产生的气生菌丝通过接触进行再侵染。病菌发育适温为28～32℃，菌核在27～30℃和有足够的水湿时1～2天就可萌发为菌丝，6～10天又可形成新的菌核。连续阴雨或天气湿闷有利发病。过分密植，施氮过多，同一作物连作田块本病往往发生严重。

危害性评估：玉米纹枯病是北票市近年发生的日趋严重的一种真菌性病害，发病株率严重地块可达10％～35％，个别低洼地块或水浇地甚至达100％，一般损失1～2成，甚者穗苞腐烂，减产更为严重。

三、防治方法

玉米纹枯病为多寄主的土传病害，又是随着丰产栽培技术不断提高而日趋严重的病害。对玉米纹枯病的防治应采取清除病原，栽培耕作防治为基础，重点使用化学药剂的综合防治技术措施。

（1）清除病原菌丝和菌核

① 清除田间玉米秸秆并进行翻耕，铲除田边杂草，销毁菌核，减少越冬菌源。

② 在发病初期摘除病叶，及时剥去基部感病叶鞘和叶片，作为饲料或集中烧毁，防止病害继续扩大蔓延。在发生严重地区，可于中耕除草的同时，剥除植株基部的病叶鞘，并结合用药涂茎基部病叶鞘，效果更佳。

（2）栽培防治　栽培防治是在高产的前提下，利用耕作栽培措施以控制纹枯病的发生和发展，既有利于生态环境的平衡，也有利于寄主作物的生长发育。

① 选择优良抗病的杂交种。品种间的抗性有很大差异，应选用抗病或耐病的品种或杂交种。

② 选择适当的栽培措施。合理密植，通风透光，降低田间湿度。尽可能因地制宜地轮作倒茬。

③ 排水。雨季注意及时开沟排水，降低田间湿度，减轻发病程度。

（3）药剂防治　使用化学药剂重点防治玉米基部，保护叶鞘，早防治效果好。

① 50％退菌特可湿性粉剂，每亩用量为 100 克对水 80～100 升，或 80％代森锌可湿性粉剂 100 倍液，均可应用。

② 40％菌核净。每亩用量为 100 克对水 75～100 升，效果也较好。

第四节　玉米顶腐病发生规律及绿色防控技术

一、症状与病原

玉米顶腐病原为亚黏团镰孢菌属半知菌亚门镰孢菌属真菌侵染所致。

1. 苗期症状

主要表现为植株生长缓慢，叶片边缘失绿、出现黄色条斑，叶片皱缩、扭曲。这一症状与粗缩病的区别在于节间不粗短，叶片不僵直、肥厚；与矮花叶病的区别在于叶片不成黄绿相间的条纹状，而是叶边缘成黄斑；与瑞典秆蝇、蓟马等害虫造成的心叶歪头状区别在于叶片没有害虫分泌的黏液、污点和损害残缺；与"疯顶病"在苗期危害症状的区别在于无分蘖、心叶不黄化；与"玉米苗后除草剂药害"的区别在于叶片中间没有黄化斑。重病苗也可见茎基部变灰、变褐、变黑而形成枯死苗。

2. 成株症状

成株期病株多矮小，但也有矮化不明显的，其他症状更成多样化：

（1）叶缘缺刻型　感病叶片的基部或边缘出现刀切状缺刻，叶缘和顶部褪绿成黄亮色，严重时 1 个叶片的半边或者全叶脱落，只留下叶片中脉以及中脉上残留的少量叶肉组织。

（2）叶片枯死型　叶片基部边缘褐色腐烂，叶片有时成撕裂状或断叶状，严重时顶部 4～5 叶的叶尖或全叶枯死。

（3）扭曲卷裹型　顶部叶片卷缩成直立长鞭状，有的在形成鞭状时被其他叶片包裹不能伸展形成弓状，有的顶部几个叶片扭曲缠结不能伸展，缠结的叶片常成撕裂状、皱缩状（此症状容易与玉米疯顶病混淆，区别在于该病的叶片边缘有明显的黄化症状，叶片变形、扭曲症状轻于疯顶病）。

（4）叶鞘、茎秆腐烂型　穗位节的叶片基部变褐色腐烂的病株，常常在叶鞘和茎秆髓部也出现腐烂，叶鞘内侧和紧靠的茎秆皮层成铁锈色腐烂，剖开茎部，可见内部维管束和茎节出现褐色病点或短条状变色，有的出现空洞，内生白色或粉红色霉状物，刮风时容易折倒。

（5）弯头型　穗位茎节叶基和茎部发病发黄，叶鞘茎秆组织软化，植株顶端向一侧倾斜。

（6）顶叶丛生型　有的品种感病后顶端叶片丛生、直立。

（7）败育型或空秆型　感病轻的植株可抽穗结实，但果穗小、结籽少。严重的雌、雄穗败育、畸形而不能抽穗，或形成空秆。此症状与缺硼症相似，但缺硼一般在沙性土及保肥保水性差、有机质少的地块，且长期持续干旱时发生；而该病是在多雨、高湿条件下发生，在低洼、黏土地块相对较重，发病的适宜温度为 25～30℃。

二、发生规律

该病原菌以土壤、病残体、种子带菌为主，特别是种子带菌可远距离传播，使发病区域不断扩大；且病株产生的病原菌分生孢子还可以随风雨传播，进行再侵染。品种抗病能力弱，不同地势，土壤湿度不同、土质不同发病程度存在差异。不同田块间发病差异明显，低洼地块、土壤黏重地块发病重。施肥不及时、氮磷比例不合理或缺肥地块发病重。总之，因品种抗病性差和不同因素导致玉米苗长势弱，加之适宜的气象条件，土壤中有足够的菌源，为病原菌入侵提供了良好的条件，玉米顶腐病发病则重。

危害性评估：玉米顶腐病以种子、土壤、病残体带菌，是初侵染源，大面积种植感病品种和多年连作、土壤营养特别是钙元素失衡是病害发生严重的主要原因。与玉米其他病害相比，玉米顶腐病的危害损失更重、潜在危险性较大。该病可在玉米整个生长期侵染发病，但以抽穗前后表现最为明显。因其症状复杂多样，且一些症状与玉米的其他病虫害、缺素症有相似之处，易于混淆，因此在诊断识别和防治上困难较大。玉米顶腐病是近年来生产上流行且具有潜在危险性的新病害，而且有逐年加重的趋势，已在黑龙江、吉林、辽宁、甘肃、山东等地发生，是造成玉米严重减产的原因之一。一般病株率占 10％～30％，严重的达50％以上。玉米面积约 100 万亩，玉米连续重茬几年的地块十分常见，土壤中病菌逐年积累，只要气候条件合适极易造成玉米顶腐病大流行。由于玉米植株感病程度不同、发病时期不同，所表现的症状特点也各有差异，某些症状特点尚未被人们所普遍认知，有时易于和其他危害混淆，误认为生理病害。因此，控病措施也很难适当应用，从而会对病害的发生和流行造成一定程度的失控，加重病害的流行。

三、防治方法

(1) 选择抗病品种　品种间抗病性有差异，在生产上，淘汰感病的品种，选用抗性品种。

(2) 加强田间管理　及时搞好铲趟，排湿提温，消灭杂草，以提高秧苗质量，增强抗病能力。

(3) 适时追肥　促苗早发，补充养分，提高抗逆能力。

(4) 科学合理使用药剂　对发病地块可用广谱杀菌剂进行防治。选 300 倍的 58％甲霜灵·锰锌，500 倍的 50％多菌灵或 500 倍的 75％百菌清等药剂中的一种与叶面肥、锌肥一起喷施。

(5) 毁种　对严重发病难以挽救的地块，要及时做好毁种准备。

玉米顶腐病（拔节期）（彩图）

第五节　玉米丝黑穗病发生规律及绿色防控技术

一、症状与病原

玉米丝黑穗病是苗期侵染的系统性病害，一般到穗期才出现典型症状。雄穗受害多数病穗仍保持原来的穗形，部分小花受害，花器变形，颖片增长呈叶片状，不能形成雄蕊，小花基部膨大形成菌瘿，外包白膜，破裂后散出黑粉（冬孢子），发病重的整个花序被破坏变成黑穗。病果穗较粗短，基部膨大，不抽花丝，苞叶叶舌长而肥大，大多数除苞叶外全部果穗被破坏变成菌瘿，成熟时苞叶开裂散出黑粉，寄主的维管束组织呈丝状，故名玉米丝黑穗病。

玉米丝黑穗病的病原为孢堆黑粉菌，是担子菌亚门孢堆黑粉菌属，冬孢子球形或近球形，黄褐色至黑褐色，直径9～14微米，表面有细刺。冬孢子间混杂有球形或近球形的不育细胞，直径7～16微米，表面光滑近无色。冬孢子在成熟前常集合成孢子球并由菌丝组成的薄膜所包围，成熟后分散。成熟的冬孢子遇适宜条件萌发产生有分隔的担子，侧生担孢子。担孢子无色，单孢，椭圆形，直径7～15微米。担孢子以芽殖方式可反复产生次生担孢子。冬孢子萌发温度25～30℃，适温为25℃左右，低于17℃或高于32.5℃不能萌发。土壤含水量17%～30%，在缺氧时不易萌发。适宜pH4.0～6.0，偏碱抑制发芽，黑暗及有氧条件有利于孢子萌发。冬孢子致死温度在60℃温水中10分钟或110℃干热下30分钟。冬孢子萌发率与成熟度有关，外部孢子早成熟，萌发率高。危害对象包括玉米及高粱属和类蜀黍属的一些植物。发病程度取决于品种的抗性、菌源数量及环境条件等因素。

二、发生规律

（1）品种抗性　品种间抗性差异大（但无免疫品种）。

（2）菌源数量　连作地发病重，因连作土壤中的菌量会迅速增加。

（3）环境条件　播种至出苗期间的土壤温、湿度条件与发病有密切的关系。病菌萌发侵入的适宜温度为25℃左右，土壤含水量20%时侵染最适。

危害性评估：玉米丝黑穗病是北票地区玉米的重要病害之一。该病危害玉米果穗，发病率为2%～8%，有时可达90%以上。发病株产量损失达到100%。

三、防治方法

玉米丝黑穗病是一种土传病害，苗期侵染，侵染期长，必须采用以抗病品种为主、药剂拌种为辅的综合防治措施，才能控制危害。

（1）选用抗病品种　目前抗病杂交种有中单2号、丹玉13号、吉单131、四单12、锦单6、本育9、掖单11、掖单13等。重病田更换抗病品种，当年即可降低发病率，有效控制危害。在利用抗病品种中，应做好多种抗原的合理搭配，防止品种单一化带来新的病菌小种或其他病害问题。

（2）药剂拌种　根据实际情况，分别选用下列药剂进行种子处理：① 15%三唑酮可湿性粉剂320～400克拌100千克玉米种子。② 12.5%烯唑醇可湿性粉剂240～400克拌100千克玉米种子。即将药剂加入种子重量4%的水中，调配成药液拌种，也可用稀米汤代替水，调制药液以增加黏着性。以上两种药剂是目前防治效果较好的拌种剂。三唑酮防治效果可达 60%~80%，重病区连续几年拌种，可将发病率压到 1%以下，已达到控制危害的水平。但三唑酮或烯唑醇的药效受春播时土壤墒情影响较大，在春旱年份或春季干旱的地区药效偏低。速保利在不同土壤水分条件下药效较稳定，但成本偏高，在有条件的重病区可考虑应用。

（3）改进栽培措施　玉米丝黑穗病主要是土壤、粪肥传病，土壤中病菌厚垣孢子积累越多发病越重。因地制宜地采取栽培措施，促进幼苗健壮生长，并尽量减少侵染来源，可以减轻发病。这些栽培措施对某些当地无抗病品种或无药拌种的边远地区尤为重要。

① 控制菌源　重病地块实行大面积轮作；秋季深翻土壤，将病残组织深埋于土中；施用不带病残组织的净粪作基肥，减少土壤中的侵染来源。间苗、定苗时选留大苗、壮苗，剔除病弱苗和畸形苗；出穗后割除病雄穗和病果穗装入塑料袋内，带出田间深埋，防止厚垣孢子在土壤中扩散与积累。这些措施对减少当年受害和田间病菌积累都有重要作用，坚持执行，可以逐年减轻危害。

② 抢墒播种　地膜覆盖，春旱地区雨后抢墒播种，或坐水浅播，播前灌溉，保证土壤水分良好，都可以显著减轻发病。因为地膜可以提高土温，保持土壤水分。地膜覆盖可使出苗及植株生育提前而减轻发病，是防病增产措施之一。

玉米丝黑穗病（彩图）

第六节　玉米瘤黑粉病发生规律及绿色防控技术

一、症状和病原

玉米瘤黑粉病是局部侵染病害，凡具有分生能力的任何地上部分幼嫩组织，如气生根、茎、叶、雄穗、雌穗等都可以被侵染发病，形成大小形状不同的菌瘤。幼苗生瘤，生长矮小，苗高一尺左右最明显，受害重者很早枯死；在拔节前后，叶片或叶鞘上产生菌瘤，叶片上菌瘤小，多如花生米大小，常从叶鞘基部向上成串密生；雄花大部分或个别小花形成长圆形或角状菌瘤；雌穗发病在果穗上半部或个别籽粒上形成菌瘤，严重的全穗形成大的畸形菌瘤。菌瘤外表是一层银白亮膜，有光泽，内部白色，肉质多汁，以后逐渐变成灰白色，后期变成黑灰色，最后破裂，散出大量黑粉（即冬孢子）。玉米瘤黑粉病是由玉蜀黍黑粉菌引起发病，属担子菌亚门黑粉菌属。它是我国玉米上分布最广的主要病害之一，北方发生较为普遍而严重。

二、发病规律

病菌以冬孢子在土壤中、地表、粪肥上及病株残体上越冬，成为次年的初侵染源。种子表面带菌对病害的远距离传播有一定作用。冬孢子在适宜条件下萌发产生担孢子，随风雨传播至玉米的幼嫩组织，主要是从生长部位侵入；此外，病菌也能从伤口侵入。担孢子产生的菌丝在玉米中生长发育，刺激玉米局部组织细胞旺盛分裂，逐渐肿大形成菌瘤。菌瘤成熟破裂，又散出黑粉（冬孢子）进行再次侵染。冬孢子在玉米生育期内可进行多次再侵染，在玉米抽雄期蔓延最快，形成发病高峰，直到玉米成熟后停止侵染。玉米在全生育期内都可以感染瘤黑粉病，尤其以抽雄前后一个月内为盛发期，如遇干旱，又不能及时灌溉，造成生理干旱，抗病力弱，利于发病。低温、干旱、少雨的地方，土壤中冬孢子存活力高，存活时间长，发病重，因为微雨、夜露就可以满足冬孢子的萌发和侵染的条件。苗期高温多湿、人工去雄作业、虫害及暴风雨过后，造成大量伤口，都会严重发病；连年制种田及高密植田或灌溉时间间隔长，造成水分时少时多，以及偏施过量氮肥，都会削弱植株抗病力，使病害发生较重。

危害性评估：玉米瘤黑粉病是局部侵染性病害，整个生育期，植株地上部，形成菌瘤，影响玉米生长所需的营养，病害发生危害程度与病害发生时期、病瘤大小、数量和发病部位相关，2015～2019 年期间，严重地块病株率达到 5％～10％。

三、防治方法

① 彻底清除田间病株残体，带出田外深埋；进行秋深翻整地，把地面上的菌源深埋地下，减少初侵染源；避免用病株沤肥，粪肥要充分腐熟。

② 种子处理，用 20％的戊唑醇（立克秀）可湿性粉剂 100～150 克拌种子 100 千克，可收到良好的防治效果。

③ 在玉米出苗前地表喷施杀菌剂（除锈剂）；用 15％粉锈宁拌种，用量为种子量的 0.4％；在玉米抽雄前喷 50％的多菌灵或 50％的福美双，防治 1～2 次，可有效减轻病害。

④ 避免偏施、过施氮肥，灌水及时，特别是抽雄前后易感染期必须保证水分充

足；及时彻底防治玉米螟等害虫；人工去雄尽量不要造成大伤口，均可减轻病害。

玉米瘤黑粉病（彩图）

第七节　玉米弯孢菌叶斑病发生规律及绿色防控技术

一、症状和病原

玉米弯孢菌叶斑病是 20 世纪 90 年代中后期在北票地区发生的一种危害较大的新病害，主要危害叶片，也危害叶鞘和苞叶。抽雄后病害迅速扩展蔓延，植株布满病斑，叶片提早干枯，一般减产 20%～30%，严重地块减产 50%以上，甚至绝收。玉米弯孢菌叶斑病的致病菌为新月弯孢霉，属半知菌亚门弯孢霉属真菌。玉米受害叶部病斑初为水渍状褪绿半透明小点，后扩大为圆形、椭圆形、梭形或长条形病斑，病斑长 2～5 毫米、宽 1～2 毫米，最大的可达 7 毫米×3 毫米。病斑中心灰白色，边缘黄褐色或红褐色，外围有淡黄色晕圈，并具黄褐色相间的断续环纹。潮湿条件下，病斑正反两面均可产生灰黑色霉状物，即病原菌的分生孢子梗和分生孢子。感病品种叶片密布病斑，病斑结合后叶片枯死。

二、发病规律

病菌以菌丝潜伏于病残体组织中越冬，也能以分生孢子状态越冬，遗落于田间的病叶和秸秆是主要的初侵染源。病菌分生孢子最适萌发温度为30～32℃，最适的湿度为超饱和湿度，相对湿度低于90％则很少萌发或不萌发。品种抗病性随植株生长而递减，苗期抗性较强，1～3叶期很易感病，此病属于成株期病害。在北票地区该病的发病高峰期是7月中下旬到8月上旬，玉米抽雄后。高温、高湿、降雨较多的年份有利于发病，低洼积水田和连作地块发病较重。

三、防治方法

① 种植抗病品种。

② 加强栽培管理，减少越冬菌源。合理轮作，合理密植，加强管理，提高植株抗病能力；玉米收获后及时清理病残体，集中处理，减少初侵染源。

③ 药剂防治。在发病初期，田间发病率10％时应立即喷药防治。主要使用的药剂有：70％代森锰锌500倍液、50％速克灵500倍液等，喷药防治效果在78％～95％。

第八节　玉米青枯病发生规律及绿色防控技术

一、症状和病原

玉米青枯病也叫玉米茎基腐病，是为害玉米根和茎基部的一类重要土传真菌病害。发病率一般为5％～10％，严重的达30％以上。青枯病一旦发生，全株很快枯死，一般只需5～8天，快的只需2～3天。玉米青枯病发病初期，植株的叶片突起，出现青灰色干枯，似霜害。根系和茎基部呈现水渍状腐烂，进一步发展为叶片逐渐变黄，根和茎基部逐渐变褐色，髓部维管束变色，茎基部中空并软化，致使整株倒伏。发病轻的也使果穗下垂，粒重下降。根系发病，局部产生淡褐色水渍状病斑，逐渐扩展到整个根系，呈褐色腐烂状，最后根变空心，根毛稀少，植株易拔起；穗柄柔韧，不易掰下；籽粒干瘪，无光泽，千粒重下降。

玉米青枯病一般在玉米灌浆期开始发病，乳熟末期至蜡熟期为显症高峰。真菌型茎基腐病是由多种病原菌单独或复合侵染造成根系和茎腐烂的一类病害，主要由以下几种病原菌侵染引起，包括腐霉菌、镰刀菌、炭疽菌、炭腐菌。因病原菌不同，在玉米植株上表现的症状也有所不同。其中腐霉菌生长的最适温度为23～25℃，镰刀菌生长的最适温度为25～26℃，在土壤中腐霉菌生长要求湿度条件较镰刀菌高。炭腐菌在干旱季节和地区发生严重。病害的发生与其他叶部病害的发生关系很大，如锈病重，茎腐会严重。

二、发病规律

玉米青枯病多发生在气候潮湿的条件下，高温高湿利于发病，均温 30℃ 左右、相对湿度高于 70％ 即可发病，均温 34℃、相对湿度 80％ 扩展迅速。地势低洼或排水不良，密度过大，通风不良，施用氮肥过多，伤口多，则发病重。在北票地区凡是 7～8 月间降雨多、雨量大，玉米青枯病发生就严重，因为此时降雨造成了病原菌孢子萌发及侵入的条件，使 9 月上旬玉米抗性弱的乳熟阶段植株大量发病。玉米幼苗及生长前期很少发生茎枯病，这是由于植株在这一生长阶段对病菌有较强抗性，但到灌浆、乳熟期植株抗性下降，遇到较好的发病条件，就大量发病。连作的玉米地发病重，这是由于在连作的条件下，土壤中积累了大量病原菌，易使植株受侵染。

三、防治方法

① 合理轮作。重病地块与大豆、红薯、花生等作物轮作，减少重茬。

② 选用抗病品种。种植抗病品种，是一项经济有效的防治措施。如北京德农郑单 958、农大 108 等。

③ 及时消除病残体，并集中烧毁。收获后深翻土壤，也可减少和控制侵染源。

④ 玉米生长后期结合中耕、培土，增强根系吸收能力和通透性，及时排出田间积水。

⑤ 种子处理。种衣剂包衣，因为种衣剂中含有杀菌成分及微量元素，一般用量为种子量的 1/50～1/40。

⑥ 增施肥料。每亩施用优质农家肥 3000～4000 千克、氮肥 13～15 千克、硫酸钾 8～10 千克，加强营养以提高植株的抗病力。

⑦ 化学防治。用 25％ 叶枯灵加 25％ 瑞毒霉粉剂 600 倍液，或用 58％ 瑞毒锰锌粉剂 600 倍液喇叭口期喷雾预防。发现零星病株可用甲霜灵 400 倍液或多菌灵 500 倍液灌根，每株灌药液 500 毫升。

玉米青枯病（彩图）

第九节　玉米矮花叶病发生规律及绿色防控技术

一、症状和病原

玉米矮花叶病在玉米整个生育期均可发病，苗期受害重，抽雄前为感病阶段。最初在心叶基部叶脉间出现许多椭圆形褪绿小点或斑纹，沿叶脉排列成断续的长短不一的条点，病情进一步发展，叶片上形成较宽的褪绿条纹，尤其新叶上明显，叶绿素减少，叶色变黄，组织变硬，质脆易折断，有的从叶尖、叶缘开始，出现紫红色条纹，最后干枯。一般第一片病叶失绿带沿叶缘由叶基向上发展成倒"八"字形，上部出现的病叶待叶片全部展开时，即整个成为花叶。病株黄弱瘦小，生长缓慢，株高不到健株一半，多数不能抽穗而早死，少数病株虽能抽穗，但穗小、籽粒少而秕瘦。病株根系发育弱，易腐烂。玉米矮花叶病的病原为病毒。病毒粒体长条形（线状），致死温度 55～60℃，稀释终点 100～1000 倍，体外存活期（20℃）1～2 天，可用汁液摩擦接种。自然条件下，由蚜虫传染，潜育期 5～7 天，温度高时 3 天即可显症。主要传毒蚜虫有玉米蚜、缢管蚜、麦二叉蚜、麦长管蚜、棉蚜、桃蚜、苜蓿蚜、粟蚜、豌豆蚜等，以麦二叉蚜和缢管蚜占优势。蚜虫一次取食获毒后，可持续传毒 4～5 天。该病毒寄主范围广，除玉米外，还可侵染高粱、谷子、糜子、稷、雀麦、苏丹草及其他禾本科杂草，如狗尾草、马唐、稗草、画眉草等。

二、发生规律

玉米矮花叶病毒源来源，一是种子带毒，二是越冬杂草上寄生。毒源主要借助蚜虫吸食叶片汁液而传播，汁液摩擦和种子也有传毒作用。病害的流行及程度，取决于品种抗性、毒源及介体发生量，以及气候和栽培条件等。品种抗病力差、毒源和传毒蚜虫量大、苗期冷干少露、幼苗生长较差等都会加重发病程度。玉米矮花叶病毒借助蚜虫在植株与植株、田块与田块之间传播，玉米在整个生长期内均可感染此病，以幼苗期到抽雄前较易感病，侵染后有 7～15 天的潜育期。受侵染的部位初期出现点条状褪绿斑点，严重时全株叶片出现褪绿斑点，重病植株还会表现出不同程度的矮化，株高降低 1/3～1/2，且雄穗扭曲或抽不出来，所结的玉米穗籽粒瘦小、千粒重较低。

三、防治方法

① 种植抗病品种。选用抗病品种是最经济有效的预防措施之一。一般抗病品种主要有鲁单 50、吉 853、掖单 20、农大 65 等，应积极组织抗病新杂交种的开发力度，加速取代感病品种，种源不足时应将抗病品种优先安排在病害发生较

重的区域。

②注意种植方式。播期与发病的关系，种植春玉米时最好采用地膜覆盖的方式，地膜覆盖不仅可使玉米早出苗，避开蚜虫迁飞传毒的高峰期，而且还有驱蚜作用，使田间的病株较常规露地栽培的降低60％左右。此外，地膜的增温保墒作用还会使玉米生育期提前，延缓病株率的增长，较露地栽培的病株率可降低80％以上。

③施足底肥、合理追肥、适时浇水、中耕除草等项栽培措施。可促进玉米健壮生长，增强植株的抗病力，减轻病害发生。

④及早拔除病株及杂草。田间最早出现的多为种子带毒苗，通常在子叶展开时就表现出发病症状，宜在2叶1心期定苗时将其拔除，在3～4叶1心期再逐块细致检查，彻底拔除种子带毒苗和早期感病的植株，以减少田间毒源。杂草密度大的地块，例如在麦收后未灭茬、未除杂草的田间病株率高达12％，所以要及时铲除田间杂草。

⑤药剂防治。玉米矮花叶病是病毒病，用一般的杀菌剂防治效果不佳，宜选用7.5％克毒灵、病毒A、83增抗剂等抗病毒剂。并抓紧在发病初期施药，每隔7天喷1次。喷药时最好在药液中加入植物动力2003、农家宝等叶面肥，以促进叶片的光合作用，增加植株叶绿素含量，使病株迅速复绿。实践证明，一旦发现田间有感病株，便立即施药并结合浇水追肥，可取得较好的稳产效果。药剂治蚜防病，可用乐果乳剂1000倍液，或10％吡虫啉乳油1200～1500倍液于麦蚜迁移盛期喷雾1～2次，可杀死蚜虫介体，减轻危害。若与麦田防治蚜虫结合，效果更佳。

第十节　玉米缺素症发生规律及绿色防控技术

一、田间症状

玉米正常生长发育需要吸收各种营养元素，如果缺乏任一种必需的营养元素，其生理代谢就会发生障碍，不能正常生长发育，最终导致玉米根、茎、叶、穗在外形上表现相应的症状，严重时会引起玉米减产，通常称之为玉米缺素症。玉米常见缺素症表现主要有以下几种：

（1）缺氮　氮是合成蛋白质、叶绿素等生命物质的重要组成部分。玉米对缺氮反应敏感，如缺氮则幼苗矮化、瘦弱、叶丛黄绿；叶片从叶尖开始变黄，沿叶片中脉发展，形成一个"V"字形黄化；甚至全株黄化，下部叶尖枯死且边缘为黄绿色；缺氮严重的或关键期缺氮，果穗小且顶部子粒不充实，蛋白质含量低。

（2）缺磷　磷参与玉米的能量转化、光合作用、糖分和淀粉的分解、养分转运及性状遗传等重要生理活动，如缺磷玉米植株瘦小，茎叶大多呈明显的紫红色，缺磷严重时老叶叶尖枯萎呈黄褐色，花丝吐丝晚，雌穗畸形，穗小且结实率低。

（3）缺钾　钾可激活酶的活性，促进光合作用，加快淀粉和糖类的运转，增强玉米的抗旱抗逆能力，防止病虫害侵入，提高水分利用率，预防倒伏，延长贮存期，提高产量和品质。如玉米缺钾，在苗期即出现症状，下部叶尖和叶缘黄化，老叶逐渐枯萎，节间缩短；生育延迟，果穗变小，穗顶不着粒或子粒不饱满，淀粉含量降低，雌穗易感病。

（4）缺锌　玉米缺锌，苗期出现花白苗，称为"花叶条纹病"。缺锌玉米3～5叶期呈淡黄至白色，从基部到 2/3 处更明显。拔节后叶片中脉和叶缘之间出现黄白失绿条斑，形成白化斑块或条带，叶肉消失，呈半透明状，似白绸或塑膜状，风吹易撕裂。老叶后期病部及叶鞘常出现紫红色或紫褐色，节间缩短，根系变黑，抽雄延迟，形成缺粒不满尖的玉米棒。

（5）缺镁　玉米幼苗上部叶片发黄，叶脉间出现黄白相间的退绿条纹，下部老叶片尖端和边缘呈紫红色；缺镁严重的叶边缘、叶尖枯死，全株叶脉间出现黄绿条纹或矮化。

（6）缺硼　玉米嫩叶叶脉间出现不规则白色斑点，各斑点可融合成白色条纹；严重的节间伸长受抑或不能抽雄及吐丝。

二、防治方法

（1）正确诊断　根据植株分析和土壤化验结果及缺素症状表现进行正确诊断。

（2）采用配方施肥技术　对玉米按量补施所缺肥素。提倡施用日本酵素菌沤制的堆肥或腐熟有机肥。

① 亩产高于 500 千克的地块，亩施尿素 35～38 千克、重过磷酸钙 20～23 千克。亩产 400～500 千克的地块，亩施尿素 25～35 千克、重过磷酸钙 17～20 千克。亩产 300～400 千克的地块，亩施尿素 17～24 千克、重过磷酸钙 12～17 千克。亩产 400 千克以上的地块，在上述基础上每亩还应增施硫酸钾 12～16 千克。

② 玉米生长后期氮磷钾养分不足时，可于灌浆期亩用尿素 1 千克、磷酸二氢钾 0.1 千克（或过磷酸钙 1～1.5 千克浸泡 24 小时后滤出清液、氯化钾或硫酸钾 0.5 千克），对水 50～60 千克喷雾。当发现有缺乏微量元素症状时，可用相应的微肥按 0.2% 的浓度喷雾（硼肥浓度为 0.1%）。每 7～10 天喷施一次，喷施时间以晴天效果较好，若遇烈日应在下午 3 时后喷施。阴雨天气应在雨后叶片稍干后喷施。注意肥液要随配随施。

（3）在缺素症发生初期，在叶面上对症喷施叶面肥　喷施宝是作物叶面的喷施剂，也是北票地区常用的叶面肥。在作物生长过程中，由于缺肥生长不良，使用喷施宝喷施后可促使生长（朝着叶片喷雾），有效达到丰产的目的。

第十一节　高粱炭疽病发生规律及绿色防控技术

一、症状与病原

　　高粱炭疽病是高粱作物重要病害，高粱各产区都有发生。从苗期到成株期均可染病。苗期染病危害叶片，导致叶枯，造成高粱死苗。叶片染病病斑梭形，中间红褐色、边缘紫红色，病斑上现密集小黑点，即病原菌分生孢子盘。炭疽病多从叶片顶端开始发生，大小（2~4）毫米×（1~2）毫米，严重的造成叶片局部或大部枯死。叶鞘染病病斑较大，呈椭圆形，后期也密生小黑点。高粱抽穗后，病菌还可侵染幼嫩的穗颈，受害处形成较大的病斑，其上也生小黑点，易造成病穗倒折。此外还可危害穗轴和枝梗或茎秆，造成腐败。

　　高粱炭疽病病原菌称禾生炭疽菌，属半知菌亚门真菌。其分生孢子盘黑色，散生或聚生在病斑的两面，直径 30~200 微米。刚毛直或略弯混生，褐色或黑色，顶端较尖，具 3~7 个隔膜，大小（64~128）微米×（4~6）微米，分散或成行排列在分生孢子盘中。分生孢子梗单胞无色，圆柱形，大小（10~14）微米×（4~5）微米。分生孢子镰刀形或纺锤形，略弯，单胞无色，大小（17~32）微米×（3~5）微米。除危害高粱外，该病菌还可危害小麦、燕麦、玉米等禾本科植物。

二、发生规律

　　病菌随种子或病残体越冬。翌年田间发病后，苗期可造成死苗；成株期发病病斑上产生大量分生孢子，借气流传播，进行多次再侵染，不断蔓延扩展或引起流行。高粱品种间发病差异明显。多雨的年份或低洼高湿田块普遍发生，致叶片提早干枯死亡。北方高粱产区炭疽病发生早的，7~8 月份气温偏低、雨量偏多可流行危害，导致大片高粱早期枯死。

　　危害性评估：高粱炭疽病是北票地区最主要的高粱病害之一，历年发生较重，对高粱产量影响较大，尤其是在多雨年份，发生更重。据北票市植物保护站调查数据显示，高粱炭疽病年平均发病株率达到 64%，叶片病情指数平均为18%，对产量造成损失达到 11% 以上。

三、防治方法

　　①收获后及时处理病残体，进行深翻，把病残体翻入土壤深层，以减少初侵染源。

　　②实行大面积轮作，施足充分腐熟的有机肥，采用高粱配方施肥技术，在第三次中耕除草时追施硝酸铵等，做到后期不脱肥，增强抗病力。

③选用和推广适合当地的抗病品种，淘汰感病品种。

④用种子重量 0.5％的 50％炭疽福美粉剂或 50％拌种双粉剂或 50％多菌灵可湿性粉剂拌种，可防治苗期种子传染的炭疽病及北方炭疽病。

⑤该病流行年份或个别感病田，从孕穗期开始喷 50％炭疽福美粉剂 500 倍液或 50％多菌灵可湿性粉剂 800 倍液或 40％氟硅唑乳油 4000 倍液或 80％大生 M-45 可湿性粉剂 600 倍液。

第十二节　高粱丝黑穗病发生规律及绿色防控技术

一、症状与病原

高粱丝黑穗病感病植株明显矮于健株。发病初期病穗穗苞很紧，下部膨大，旗叶直挺，剥开可见内生白色棒状物，即乌米。苞叶里的乌米初期小，指状，逐渐长大，后中部膨大为圆柱状，较坚硬。乌米在发育进程中，内部组织由白变黑，后开裂，乌米从苞叶内外伸，表面被覆的白膜也破裂开来，露出黑色丝状物及黑粉，即残存的花序维管束组织和病原菌冬孢子。叶片染病，在叶片上形成红紫色条状斑，扩展后呈长梭形条斑，后期条斑中部破裂，病斑上产生黑色孢子堆，孢子量不大。

高粱丝黑穗病菌称高粱丝轴黑粉菌，属担子菌亚门黑粉菌目黑粉菌科真菌。冬孢子球形至卵圆形，暗褐色，壁表具小刺，大小（10～15）微米×（9～13）微米。初期冬孢子常 30 多个聚在一起，后形成球形至不规则形的孢子团，大小 50～70 微米，但紧密，成熟后即散开。孢子堆外初具由菌丝组成的薄膜，后破裂，冬孢子散出。冬孢子需经生理后熟才能萌发，在 32～35℃、湿润条件下处理 30 天，萌发率明显提高。病菌在人工培养基上能生长。

二、发生规律

高粱丝黑穗病以种子带菌为主。散落在土壤中的病菌能存活 1 年，冬孢子深埋土内可存活 3 年。散落于土壤或粪肥内的冬孢子是主要侵染源。冬孢子萌发后以双核菌丝侵入高粱幼芽，从种子萌发至芽长 1.5 厘米时，是最适侵染期。侵入的菌丝初在生长锥下部组织中，40 天后进入内部，60 天后进入分化的花芽中。

该病是幼苗系统侵染病害，病菌有高粱、玉米两个寄主专化型。高粱专化型主要侵染高粱，虽能侵染玉米，但发病率不高。玉米专化型只侵染玉米，不能侵染高粱。中国已发现 3 个生理小种。土壤温度及含水量与发病密切相关。土温 28℃、土壤含水量 15％发病率高。春播时，土壤温度偏低或覆土过厚，幼苗出土缓慢易发病。连作地发病重。

危险性评估：高粱丝黑穗病一直是北票地区高粱主要病害之一，在20世纪90年代发生最为严重，最重地块达到80％以上。后经过多年的防治研究，重点推广了2％戊唑醇拌种技术，强调不拌药不播种，有效压低了此病发病率。

三、防治方法

（1）选用抗病品种　目前生产上抗丝黑穗病的杂交种有辽杂5号、晋杂5号、辽饲杂2号等。

（2）大面积轮作　与其他作物实行三年以上轮作，能有效控制该病发生，此为经济有效的农业防治措施之一。

（3）秋季深翻灭菌　可减少菌源，减轻下一年发病。

（4）种子处理

① 温水浸种。用45～55℃温水浸种5分钟后接着闷种，待种子萌发后马上播种，既可保苗又可降低发病率。

② 药剂拌种。用种子重量0.3％～0.4％的粉锈宁拌种，或40％拌种双或12.5％的速保利可湿性粉剂用种子重量的0.2％拌种。用25％三唑酮可湿性粉剂2克拌1千克高粱种，防效优异。

（5）适时播种，不宜过早　提高播种质量，使幼苗尽快出土，减少病菌从幼芽侵入的机会。

（6）拔除病穗　要求在出现灰包并尚未破裂之前进行，集中深埋或烧毁。

高粱丝黑穗病（彩图）

第十三节　高粱细菌性红条病发生规律及绿色防控技术

一、症状与病原

高粱细菌性红条病主要危害叶片。叶斑初呈水渍状窄细的小条斑，扩展后变为浅红褐色。有的病斑中央变成褐色，边缘红色，在条斑上间断出现宽的长卵形病斑。有时病斑覆盖了叶片的大部分。湿度大时可见小粒状细菌菌脓溢出，干燥后变为鳞片状薄层。高粱细菌性红条病病原菌称油菜黄单胞菌高粱致病变种或绒毛草致病变种（高粱细菌条斑病黄单胞菌）。菌体短杆状，大小（1.05~2.4）微米×（0.49~0.9）微米，单生、双生或成短链状，有荚膜，无芽孢。单极鞭毛，革兰染色阴性，好气性。适宜生长温度为 28~30℃，最高 36~37℃，最低约 4℃，51℃经 10 分钟致死。该菌除侵染高粱外，还可危害谷子。

二、发生规律

病原细菌在病残体上越冬，从气孔侵入寄主，气温 25~30℃，多雨及多风的天气，尤其是生长早期遇到这些条件，有利于该病的发生和扩展。

三、防治方法

① 选用抗病品种。

② 加强田间管理，防止染病。

③发病初期及时剪掉病叶带到田外烧毁或深埋，可有效减少病源基数。药剂防治可用农用链霉素 100 万单位 3000 倍液、77％可杀得可湿性粉剂 500 倍液、47％代森锰锌可湿性粉剂 800 倍液喷雾防治。隔 5 天喷一次，连喷 2~3 次。

高粱细菌性红条病（彩图）

第十四节 谷子锈病发生规律及绿色防控技术

一、症状与病原

谷子锈病主要危害叶片，叶鞘上也可发生。初期在叶背面，少数叶正面出现深红褐色小斑（病菌夏孢子堆），稍隆起，长椭圆形，散生或排列成行，后表皮破裂，散出黄褐色粉末（病菌夏孢子）。发病严重叶片早期枯死。锈病发生后期，在叶背和叶鞘上产生黑色小点（病菌冬孢子堆），长圆形，散生或聚生于寄主表皮下。谷子锈病病原菌称粟单胞锈菌，属担子菌亚门真菌。

二、发生规律

谷子锈病是谷子的一种常见真菌病害。一般在谷子抽穗期发生，危害谷子叶片和叶鞘，叶上生铁锈色疱状病斑，小长椭圆形，稍隆起，破裂后散出锈状粉，可再次传播染病。北票地区谷子锈病的发生主要与历年的7月下旬至8月中旬的降雨量有关，气温23～34℃时，潜育期5～7天。7～8月份降雨多，发病重，气候干燥年份发病较轻。2019年8月，北票市连日阴雨，部分谷田陆续发生谷子锈病。8月7日，北票市大三家乡发病株率已达80%，8月8日北票市大板镇谷田发病株率达70%，各其他监测点也陆续发现谷子锈病。谷子锈病疱状病斑增多可使叶片早期枯死，严重地块可致减产乃至绝收。病菌越冬后次年仍可侵害谷子叶片和叶鞘。

三、防治方法

(1) 品种选择　选育、选种抗病品种。

(2) 农业防治　清除田间病残体。适期早播避病。不宜过密，保持通风透光。采用配方施肥技术，不宜过量施用氮肥，增施磷、钾肥。

(3) 药剂防治　发病初期用15%粉锈宁（即三唑酮）可湿性粉剂1200倍液、20%腈菌唑可湿性粉剂2000倍液，每隔7～10天喷一次，连喷2～3次。注意喷雾时一定要均匀喷至叶片正反两面。

第十五节 谷子白发病发生规律及绿色防控技术

一、症状和病原

谷子白发病是北票市谷子生产上的主要病害之一。病原为谷子白发病菌，属鞭毛菌亚门指梗霉属真菌。病菌的侵染主要发生在谷子的幼苗时期。种子上沾染的和土壤、肥料中的卵孢子侵入谷子幼芽芽鞘，随着生长点的分化和发育，菌丝达到叶部和穗部。

白发病是系统侵染病害，谷子从萌芽到抽穗后，在各生育阶段，陆续表现出多种不同症状：

（1）烂芽　幼芽出土前被侵染，扭转弯曲，变褐腐烂，不能出土而死亡，造成田间缺苗断垄。烂芽多在菌量大、环境条件特别有利于病菌侵染时发生，少见。

（2）灰背　从2叶期到抽穗前，病株叶片变黄绿色，略肥厚和卷曲，叶片正面产生与叶脉平行的黄白色条状斑纹，叶背在空气潮湿时密生灰白色霉层，为病原菌的孢囊梗和游动孢子囊。这一症状被称为"灰背"。苗期白发病的鉴别，以有无"灰背"为主要依据。

（3）白尖、枪杆、白发　株高60厘米左右时，病株上部2~3片叶片不能展开，卷筒直立向上，叶片前端变为黄白色，称为"白尖"。7~10天后，白尖变褐，枯干，直立于田间，形成"枪杆"。以后心叶薄壁组织解体纵裂，散出大量褐色粉末状物，即病原菌的卵孢子。残留黄白色丝状物（维管束），卷曲如头发，称为"白发"，病株不能抽穗。

（4）看谷老　有些病株能够抽穗，但穗子短缩肥肿，全部或局部畸形，颖片伸长变形成小叶状，有的卷曲成角状或尖针状，向外伸张，呈刺猬状，称为"看谷老"。病穗变褐干枯，组织破裂，也散出黄褐色粉末状物。

（5）局部病斑　苗期病叶"灰背"上产生的病原菌游动孢子囊，随气流传播到健株叶片上，局部侵染形成叶斑。叶斑为不规则形或长圆形，初淡绿至淡黄色，后变为黄褐色或紫褐色，病斑背面密生灰白色霉层。老熟叶片被侵染后，形成褐色小圆斑，霉层不明显。产生灰背的病苗后期多形成白尖、白发或看谷老，但也有的后来症状消失而正常抽穗。也有的病苗前期不出现灰背，后期却变为白尖、白发或看谷老。

二、发生规律

病原菌以卵孢子混杂在土壤中、粪肥里或黏附在种子表面越冬。卵孢子在土壤中可存活2~3年。用混有病株的谷草饲喂牲畜，排出的粪便中仍有多数存活的卵孢子。土壤带菌是主要越冬菌源，其次是带菌厩肥和带菌种子。谷子发芽时，卵孢子萌芽产生芽管，从胚芽鞘、中胚轴或幼根表皮直接侵入，蔓延到生长点，随生长点分化而系统侵染，进入各层叶片和花序，表现各种症状。谷子芽长3厘米以前最易被侵染。

谷子白发病侵染和发病程度受土壤温湿度和播种状况的影响。幼苗在土温11~32℃都能发病，最适发病温度为18~20℃，最低为10~12℃，最高为31~34℃。土壤湿度过低或过高都不适于发病。在土壤相对湿度30%~60%范围内，特别是 40%～50%间，发病较多。"灰背"上产生的大量游动孢子囊随风雨传播，重复进行再侵染，在叶片上形成局部病斑。但游动孢子囊侵染有分生组织的幼嫩器官时，也可产生系统侵染，在田间以分蘖分枝发病率最高。影响游动孢子囊再侵染的主要因素是大气温湿度。游动孢子囊在夜间高湿时产生。气温低于 10℃不产生游动孢子囊，20～25℃时产生最多。游动孢子囊萌发最适温度为 15～16℃，最低为 2℃，最高为 32℃。遭遇多雨高湿而温暖的天气后，再侵染发生较多。谷子白发病的发生与栽培条件和品种抗病性也有密切关系。连作田土壤或肥料中带菌数量多，病害发生严重，而轮作田发病轻。播种过深，土壤墒情差，出苗慢，发病也重。

三、防治方法

(1) 种植抗病品种　谷子白发病菌有不同生理小种，在抗病育种和种植抗病品种时应予注意。

(2) 农业防治　轻病田块实行两年轮作，重病田块实行三年以上轮作，适于轮作的作物有大豆、高粱、玉米、小麦和薯类等。施用净肥，不用病株残体沤肥，不用带病谷草作饲料，不用谷子脱粒后场院残余物制作堆肥。在"白尖"出现但尚未变褐破裂前拔除病株，并带到地外深埋或烧毁。要大面积连续拔除，直至拔净为止，并需坚持数年。

(3) 药剂防治　用 25%甲霜灵可湿性粉剂或 35%甲霜灵拌种剂，以种子重量 0.2%～0.3%的药量拌种。或用甲霜灵与 50%克菌丹，按 1：1 的配比混用，以种子重量 0.5%的药量拌种，可兼治黑穗病。用甲霜灵拌种可采用干拌、湿拌或药泥拌种等方法，湿拌和药泥拌种效果更好。土壤带菌量大时，可沟施药土，每公顷用 40%敌克松 3.75 千克，掺细土 15～20 千克，撒种后沟施盖种。

谷子白发病（彩图）

第十六节　小麦锈病发生规律及绿色防控技术

一、症状与病原

　　小麦锈病是真菌性病害，包括条锈病、叶锈病、秆锈病3种。条锈病主要危害叶片，也危害叶鞘、茎秆和穗部。夏孢子堆在叶片上排列成与叶脉平行的虚线条状，鲜黄色，孢子堆小，椭圆形。孢子堆破裂后散发出粉状孢子。叶锈病主要危害叶片，叶鞘和茎秆上很难查到，夏孢子堆在叶片上散生，橘红色，孢子堆中等大小，近圆形。夏孢子堆一般不穿透叶片，个别穿透叶片的，叶片反面的夏孢子堆也较正面小。秆锈病主要危害茎秆和叶鞘，也有的危害叶片和穗部，孢子堆大，长椭圆形，不规则，深褐色。夏孢子堆穿透叶片的能力较强，正、反面都可出现，背面较正面的大。三种锈病病部的后期，均能生成黑色冬孢子堆。

　　条锈病病原物为条形柄锈菌，属担子菌亚门柄锈菌属；叶锈病病原物为小麦隐匿柄锈菌；秆锈病病原物为担子菌亚门锈菌属禾柄锈菌小麦专化型。

二、发生规律

　　北票地区小麦锈病以叶锈为主。小麦品种以辽春15、辽春17为主，抗性较强。小麦锈病的流行主要取决于当年的气候条件，早春气温偏高，春雨早，之后又多雨，特别是6月份降雨量是决定小麦锈病能否流行的关键因子。病害在早期即可普遍发生，并持续发展，造成病害早流行、大流行。这一时期（6月份），正是小麦孕穗期，小麦抽穗前后，温度较高，湿度对病害的影响较大，如降雨次数多，病害即可流行。

　　危害性评估：小麦锈病流行所涉及的地理范围广、规模大、速度快、损失重。中度流行可以造成产量损失20％～30％，严重流行则可造成产量损失60％以上。

三、防治方法

　　（1）抗病品种的选育和利用　选育和种植抗病品种是防治条锈病经济有效的措施之一。

　　（2）加强栽培管理　适时播种，施足基肥，合理密植。

　　（3）药剂防治　粉锈宁是目前普遍使用的防治锈病药剂，该药具内吸治疗作用，持效期长，用药量低，可用于拌种或叶片喷施。用种子重量的0.03％（有效成分）拌种，播种后45天仍保持90％左右的防效。拔节至抽穗期，病叶率达20％左右时，立即每亩用药7～14克（有效成分）扑灭发病中心，或进行全面防治。高感品种9～12克、中感品种7～9克、抗性品种4～6克，一般施药1～2次，可兼治白粉病、腥黑穗病、散黑穗病、白秆病等。

第十七节　小麦白粉病发生规律及绿色防控技术

一、症状与病原

　　小麦白粉病主要危害叶片，病情严重时也可危害叶鞘、茎秆和穗部。从幼苗至成株期皆可发生。小麦白粉病病原为禾本科布氏白粉菌小麦专化型，属子囊菌亚门白粉菌属真菌。初发病时叶面出现 1～2 毫米的白色霉点，后逐渐扩大为近圆形至椭圆形白色霉斑，霉斑表面有一层白粉，遇有外力或振动立即飞散。这些粉状物就是该菌的菌丝体和分生孢子。后期病部霉层变为灰白色至浅褐色，病斑上散生有针头大小的小黑粒点，即病原菌的闭囊壳。

二、发生规律

　　病菌靠分生孢子或子囊孢子借气流传播到感病小麦叶片上，遇有温湿度条件适宜，病菌萌发长出芽管，芽管前端膨大形成附着胞和侵入管，穿透叶片角质层，侵入表皮细胞，形成初生吸器，并向寄主体外长出菌丝，后在菌丝丛中产生分生孢子梗和分生孢子，成熟后脱落，随气流传播蔓延，进行多次再侵染。病菌在发育后期进行有性繁殖，在菌丛上形成闭囊壳。该病菌分生孢子阶段可以在夏季气温较低地区的自生麦苗或夏麦上侵染繁殖或以潜育状态渡过夏季，也可通过病残体上的闭囊壳在干燥和低温条件下越夏。病菌越冬方式有两种，一是以分生孢子形态越冬，二是以菌丝体潜伏在寄主组织内越冬。越冬病菌先侵染底部叶片呈水平方向扩展，后向中上部叶片发展，发病早期发病中心明显。冬麦区春季发病菌源主要来自当地；春麦区，除来自当地菌源外，还来自邻近发病早的地区。

　　该病发生适温为 15～20℃，低于 10℃发病缓慢。相对湿度大于 70％有可能造成病害流行。少雨地区当年雨多则病重，多雨地区如果雨日、雨量过多，病害反而减缓，因连续降雨冲刷掉表面分生孢子。施氮过多，造成植株贪青、发病重。管理不当、水肥不足、土地干旱以及植株生长衰弱、抗病力低也易发生该病。此外，密度大发病重。北票地区小麦白粉病从 6 月上旬开始发病，到 6 月下旬达到最高峰，7 月上旬小麦成熟，叶片老熟，病情不再发展。所以防治的关键时期是 6 月份，应在田间调查的基础上，对小麦白粉病进行预测预报，在发病初期进行药剂防治。

　　危险性评估：小麦白粉病是一种流行性病害，受天气条件影响较大，春季雨量较多的年份，病害流行。如果又遇上小麦生长后期雨量偏多、分布均匀，温度又偏低，将延长白粉病的流行期，加重病情。群体过大，氮肥施用过多的麦田，特别是感病品种的大面积种植，极易发病流行。冬季以分生孢子和潜育菌丝体形态在寄主组织越冬，第二年春天当温湿度条件适宜时，菌丝体再产生分生孢子传播危害。

三、防治方法

（1）种植抗病品种　从调查中发现，现在种植的主栽品种如辽春系列小麦抗白粉病的能力较差，应通过对比试验选取抗性品种，再推广种植。

（2）合理施肥　提倡施用有机肥，采用配方施肥技术，适当增施磷钾肥，根据品种特性和地力合理密植，使寄主增强抗病力。

（3）药剂防治

① 用种子重量0.03％（有效成分）的25％三唑酮（粉锈宁）可湿性粉剂拌种，也可亩用15％三唑酮可湿性粉剂20~25克拌种防治白粉病，兼治黑穗病、条锈病等。

② 当小麦白粉病病情指数达到0.01或病叶率达10％以上时，开始喷洒20％三唑酮乳油1000倍液或40％福星乳油8000倍液，也可根据田间情况采用杀虫杀菌剂混配做到关键期一次用药，兼治小麦白粉病、锈病等主要病虫害，每亩用15％粉锈宁加10％吡虫啉2000倍液喷雾防治。

第十八节　大豆霜霉病发生规律及绿色防控技术

一、症状与病原

大豆霜霉病感病子叶无症状，第一对真叶从基部开始出现褪绿斑块，沿主脉及支脉蔓延，直至全叶褪绿。以后全株各叶片均出现症状。花期前后气候潮湿时，病斑背面密生灰色霉层，最后病叶变黄转褐而枯死。叶片受再侵染时，形成褪绿小斑点，以后变成褐色小点，背面产生霉层。受害重的叶片干枯，早期脱落。豆荚被害，外部无明显症状，但荚内有很厚的黄色霉层，为病菌的卵孢子。被害籽粒色白而无光泽，表面附有一层黄白色粉末状卵孢子。大豆霜霉病病原为霜霉菌属卵菌纲，霜霉目。卵孢子球状、黄褐色、厚壁，表面光滑或有突起物。孢囊梗二叉状分枝、末端尖锐，顶生一个孢子囊、无色，椭圆形或卵形。病菌除危害大豆外，还危害野大豆。病菌有生理分化现象，美国鉴定出32个生理小种，中国已鉴定出3个小种。最适发病温度为20~22℃，10℃以下或30℃以上不能形成孢子囊，15~20℃为卵孢子形成的最适温度。湿度也是重要的发病条件，7月至8月份多雨高湿易引发病害，干旱、低湿、少露则不利病害发生。

二、发生规律

大豆霜霉病病原孢子囊萌芽形成芽管，从寄主气孔或细胞间侵入，并在细胞间蔓延，伸出吸器吸收寄主养分。孢子囊寿命短促如及时借风、雨和水滴传播，可引起再侵染。病菌以卵孢子在病残体上或种子上越冬，种子上附着的卵孢子是最主要的初侵染源，病残体上的卵孢子侵染机会较少。卵孢子可随大豆萌芽而萌发，形成孢子囊和游动孢子，侵入寄主胚轴，进入生长点，蔓延全株成为系统侵染的病苗。病苗又成为再次侵染的菌源。低温适于发病。带病种子发病率15℃时最高，为16％；20℃时为1％；25℃时基本为0。

三、防治方法

(1) 选育抗病品种　根据各地病菌的优势小种选育和推广抗病良种。

(2) 种子处理　用瑞毒霉拌种，或以克霉灵、福美双为拌种剂，效果很好。

(3) 清除病苗　病苗症状明显、易于识别，铲地时可结合除去病苗，消减初侵染源。

(4) 化学防治　可选用64％杀毒矾和68％精甲霜·锰锌（金雷）可湿性粉剂500倍液，72％的霜脲氰·代森锰锌（克露）500倍液，52.5％的恶酮·霜脲氰（抑快净）1200倍液或72.2％霜霉威盐酸盐水剂800倍液进行防治。也可用70％甲基托布津1200倍液，50％多菌灵1000倍液等。上述药剂可交替使用，每5～7天喷1次，连续3～4次，效果显著。

第十九节　大豆紫斑病发生规律及绿色防控技术

一、症状与病原

大豆紫斑病主要危害豆荚和豆粒，也危害叶和茎。主要发生在北方大豆生产区，严重影响种子质量。侵染的种子萌发率低。该病是北票市大豆生产的主要病害。苗期染病，子叶上产生褐色至赤褐色圆形斑，云纹状。真叶染病初生紫色圆形小点，散生，扩展后形成多角形褐色或浅灰色斑。茎秆染病形成长条状或梭形红褐色斑，严重的整个茎秆变成黑紫色，上生稀疏的灰黑色霉层。豆荚染病病斑呈圆形或不规则形，病斑较大，灰黑色，边缘不明显，干后变黑，病荚内层生不规则形紫色斑，内浅外深。豆粒染病形状不定、大小不一，仅限于种皮，不深入内部，症状因品种及发病时期不同而有较大差异，多呈紫色，有的呈青黑色，在脐部四周形成浅紫色斑块，严重的整个豆粒变为紫色，有的龟裂。大豆紫斑病病原菌称菊池尾孢，属半知菌亚门真菌。子座小，分生孢子梗簇生，不分枝，暗褐色。分生孢子无色，鞭状至圆筒形。这个病的病原菌不喜高温。

二、发生规律

病菌以菌丝体潜伏在种皮内或以菌丝体和分生孢子在病残体上越冬，成为翌年的初侵染源。如播种带菌种子，引起子叶发病，病苗或叶片上产生的分生孢子借风雨传播进行初侵染和再侵染。大豆开花期和结荚期多雨，气温偏高，均温25～27℃，发病重，高于或低于这个温度范围发病轻或不发病。连作地及早熟种发病重。

三、防治方法

① 选用抗病品种，生产上抗病的品种较抗紫斑病。如黑龙江 41 号、铁丰 19 等。

② 选用无病种子并进行种子处理。用 50％福美双拌种。

③ 大豆收获后及时进行秋耕，加速病残体腐烂，减少初侵染源。

④ 在开花始期、蕾期、结荚期、嫩荚期各喷 1 次 30％碱式硫酸铜（绿得保）悬浮剂 400 倍液或 50％多·霉威（多菌灵加万霉灵）可湿性粉剂 1000 倍液、50％苯菌灵可湿性粉剂 1500 倍液、36％甲基硫菌灵悬浮剂 500 倍液。

第二十节　大豆灰斑病发生规律及绿色防控技术

一、症状与病原

大豆灰斑病又称褐斑病、斑点病或蛙眼病。主要为害叶片，也侵害茎、荚及种子。带病种子长出的幼苗，子叶上现半圆形深褐色凹陷斑，天旱时病情扩展缓慢，低温多雨时，病害扩展到生长点，病苗枯死。成株叶片染病初现褪绿小圆斑，后逐渐形成中间灰色至灰褐色、四周褐色的蛙眼斑，大小2～5 毫米，有的病斑呈椭圆或不规则形，湿度大时，叶背面病斑中间生出密集的灰色霉层，发病重的病斑布满整个叶片，融合或致病叶干枯。茎部染病产生椭圆形病斑，中央褐色，边缘红褐色，密布微细黑点。荚上病斑圆形或椭圆形，中央灰色，边缘红褐色。豆粒上病斑圆形或不规则形，边缘暗褐色，中央灰白，病斑上霉层不明显。

大豆灰斑病病原菌称大豆短胖胞，属半知菌亚门真菌。病菌分生孢子梗5～12 根成束从气孔伸出，不分枝，褐色。分生孢子柱形至倒棒状，具隔膜1～11 个，无色透明，大小（24～108）微米×（3～9）微米，孢子形状、大小因培养条件不同略有差异。病菌生长发育适温 25～28℃，高于 35℃、低于 15℃不能生长。

二、发生规律

病菌以菌丝体或分生孢子在病残体或种子上越冬，成为翌年初侵染源。病残体上产生的分生孢子比种子上的数量大，是主要初侵染源。种子带菌后长出幼苗的子叶即见病斑，温湿度条件适宜病斑上产生大量分生孢子，借风雨传播进行再侵染。但风雨传播距离较近，主要侵染四周邻近植株，形成发病中心，后通过发病中心再向全田扩展。气温15～30℃，有水滴或露水存在适于病菌侵入，气温25～28℃有2小时结露很易流行。气温15℃潜育期16天，20℃13天，25℃8天，28～30℃7天。分生孢子2天后侵染力下降26％，6天后失去生活力。生产上病害的流行与品种抗病性关系密切，如品种抗性不高，又有大量初侵染菌源，重茬或邻作、前作为大豆，前一季大豆发病普遍，花后降雨多，湿气滞留或夜间结露持续时间长很易大发生。

三、防治方法

（1）选用抗病品种 如黑龙江的合丰25号、27号、28号、29号、30号。

（2）提倡农业防治 合理轮作避免重茬，收获后及时深翻。

（3）喷药防治 叶部或籽粒上病害，于结荚盛期喷洒50％多菌灵悬浮剂500倍液或40％百菌清悬浮剂600倍液，也可选用50％甲基硫菌灵可湿性粉剂600～700倍液，65％甲霉灵可湿性粉剂1000倍液，隔10天左右1次，防治1次或2次。病情严重时可选用10％的苯醚甲环唑（世高）可湿性粉剂1200倍液或40％的氟硅唑（福星）可湿性粉剂3000倍液喷雾防治，效果较好。

第二十一节 草地贪夜蛾形态识别及绿色防控技术

一、形态特征

成虫翅展32～40毫米。雄虫典型特征为前翅环形纹黄褐色，顶角白色块斑，翅基有一黑色斑纹，后翅白色，后缘有一灰色条带；雌虫典型特征为前翅环形及肾形纹灰褐色，轮廓线为黄褐色，各横线明显，后翅白色，外缘有灰色条带。卵呈圆顶型，直径0.4毫米，高为0.3毫米，通常100～200粒卵堆积成块状。卵上覆盖有白色鳞毛，初产时为浅绿或白色，孵化前渐变为棕色。多产于叶片正面，喇叭口期玉米多见于靠近喇叭口处。与斜纹夜蛾卵块相差不大，肉眼难以区分。幼虫一般有6个龄期。低龄幼虫呈绿色或黄色，体长6～9毫米，头部呈黑或橙色。高龄幼虫多呈棕色，也有呈黑色或绿色的个体存在，体长30～50毫米，头部呈黑、棕或者橙色。4龄以上的幼虫头部呈明显的倒"Y"形白色或黄色纹，腹末节背部有呈正方形排列的4个黑斑为典型识别特征。蛹椭圆形，红棕色，长14～18毫米，宽4.5毫米。老熟幼虫落到地上借用浅层的土壤做一个蛹室，土沙粒包裹的蛹茧在其中化蛹。亦可在为害寄主植物如玉米穗上化蛹。

危害特点：在玉米上，1~3龄幼虫通常在夜间出来为害，多聚集于幼嫩部位，如苗期玉米芯、喇叭口、叶鞘等部位，取食后形成半透明薄膜"窗孔"。低龄幼虫还会吐丝，借助风扩散转移到周边的植株上继续为害。4~6龄幼虫分散为害，取食叶片后形成不规则的长形孔洞，也可将整株玉米的叶片取食光，严重时可造成玉米生长点死亡，影响叶片和果穗的正常发育。此外，高龄幼虫还会取食玉米雄穗和果穗。老熟幼虫需钻至土层化蛹，并可能钻蛀玉米茎基部。

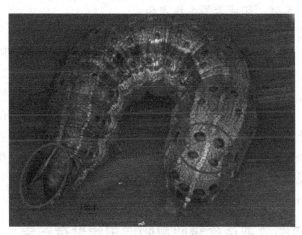

草地贪夜蛾成虫（彩图）

二、发生规律

草地贪夜蛾原产于美洲热带和亚热带地区，2016年1月在西非的尼日利亚等地首次发现，2018年以来在亚洲逐年向北、向南扩展，已扩散至亚洲16个国家，发生程度越来越重。2019年1月，我国云南首次发现草地贪夜蛾跨境入侵，并快速传播蔓延。2019年在我国有26个省份、1524个县发生，查实发生面积1688万亩，并在华南、西南等地定植。草地贪夜蛾是联合国粮农组织全球预警的跨国界迁飞性农业重大害虫，主要危害玉米、高粱、小麦等作物。2019年草地贪夜蛾侵入我国，表现适生性强、迁飞距离远、繁殖快、食杂性、为害隐蔽、防控难度大等诸多特点，做好草地贪夜蛾防控事关保供给、保增收、保小康。因此，各地应充分认识草地贪夜蛾发生的严峻性和复杂性，充分认识做好防控工作的重要性和艰巨性，及早谋划和安排全面防控工作，提早应对草地贪夜蛾的入侵为害，防患于未然，确保粮食丰收。河南、河北、山东、内蒙古等地为迁飞性害虫虫源地，2019年均已发现草地贪夜蛾危害。北票市为辽宁省玉米主产区，为草地贪夜蛾种群繁殖提供了理想的栖息地，对其发生为害十分有利，所以各地应密织监测网点，及时布设高空测报灯、性诱捕器等有效设备，做到早发现、早报告、早预警。

三、防治技术

根据国内外防控草地贪夜蛾实践经验，化学防治是目前多种作物上应急控制草地贪夜蛾的最有效方法之一。在防控策略上，必须做到早发现、早用药、早扑灭。各地结合虫情监测和田间调查，抓住低龄幼虫的防控最佳时期，施药时间最好选择在清晨或者傍晚，注意喷洒在玉米心叶、雄穗和雌穗等部位。

（1）生物防治　在卵孵化初期选择喷施白僵菌、绿僵菌、苏云金杆菌制剂以及多杀菌素、苦参碱、印楝素等生物农药。

（2）应急防治　针对部分地区菊酯类药剂防效不高的实际，各地在使用农业农村部推荐的25种药剂时，应注意将菊酯类药剂与其他药剂混用，同时还应将不同作用机理的农药轮换使用，一季作物使用同种农药不超过2次，以延缓害虫耐药性产生。防治时间以下午5点以后和早晨10点以前效果较好。严禁在中午高温时段喷药，以防中毒。各地要充分认识草地贪夜蛾侵入为害的严重性，提高防范意识、强化属地责任。加强成虫监测，密切监测传入动态。及早制定防控预案，确保应急措施有效。要建立市、县、乡三级应急报告制度，组织开展大田普查，一旦发现疑似虫情，要立即向上级农业行政主管部门报告，并积极开展应急防控。坚决遏制草地贪夜蛾的暴发危害。

四、农业农村部草地贪夜蛾应急防治用药推荐名单

单剂：甲氨基阿维菌素苯甲酸盐、茚虫威、四氯虫酰胺、氯虫苯甲酰胺、高效氯氟氰菊酯、氟氯氰菊酯、甲氰菊酯、溴氰菊酯、乙酰甲胺磷、虱螨脲、虫螨腈、甘蓝夜蛾核型多角体病毒、苏云金杆菌、金龟子绿僵菌、球孢白僵菌、短稳杆菌、草地贪夜蛾性引诱剂。

复配药剂：甲氨基阿维菌素苯甲酸盐·茚虫威、甲氨基阿维菌素苯甲酸盐·氟铃脲、甲氨基阿维菌素苯甲酸盐·高效氯氟氰菊酯、甲氨基阿维菌素苯甲酸盐·虫螨腈、甲氨基阿维菌素苯甲酸盐·虱螨脲、甲氨基阿维菌素苯甲酸盐·虫酰肼、氯虫苯甲酰胺·高效氯氟氰菊酯、除虫脲·高效氯氟氰菊酯。

第二十二节　黏虫形态识别及绿色防控技术

一、形态特征

黏虫成虫体长17~20毫米，翅展35~45毫米，淡黄色或淡灰褐色。前翅中央近前缘有2个淡黄色圆斑，外侧圆斑较大，其下方有一小白点，白点两侧各有

一小黑点，由翅尖斜向后伸有一暗色条纹。卵馒头形，直径约 0.5 毫米，初产时乳白色，后转黄色，孵化前灰黑色，卵粒排列成链状卵块。黏虫老熟幼虫体长 38～40 毫米，幼虫头黄褐色至淡红褐色，有暗褐色网纹。头正面有近"八"字形黑褐色纵纹。黏虫幼虫体色多变，背面的底色有黄褐色、淡绿色、黑褐色至黑色，大发生时多呈黑色。背中线白色，边缘有细黑线。两侧各有两条极明显的浅色宽纵带，上方一条红褐色，下方一条黄白色、黄褐色或近红褐色，两纵带的边缘均有灰白色细线。蛹黄褐色至红褐色，长 19～23 毫米。腹部第 5、第 6、第 7 节背面前缘有一列横排的齿状刻点，齿尖向下。腹端具尾刺 3 对，中间 1 对粗大，两侧的细小，略弯曲。

二、发生规律

黏虫主要危害小麦、玉米、谷子、高粱、豆类、棉花和蔬菜等作物，由于其具有杂食性、迁飞性、暴发性的特点，往往在局部地区突然暴发成灾，严重时将叶片吃光形成光秆，造成严重减产，甚至绝收。当一块作物田被吃光后，幼虫常成群迁移到另一块田危害，故又称"行军虫"。在我国北方（北纬 33°以北）不能越冬，可远距离迁飞，根据迁飞规律，我国可划分为四个主要发生区。冬季在越冬代发生区（粤、桂、闽、云及贵南）危害小麦作物；羽化的成虫陆续迁往一代发生区（沪、苏、浙、皖、豫及鲁南），3～4 月份幼虫危害小麦、大麦；羽化的成虫迁往二代发生区（东北、华北、内蒙古、山东半岛、陕、甘、宁、云、贵、川），6～7 月份幼虫危害各种禾谷类作物；羽化的成虫迁往三代发生区（东北、华北、山东等地），8 月份幼虫危害谷子、玉米及高粱等作物；羽化的成虫回迁至越冬代发生区。北票市二代黏虫源于冀、鲁、豫麦田，5 月中下旬，那里发生的一代黏虫成虫随北上气流迁飞，由于受下沉气流的影响，在北票市部分地区降落产卵，造成二代黏虫幼虫在北票市局部地区暴发危害。

危险性评估：从北票市历年二代黏虫发生情况分析，确定为北票市农作物主要害虫之一，其危险性属于中等程度。每年发生约 45 万亩，重发生田约 10 万～15 万亩。一般地块受害率为 10%～15%，严重地块单株虫量 1～3 头，高的达 5～6 头，玉米苗受害率达 80%以上，个别田块玉米苗受害达 100%，叶片全被吃光，只剩茎秆，造成毁种。平均被害株率 10%，最高 70%。黏虫幼虫共有 6 个龄期，3 龄以前食量较小，4 龄后猛增，5～6 龄进入暴食阶段。幼虫进入 4 龄前，是防治黏虫的关键时期。

三、防治技术

（1）虫情监测及预测预报方法　首先要严密监测二代黏虫发展动态，迅速组织技术人员对虫情开展全面普查，尤其对谷子、玉米等作物田要深入田内逐块调查，澄清黏虫发生的区域、面积和密度，及时上报虫情。

成虫发生情况预测方法：首先通过获取农业部发布的黄淮海流域第一代黏虫

发生程度，即辽宁省黏虫发生的可能基数；再根据 5 月中下旬北上温暖气流因子，预报北票黏虫成虫发生程度及始期。

幼虫发生情况预测方法：通过杨树枝把诱集成虫，并解剖雌蛾，分析抱卵情况，可准确预测产卵量及产卵始盛期和高峰期，结合气温及累计积温，则能准确预测幼虫发生始盛期和高峰期，田间防治则以始盛期为最佳防治适期。

（2）防治指标　谷麦田间百株虫量达到 10 头、高秆作物 30 头即可进行防治。

（3）诱杀成虫

① 杨树枝把诱杀。选两年生且叶片较多的杨树枝条，剪成 8～10 厘米长，晾置 1～2 天，待叶片萎蔫后，把杨树枝把头朝下，倒捆在木棒上插于田间，草把应高出作物 33.3～66.6 厘米，每亩插杨树枝把 20～30 把，每隔 20～30 米插一个。每日清晨抖杨树枝把，把落在地上的蛾子踩死，可有效杀灭黏虫成虫。杨树枝把应 5 天换一次，换下后即烧掉，以免草把上的卵块孵化后，幼虫逃走。

② 糖酒醋诱杀。取红糖 350 克、酒 150 克、醋 500 克、水 250 克，再加 90% 的晶体敌百虫 15 克，制成糖酒醋诱液，放在田间 1 米高的地方诱杀黏虫成虫，效果较好。

（4）幼虫防治　应抓住有利时机，在成虫发生盛期的 6～8 天就开始喷药，即把幼虫消灭在 3 龄前。

① 撒毒土。用 2.5% 敌百虫粉兑过筛细土 10～15 千克，拌匀后撒入玉米田内。

② 药剂封锁。小麦收割时，为防止幼虫向其他作物田迁移危害，在麦田周围撒 2.5% 敌百虫粉，撒成约 12 厘米宽药带进行封锁。

玉米二代黏虫（彩图）

③ 喷雾防治。选用 90% 晶体敌百虫、20% 敌马乳油（合剂）1500 倍液喷雾。也可用 4.5% 高效氯氰菊酯乳油或 25% 灭幼脲 3 号 2000 倍液喷雾防治，防效十分显著。黏虫虫龄大时，一般三龄以后，耐药性可增加 10 倍左右，要适当加大用药量。可选用 47.7% 高氯·毒死蜱 1500 倍液或 20% 氯氟氰菊酯 1000 倍液喷雾。麦秸秆较多的田块，要加大水量，压低喷头向地面均匀喷药，确保防治效果。施药时间最好选在早晨或傍晚，以提高防治质量。

第二十三节　蝗虫形态识别及绿色防控技术

　　蝗虫包括东亚飞蝗和土蝗。东亚飞蝗是一种迁飞性害虫，对农作物危害特别大，常造成毁灭性危害，土蝗是当地的蝗虫，种类较多，主要包括蚱蜢、笨蝗等。蝗虫是一种迁飞性重要农业害虫，4～5龄后进入暴食期，成熟后聚集迁飞危害，常造成大面积农田绝收。在北票市属于农作物次要害虫，但局部地区发生危险较高。危害作物主要有玉米、高粱、谷子、水稻、小麦、大豆、苜蓿及多种杂草，尤以笨蝗除取食上述作物外，尚嗜食薯类、豆类、瓜类、蔬菜、向日葵等，并喜食阔叶植物的叶片。

一、东亚飞蝗

　　【形态特征】雄成虫体长33～41毫米，前翅长32～46毫米，雌成虫体长39～51毫米，前翅长39～52毫米，体色随环境有所变化，常呈绿色或黄褐色。头部颜面垂直，复眼之后具较窄的淡色纵条纹。前胸背板中隆线发达，散居型中隆线向上隆起，两侧无褐黑色纵条纹。群居型中隆线平直或略凹，两侧有褐黑色或黑绒状纵条纹。前翅狭长，有散生的暗黑褐色斑点，长度常超过后足胫节中部，后翅无色略透明。卵圆柱形，稍弯曲，长6～7毫米。卵囊长筒形，长45～61毫米，中间略弯，上部略细，约1/5为无卵的海绵状泡沫，每个卵囊一般含卵50～80粒，呈4行斜形排列。若虫共分5龄，可根据触角节数及翅芽大小等区别龄期。东亚飞蝗是我国历史上最严重的大害虫之一。其种群中有群居型和散居型之分，两型在形态、生理和习性上均有不同，但在一定条件下可以互变。在黄河、淮河、海河至长江流域1年发生2～3代，多数2代。以卵囊在土中越冬，飞蝗在发生基地种群密度超过一定程度后，形成群居型，常群集向外迁飞，下落至农业区即造成大害。我国在1949年后，大力改造飞蝗发生地的环境，发生面积已显著减少，但仍需监测和防治。东亚飞蝗喜食禾本科粮食植物，如小麦、玉米、高粱、水稻、粟等。在发生基地喜食牛筋草、稗草、狗尾草等多种杂草。

二、宽翅曲背蝗

　　【形态特征】雄成虫体长23～28毫米，雌成虫35～39毫米。雄成虫前翅长18～21毫米，雌成虫17.0～20.5毫米。体褐色或黄褐色，前胸背板背面暗黑色，中隆线较低，侧隆线黄白色，"〉〈"形，前胸黄褐色，前缘脉域具淡色纵条纹。雄成虫前翅发达，长达后足腿节顶端，雌成虫前翅短，长仅超过后足腿节中部，后翅透明。雄虫后腿节外侧具3条暗色斜纹，底侧及胫节鲜红色。宽翅曲背蝗在北票地区一年发生一代，以卵在土中越冬。越冬卵于5月孵化，7月为成虫活动期，七八月为成虫产卵盛期。以山区、坡地发生较多。

三、黄胫小车蝗

【形态特征】雌成虫体长 20~39 毫米，雄体略小，头顶宽短，前胸背板中部略缩狭，雌成虫后足股节的底侧及后足胫节均为黄褐色，雄成虫后足股节的底侧红色、后足胫节基部黄红色混杂。卵囊细长，弯曲，无卵囊盖，内有四行整齐排列的卵粒，卵粒 28~29 个。黄胫小车蝗在北票地区一年发生一代，以卵越冬。一代区越冬卵 6 月上中旬孵化，蝗蝻盛发期在 5 月下旬至 7 月上旬，成虫盛发在 8 月中旬，9 月上中旬为产卵盛期，10 月中下旬陆续死亡。黄胫小车蝗发育适温在 16~37℃，温度越高，取食量越多，1 头成虫一天能吃掉 5~7 平方厘米麦叶，具有群居性并有一定迁移能力。2 龄蝗蝻 2 小时可迁移 10 米，成虫每次飞翔也可达 10 米。春季蝗蝻先在杂草上取食，然后迁到附近农田危害，夏季小麦或早春作物收获后，迁到谷田或其他禾本科作物田继续危害，到秋季，田间食料大减，待冬小麦出苗后，白天迁到麦田危害，晚上迁回杂草地栖息，直至霜降前后死亡。一般土质比较坚实偏黏，微带碱性，植被稀疏，土壤含水量 8%~22% 的环境适宜产卵，蝗蝻及成虫的发育适温为 25~40℃。在蝗虫卵孵化期雨水偏多或雨量集中时，不利孵化。雨量越大，越不利蝗虫的发育，低温多雨发育迟缓且死亡率高。高温干旱年，蝗虫发育快，存活率高，发生程度较重。

四、异色剑角蝗

【形态特征】雄成虫体长 30~47 毫米，雌成虫 58~81 毫米。雄成虫前翅长 25~36 毫米，雌成虫 47~65 毫米，体绿色或草枯色。头长，颜面极倾斜，头顶向前突出呈长圆锥形。触角剑状，有的个体复眼后、前胸背板侧片上部、前翅肘脉域具宽淡红色纵纹。草枯色个体有的沿中脉域具黑褐色纵纹，沿中脉具 1 列较强淡色斑点。后翅淡绿色。后足腿节、胫节绿色或黄色。异色剑角蝗（中华蚱蜢）在北票地区一年发生一代，以卵在土中越冬。越冬卵于 6 月上旬至下旬孵化，8 月中旬至 9 月上旬羽化，9 月中旬至 10 月下旬产卵，10 月中旬至 11 月上旬、中旬成虫死亡。成虫羽化后 9~16 天开始交尾。成虫有多次交尾习性，一生可交尾 7 次至 12 次。交尾后 6~33 天产卵，每卵块有卵 61~125 粒，平均 90.3 粒。每头雌成虫产卵 1~4 块，产卵 69~437 粒，平均 221.7 粒。成虫常选择道边、堤岸、沟渠、地埂等处及植被覆盖度为 5%~33% 的地方产卵。

五、中华稻蝗

【形态特征】雄成虫体长 18~27 毫米，前翅长 14~24 毫米，雌成虫体长 24~39 毫米，前翅长 20~31 毫米，黄绿色或黄褐色，头大，颜面略向后倾斜。从头部复眼后方至前胸背板两侧各有 1 深褐色纵条，前胸腹板有锥形瘤状突起。前翅长度达到或刚超过后足胫节中部，雌虫腹部第 3~4 节背板后下角有一齿突，下生殖板后缘有四齿，各齿距离相等。老熟若虫全体绿色，头大，复眼椭圆形，银灰色。卵深黄色，卵粒长圆筒形，长约4毫米，中央略弯，端部稍大。卵囊短茄形，长9～14毫米，宽6～10毫米，有盖，褐色。每个卵囊一般有卵30余粒。卵呈2纵行排列于卵囊中。中华稻蝗在北票地区主要分布在河滩地周围，一年发生一代，以卵块在土中越冬，若虫咬食杂草叶片，成虫羽化后14～40天交配，交配后10～40天产卵。

六、防治方法

对土蝗的防治策略是根据不同地区、不同作物和不同土蝗优势种，选择主攻对象，掌握防治关键期，因地制宜做好：春季挑治保春苗、夏季普治保夏苗和秋季扫残保苗，尽可能将土蝗控制在发生基地和扩散之前。化学防治药剂有：4.5%高效氯氟氰菊酯乳油、40%敌马合剂乳油等喷雾，每亩用75～100毫升。

第二十四节　草地螟形态识别及绿色防控技术

一、形态特征

草地螟又名黄绿条螟、甜菜网螟，属鳞翅目螟蛾科。草地螟为多食性大害虫，可取食35科200余种植物。主要危害甜菜、大豆、向日葵、马铃薯、麻类、蔬菜、药材等多种作物。大发生时禾谷类作物、林木等均受其害。但它最喜取食的植物是灰菜、甜菜和大豆等。草地螟在我国主要分布于东北、西北、华北一带。1949年以来，草地螟在东北曾于1956年、1979年、1980年和1982年严重发生。在北票市2008年和2018年发生较重。草地螟是杂食性害虫。成虫体长8～12毫米，翅展20～26毫米。触角丝状，前翅灰褐色，具暗褐色斑点，沿外缘有淡黄色点状条纹，翅中央稍近前缘有一淡黄色斑，后翅淡灰褐色，沿外缘有2条波状纹。卵长约1毫米，椭圆形，乳白色。草地螟幼虫体长19～21毫米，淡灰绿或黄绿色。蛹长14毫米左右，淡黄色。初龄幼虫取食叶肉组织，残留表皮或叶脉，3龄后可食尽叶片，是间歇性大发生的重要害虫，大发生时能使作物绝产。在东北、华北、内蒙古主要危害区一般每年发生2代，以第1代危害最为严重。在北票地区每年发生两代，以老熟幼虫在土中作茧越冬。越冬代成虫始见于5月中旬、下旬，6月为盛发期。6月下旬至7月上旬是严重危害期。第二代幼虫发生于8月上中旬，一般危害不大。

二、发生规律

草地螟成虫白天在草丛或作物田内潜伏，在天气晴朗的傍晚，成群随气流远距离迁飞，成虫飞翔力弱，喜食花蜜。卵多产于野生寄主植物的叶茎上，常3～4粒在一起，以距地面2～8厘米的茎叶上最多。草地螟初孵幼虫多集中在枝梢上结网躲藏，取食叶肉。幼虫有吐丝结网习性。3龄前多群栖网内，3龄后分散栖息，幼虫共5龄。在虫口密度大时，常大批从草滩向农田爬迁危害。一般春季低温多雨不适发生，如在越冬代成虫羽化盛期，遇气温较常年高，则有利于发生。孕卵期间如遇环境湿度干燥，又不能吸食到适当水分，产卵量减少或不产卵。天敌有寄生蜂等70余种。

三、防治方法

① 鉴于草地螟幼虫的严重危害性，一要严密监测虫情，加大调查力度，增加调查范围、面积和作物种类，发现低龄幼虫达到防治指标田块，要立即组织开展防治。二要认真抓好幼虫越冬前的跟踪调查和普查工作。

② 此虫食性杂，应及时清除田间杂草，可消灭部分虫源，秋耕或冬耕，还可消灭部分在土壤中越冬的老熟幼虫。

③ 药剂防治，在幼虫危害期喷洒30%高氯·马乳油1500倍液或47.7%毒死蜱乳油2000倍液，效果较好。

第二十五节　地下和苗期害虫形态识别及绿色防控技术

地下害虫和苗期害虫包括砂潜、蛴螬、象甲、地老虎、蝼蛄等害虫。主要危害农作物的地下根茎，造成春季幼苗死亡，直接影响产量。它们是北票市农作物的主要害虫种类。

一、网目沙潜

【形态特征】网目沙潜成虫体长6.4～8.7毫米，椭圆形，较扁，黑褐色，通常体背覆有泥土，故视呈土灰色。触角11节，棍棒状，第1、3节较长。前胸背板发达，密布细沙状刻点，前缘弧凹，侧缘弧凸，边缘宽平。鞘翅近长方形，将腹部完全遮盖，其上有7条隆起纵线，每条纵线两侧有5～8个瘤突，视呈网络状。腹部腹板可见5节。卵长1.2～1.5毫米，椭圆形，乳白色。老熟幼虫体长15～18毫米，深灰黄色，背面呈浓灰褐色。前足发达，比中、后足粗大。腹末节小，纺锤形，背片基部稍突起成1横沟，上有褐色1对钩形纹；末端中央有乳头状隆起的褐色部分；两侧缘及顶端各有4根刺毛，计12根。离蛹，黄褐色，体长6.8～8.7毫米。腹末端具2刺状尾角。

【发生规律】网目沙潜危害植物为禾谷类粮食作物、棉花、花生、大豆等。在北票地区一年发生一代，以成虫越冬。早春三月成虫即活动，只爬不飞，有假死习性。成虫寿命长，有的达三年。可孤雌生殖。成虫、幼虫均在苗期危害。成虫取食植物地上部分，幼虫则危害地下部分。

二、黑绒金龟

【形态特征】黑绒金龟成虫体长 6.2～9.0 毫米、宽 3.5～5.2 毫米，卵圆形，前狭后宽，黑色或黑褐色，有丝绒般闪光。唇基黑色，光泽强，前缘与侧缘微翘起，中间纵隆。触角 9 节，鳃片部 3 节。前胸背板横宽，两侧中段外扩，密布细刻点，侧缘列生褐色刺毛。鞘翅侧缘微弧形，边缘具稀短细毛，纵肋明显。前足胫节具 2 外齿，爪具齿。臀板三角形，密布粗大刻点。卵长 1.2 毫米，椭圆形，乳白色，光滑。老熟幼虫体长 14～16 毫米，头宽 2.5～2.6 毫米。两侧颊区触角基部上方具 1 圆形暗斑（伪单眼）。肛腹片后部覆毛区满布顶端尖弯的刺毛，前缘双峰状，中间裸区楔状，楔尖朝向尾部，将覆毛区一分为二。刺毛列位于覆毛区后缘，由 16～22 根锥刺毛组成，呈横弧状排列，其中间隔开宽些。离蛹，蛹体长 8～9 毫米、宽 3.5～4.5 毫米。腹部第 1～6 节背板中间具横峰状锐脊。尾节近方形，后缘中间凹入，两尾角长。雄蛹臀节腹面可见隆起的外生殖器；雌蛹臀节腹面平坦，生殖孔位于基缘中部。

【发生规律】北票地区一年发生一代，以成虫越冬。4～6 月为成虫活动期，5 月平均气温 10℃以上开始大量出土。6～8 月为幼虫生长发育期。黑绒金龟成虫主要取食多种农、林植物芽、叶、茎；幼虫取食腐殖质及植物地下部分，危害性不大。

三、大灰象

【形态特征】大灰象成虫体长 7.3～12.1 毫米、宽 3.2～5.2 毫米，雄虫宽卵形，雌虫椭圆形。体黑色，密覆灰白色具金黄色光泽的鳞片和褐色鳞片。褐色鳞片在前胸中间和两侧形成三条纵纹，在鞘翅基部中间形成长方形（近环状）斑纹。鞘翅卵圆形，末端尖锐，中间有 1 条白色横带，横带前后、两侧散布褐色云斑，鞘翅各具 10 条刻点列。小盾片半圆形，中央具 1 条纵沟。前足胫节端部向内弯，有端齿，内缘有 1 列小齿。雄虫胸部窄长，鞘翅末端不缢缩，钝圆锥形。雌虫腹部膨大，胸部宽短，鞘翅末端缢缩，且较尖锐。卵长约 1 毫米、宽 0.4 毫米，长椭圆形。初产时乳白色，两端半透明，经 2～3 日变暗，孵化前乳黄色。数十粒卵黏在一起，成块状。大灰象的老熟幼虫体长约 14 毫米，乳白色。头米黄色。上颚褐色，先端具 2 齿，后方具 1 钝齿。内唇前缘有 4 对齿状突起，中央有 3 对齿状小突起，后方的 2 个褐色纹均呈三角形。下颚须和下唇须均为 2 节。腹部第 9 节末端稍扁，骨化，褐色。蛹体长 9～10 毫米，长椭圆形，乳黄色。复眼褐色。喙下垂达前胸，上额较大。触角垂至前足腿节基部。头顶及腹、背疏生刺毛。尾端向腹面弯曲，其末端两侧各具 1 刺。

【发生规律】大灰象成虫可取食粮食作物、棉花、麻类、花生、豆类、牧草及各种苗木嫩叶、茎；幼虫取食腐殖质和植物根系。生活习性基本同蒙古土象，唯卵产于叶片上，呈块状。

四、小地老虎

【形态特征】小地老虎成虫体长 16～23 毫米，翅展 42～54 毫米。雌蛾触角丝状；雄蛾触角双栉齿状，分枝渐短仅达触角之半，顶端半部丝状。前翅暗褐色，前缘色较深；亚基线、内横线、外横线均为暗色中间夹白的波状双线，前端部分夹白特别明显；剑纹轮廓黑色。肾纹、环纹暗褐色，边缘黑色；肾纹外侧有一个尖朝外的三角形黑纵斑。亚缘线白色，齿状，内侧有两个尖朝内的三角形黑纵斑，三个斑相对。后翅灰白色，翅脉及边缘黑褐色。卵高约 0.5 毫米、宽约 0.6 毫米，半球形，表面具纵棱与横道。初产时乳白色，孵化前变灰褐色。小地老虎的老熟幼虫体长 41～50 毫米，头部黄褐色至暗褐色，额区在颅顶相会处形成单峰。体黄褐色至黑褐色，体表粗糙，满布龟裂状皱纹和大小不等的黑色颗粒。腹部第 1～8 节背面有 4 个毛片，后方的 2 个较前方的 2 个大一倍以上。臀板黄褐色，有两条深褐色纵带。蛹体长 18～24 毫米，红褐色或暗褐色，腹部第 4～7 节基部有 1 圈刻点。

【发生规律】小地老虎主要危害玉米、高粱、麦类、棉花、烟草、豌豆、茄科蔬菜、白菜等。小地老虎各虫态都不滞育，是南北往返的迁飞性害虫，故在全国各地发生世代各异。在北票一年发生二至三代。越冬代成虫迁入时间是 4 月中下旬，第一代发蛾期为 6 月中下旬，第二代发蛾期为 8 月上中旬，第三代（即南迁代）发蛾期为 9 月下旬至 10 月上旬。幼虫于春季危害多种作物幼苗，秋季危害秋菜。

五、金针虫

【形态特征】金针虫成虫体长 8～9 毫米或 14～18 毫米，依种类而异。体黑或黑褐色，头部生有 1 对触角，胸部着生 3 对细长的足，前胸腹板具 1 个突起，可纳入中胸腹板的沟穴中。头部能上下活动似叩头状，故俗称"叩头虫"。幼虫体细长为 25～30 毫米，金黄或茶褐色，并有光泽，故名"金针虫"。身体生有同色细毛，3 对胸足大小相同。金针虫主要危害小麦、大麦、玉米、高粱、粟、花生、甘薯、马铃薯、豆类、棉、麻类、甜菜和蔬菜等多种作物，在土中危害新播种子，咬断幼苗，并能钻到根和茎内取食。也可危害林木幼苗。在南方还危害甘蔗幼苗的嫩芽和根部。生活史较长，需 3～6 年完成 1 代，以幼虫期最长。幼虫老熟后在土内化蛹，羽化成虫有些种类即在原处越冬。次春 3～4 月成虫出土活动，交尾后产卵于土中。幼虫孵化后一直在土内活动取食。以春季危害最烈，秋季较轻。

【发生规律】金针虫有沟金针虫、细胸金针虫和褐纹金针虫三种，其幼虫统称金针虫，其中以沟金针虫分布范围最广。沟金针虫主要分布区域北起辽宁，南至长江沿岸，西到陕西、青海，旱作区的粉沙壤土和粉沙黏壤土地带发生较重；细胸金针虫从东北北部，到淮河流域，北至内蒙古以及西北等地均有发生，但以水浇地、潮湿低洼地和黏土地带发生较重；褐纹金针虫主要分布于华北；宽背金针虫分布于黑龙江、内蒙古、宁夏、新疆；兴安金针虫主要分布于黑龙江；暗褐金针虫分布于四川西部地区。金针虫的生活史很长，因不同种类而不同，常需3～5年才能完成一代，各代以幼虫或成虫在地下越冬，越冬深度约在20～85厘米间。金针虫约需3年完成一代。在北票地区越冬成虫于3月上旬开始活动，4月上旬为活动盛期。成虫白天躲在麦田或田边杂草中和土块下，夜晚活动，雌性成虫不能飞翔，行动迟缓有假死性，没有趋光性，雄虫飞翔较强，卵产于土中3～7厘米深处，卵孵化后，幼虫直接危害作物。金针虫在地下主要危害玉米幼苗根茎部。危害时，可咬断刚出土的幼苗，也可外入已长大的幼苗根里取食危害，被害处不完全咬断，断口不整齐。还能钻蛀较大的种子及块茎、块根，蛀成孔洞，被害株则干枯而死亡。沟金针虫在8～9月间化蛹，蛹期20天左右，9月羽化为成虫，即在土中越冬，次年3～4月出土活动。金针虫的活动与土壤温度、湿度以及寄主植物的生育时期等有密切关系。其上升表土危害的时间，与春玉米的播种至幼苗期相吻合。

玉米金针虫危害（彩图）

六、东方蝼蛄

【形态特征】蝼蛄成虫体长30～35毫米，前胸宽6～8毫米，浅茶褐色，密生细毛。头小，圆锥形，复眼红褐色，单眼3个，触角丝状。前胸背板卵圆形，中央具1个明显凹陷的长心脏形坑斑。前翅鳞片状，只盖住腹部的一半，雄虫前翅具发音器；后翅折叠如尾状，大大超过腹部末端。前足特化为开掘足，腿节内侧外缘缺刻不显；后足胫节背侧内缘有棘3～4根。腹部末端近纺锤形，尾须细长。卵长2.8～4.0毫米、宽1.5～2.3毫米，椭圆形，黄褐色至暗紫色。若虫分6龄，初孵时乳白色至黄色，随生长发育色渐加深。

【发生规律】蝼蛄食性杂，可取食大田作物、蔬菜种子和幼苗及果树、树木的种苗。在北票地区两年完成一代，以各龄若虫、成虫越冬。4～5月份是春季为害期，8～10月份是秋季为害期。根据东方蝼蛄在土中的活动规律，一年可分：越冬休眠（立冬至立春）、苏醒危害（立春至小满）、越夏繁殖为害（小满至立秋）、秋季暴食为害（立秋至立冬）四个时期。初孵化的若虫有群集性、趋光性、趋化性、趋粪性、喜湿性。

危害性评估：根据历年调查结果，北票市地下害虫和苗期害虫农作物平均被害株率为13％～26％，发生面积在3.10万～29.3万亩，均为轻发生。属于农作物上主要害虫，危险性为低等程度。在背风向阳坡地、虫源基数大的旱苗田，有少量局部集中危害的地块，平均被害株率达到30％以上，必须及时防治。地下害虫越冬基数常年平均虫量为2.56头/平方米，其中蛴螬为0.48头/平方米、蝼蛄为0.17头/平方米、金针虫为0.45头/平方米，达到（及超过）防治指标的面积占总发生面积的30.3％。

七、防治方法

（1）药剂拌种　用48％毒死蜱乳油每亩使用150～200毫升，拌小麦、玉米或高粱种子500～600千克，均匀喷洒，摊开晾干后即可播种。有效期30～35天，可防治蝼蛄、蛴螬、金针虫等地下害虫。

（2）除草灭虫　在春播作物出苗前或地老虎1～2龄幼虫盛发期，及时铲除田间杂草，减少幼虫早期食料。将杂草深埋或运出田外沤肥，消除产卵寄主。

（3）撒施毒土　每公顷用50％辛硫磷乳油1500克拌细沙或细土375～450千克，在根旁开浅沟撒入药土，随即覆土，或结合锄地把药土施入，可防几类地下害虫。尤其是冬小麦返青或春播作物幼苗遭受蛴螬或金针虫危害，可用此法补救。

（4）毒液灌根　在地下害虫密度高的地块，可采用毒液灌根的方法防治害虫。如玉米、花生等作物苗期受地老虎危害时，用50％辛硫磷乳油1000～1500倍液灌根。防治蛴螬用15％毒·辛颗粒剂每平方米6～7克撒入土壤中，可防治多种地下害虫。从16：00开始灌在苗根部，杀虫率达90％以上，兼治蛴螬和金针虫。

（5）毒草诱杀　将新鲜草或菜切碎，用50％辛硫磷100克加水2～2.5千克，喷在100千克草上，于傍晚分成小堆放置田间，诱杀地老虎。用1米左右长的新鲜杨树枝泡在稀释50倍的40％乐果液中，10小时后取出，于晚间插入春播作物地内，每公顷 $150\sim225$ 枝，诱杀金龟子效果好。

（6）灌水灭虫　有条件的地区，在地老虎发生后及时灌水，可收到一定效果。

（7）黑光灯诱杀　金龟子、地老虎的成虫对黑光灯有强烈的趋向性，可于成虫盛发期用黑光灯诱杀。

（8）人工捕捉　利用金龟子的假死性进行扑打，保护树木不受危害，并减少土中蛴螬发生。在地老虎点片发生时，采用拨土捕捉，有一定效果。对蝼蛄也可进行人工捕捉，减轻危害。

第二十六节　玉米螟形态识别及绿色防控技术

一、形态特征

玉米螟雄蛾体长 $13\sim14$ 毫米，翅展 $22\sim28$ 毫米，体背黄褐色，前翅内横线为暗褐色波状纹，内侧黄褐色，基部褐色，外横线暗褐色，呈锯齿状纹，外侧黄色，中室中央及端部有 1 深褐色斑纹；雌蛾体长 $14\sim15$ 毫米，翅展 $28\sim34$ 毫米，体鲜黄色，各条线纹红褐色。卵扁平，椭圆形，常 $20\sim60$ 粒排列成鱼鳞状卵块。玉米螟老熟幼虫体长 $20\sim30$ 毫米，头部深黑色，体背淡灰色或略带淡红褐色。幼虫中、后胸背面各有 1 排 4 个圆形毛片，腹部第 $1\sim8$ 节背前方亦有 1 排 4 个圆形毛片，后方有 2 个，较前排稍小。蛹纺锤形，黄褐色至红褐色，尾端有 $5\sim8$ 根向上弯曲的刺毛。亚洲玉米螟与欧洲玉米螟形态极相似，仅在雄性外生殖器上有微小差别。

二、发生规律

（1）越冬玉米螟幼虫虫源基数调查结果　通过 10 年的调查，确定玉米螟在北票地区主要以老熟幼虫越冬，越冬场所很多，但主要在茎秆和根茎内越冬。越冬幼虫在零下 $-40\sim-30$ ℃能正常存活。从中可以发现北票地区玉米螟秆越冬残虫量呈逐年增加的趋势，这与北票地区近几年来玉米螟发生越来越重有直接关系，因为越冬虫量是当年的虫源基础，越冬虫量越多，发生基数越大，在环境条件适宜的情况下，玉米螟就有可能严重发生。从玉米螟越冬残虫量的调查中，还发现由于近几年来农村随着烧柴问题的解决，玉米秸秆在春季种地前还大量堆积在村庄和田间地头，这就为玉米螟越冬幼虫的越冬提供了非常好的条件，百秆越冬残虫量即使不变，只要在春季种地前玉米秸秆存留量增大，越冬虫量就按比例增加，因此第二年春季的越冬虫量是两者之积，随着越冬虫量的逐年增加，为当年的玉米螟大发生提供了充足的虫源，玉米螟发生程度也随之加重。这也证明了为什么近几年北票地区玉米螟发生程度一直呈上升趋势的原因。

（2）黑光灯诱集玉米螟成虫　在越冬玉米螟幼虫虫源基数调查的基础上，通过定点设立黑光灯诱集玉米螟成虫监测点，调查玉米螟成虫的发生规律。通过调查发现，玉米螟在北票地区一年发生二代，成虫在5月下旬开始羽化，多在夜间或晚上，白天躲在杂草或麦田、豆地里，夜晚飞出活动，有趋光性，羽化后当天交尾，1～2天后产卵。产卵高峰出现在6月15日以后，卵产在玉米、高粱、谷子等作物叶背面。每头雌虫一次可产卵10～20块，有300～600粒，最多的超1000粒。3～5天后相继出现幼虫，为一代玉米螟。6月下旬至7月中下旬进行危害，为害期20～30天。一代老熟幼虫7月中下旬开始化蛹，7月下旬至8月上旬出现下一代幼虫，称为二代玉米螟。一直为害到玉米收获后。9月下旬至10月上旬后转入越冬期。幼虫蜕皮4次，共5龄。一代玉米螟主要在玉米心叶末期至抽穗期为害，二代玉米螟则在玉米的雌穗发育期危害。一代玉米螟幼虫孵化后向四周爬散，吐丝下垂飘到临近植株，最后到玉米心叶内取食叶肉，稍大后则直接穿孔，造成玉米叶片出现透明的小点和连株小孔。抽雄后，开始蛀茎。受害的茎秆易风折。二代玉米螟主要危害雌穗和籽粒。从2006～2016年调查中可以发现，北票地区玉米螟发生有发生期逐渐提前和延长、蛾量逐年增加、危害逐年加重的特点。这代表了今后北票地区玉米螟的发生趋势，必须引起高度重视。另外，一代玉米螟危害重于二代玉米螟危害。一代螟造成的损失占总损失的71.6%～81.1%，平均为75.9%。所以在防治中应强调加强防治第一代玉米螟，才能充分压低第二代的发生数量，为防治第二代打下良好基础。玉米是北票市的主栽作物之一，历年播种面积都在100万亩左右。玉米螟轻发生年一般造成玉米减产8%～10%，重发生年可减产20%以上。特别是近几年玉米螟在北票市发生逐年加重，玉米平均受害株率高达30%以上。仅此一项，北票市玉米产量损失约0.45万吨。由于玉米螟危害重，部分玉米籽粒被害后常常发生霉变，造成玉米品质下降。综合评价，玉米螟属于北票市农作物主要害虫，危险性较高，必须及时防治。

三、防治方法

防治玉米螟应采取综合防治的措施。以农业防治为基础，积极推广蜂、菌、药、灯防治相结合的技术，采取"田内与田外""生防与化防""一、二代连防"相结合的办法，力争达到"全力、全面、全程"防治，把玉米螟危害降到最低程度。为此制定了以下玉米螟综合防治技术方案。

1. 农业防治

要处理越冬寄主，消灭越冬虫源，即在越冬幼虫化蛹前，将越冬寄主秸秆进行处理，最好采用高温沤肥，秸秆还田，以减少虫量基数；选用抗虫品种，如辽单系列、东单系列等。

2. 赤眼蜂防治玉米螟

及时防治一代玉米螟：当田间玉米百株卵量达 3~5 块时放蜂，每亩设 4~5 个放蜂点，第 1 次放蜂 7000~8000 头；隔 5~7 天再放第 2 次，每亩放蜂 12000~13000 头，总放蜂量 20000 头。

防治 2 代玉米螟：在 7 月下旬至 8 月初，在玉米百株卵量达 1 块时放蜂，每亩设 2~4 个放蜂点，第 1 次放 7000 头；隔 5~7 天再放第 2 次，放蜂 7000 头。将蜂卡卷入玉米叶背面 1/3 处，再用秫秸别牢。避免蜂卡受到雨淋和日光直射。心叶末期投颗粒剂用 15% 毒·辛颗粒剂，每株玉米投 8~10 粒，每亩用药 300 克；或用 3% 辛硫磷颗粒剂，每株投药 1 克，每亩用药 300 克；也可用 Bt 乳剂颗粒剂，每亩用量为 2000 国际单位/微升。Bt 乳剂 200~250 克拌 5 千克细沙土制成颗粒剂，投入玉米心叶内。北票市投颗粒剂的最佳时期是在每年 6 月 25 日至 7 月 10 日前。

3. 杀虫灯诱杀成虫

利用 20 瓦频振式杀虫灯诱杀玉米螟蛾，以减少雌蛾在田间产卵量，达到防螟目的。方法是将频振式杀虫灯设在村屯较集中、便于接电源的地方。每天晚上 8 点开灯，第二天早上 4 点关灯。

4. 综合防治推广应用及其效果

赤眼蜂是红眼睛的蜂，不论单眼、复眼都是红色的，属于膜翅目赤眼蜂科的一种寄生性昆虫。赤眼蜂的成虫体长 0.3~1.0 毫米，黄色或黄褐色，大多数雌蜂和雄蜂的交配活动是在寄主体内完成的。它靠触角上的嗅觉器官寻找寄主。先用触角点触寄主，徘徊片刻爬到其上，用腹部末端的产卵器向寄主体内探钻，把卵产在其中。成虫长不到 1 毫米，翅呈梨形，具单翅脉和穗状缘毛。跗节 3 节，明显。幼虫在蛾类的卵中寄生，因此可用以进行生物防治。2006~2016 年间北票市共推广应用玉米螟综合防治技术 537 余万亩，其中赤眼蜂防治玉米螟约 277 万亩、化学防治 260 万亩，防治效果达 80% 以上，共挽回损失 4.98 亿千克，取得了较大的社会效益和经济效益。这几年北票市玉米螟发生呈明显的加重趋势，尤其是种子田的二代玉米螟更加严重。在辽宁省植物保护站的支持下，从 2014 年起，每年省站决定拨给北票市 800 万张赤眼蜂卵卡，可防治 100 万亩玉米田的玉米螟。经过田间监测调查，确定了 6 月 10~20 日为适宜的放蜂时间，与蜂卡生产厂家商定送卡时间（蜂卡需要预先处理），并与各乡镇提前做好放蜂准备，确定地块，组织人员，提供技术指导，确保放蜂成功。蜂卡一到，各县植保站就分头将蜂卡发放到户，由技术人员负责指导放卡。由于准备充分，放蜂工作很快完成。由于放蜂时间准确，田间湿度适宜，赤眼蜂寄生率较高，经过调查，放蜂田历年防治效果达到 65%~85%。此项目连续三年共推广应用 277 万亩，每亩挽回损失 28 千克，折合人民币 33.6

元，共计挽回经济损失 9307 万元。

四、辽宁省北票市玉米螟的发生特点及综合防治技术

玉米螟属于鳞翅目螟蛾科，食性很杂，幼虫主要危害玉米、高粱、棉花、谷子、蔬菜等作物。玉米螟是危害玉米的最重要害虫之一，玉米螟可危害玉米植株地上的各个部位，使受害部分丧失功能，严重降低玉米籽粒产量。近年来，受气候条件和农业生态环境变化以及人为措施等多种因素的影响，其发生面积和危害程度一直呈高位攀升态势，已成为当前玉米生产中最严重的生物灾害之一，对北票市粮食生产安全构成严重威胁。

1. 玉米螟的发生规律

北票市是一个"七山一水二分田"的丘陵山区，昼夜温差大，积温高，年平均气温 8.6℃，年平均降水量 509 毫米，无霜期 153 天左右。玉米螟在北票市一年基本发生 2～3 代，第三代基本不构成危害。玉米螟通常以老熟幼虫在玉米茎秆、穗轴内或高粱、向日葵的秸秆中越冬，次年 4～5 月份化蛹，蛹经过 10 天左右羽化。成虫在夜间活动，飞翔力强，喜欢在离地 50 厘米以上、生长较茂盛的玉米叶背面中脉两侧产卵，一个雌蛾可产卵 350～700 粒，卵期 3～5 天。

2. 玉米螟的危害特点

幼虫孵出后，先聚集在一起，然后在植株幼嫩部分爬行，开始危害。初孵幼虫，能吐丝下垂，借风力飘移迁到邻近的植株上，形成转株危害。幼虫主要分为五龄，三龄前主要集中在幼嫩心叶、雄穗、苞叶和花丝上活动取食，被害心叶展开后，即呈现许多横排小孔。四龄以后，大部分钻入茎秆。玉米的雄穗被蛀，常易折断，影响授粉。苞叶、花丝被蛀食，会造成缺粒和籽粒不饱满。茎秆、穗柄、穗轴被蛀食后，形成隧道，严重影响植株内水分、养分的输送，使作物的茎秆倒折率明显增加，籽粒产量下降，损失率达 10%～20%。

3. 玉米螟的发生条件

（1）虫口基数　上一代虫源基数直接关系到玉米螟发生量，虫源基数大，在适宜环境下，就能造成严重危害。

（2）温度与湿度　玉米螟适宜于高温、高湿环境。天气干旱，雌蛾寿命短，产卵量少，初孵幼虫死亡率高。因此干旱少雨，可使玉米螟发生数量减少，危害程度减轻。

（3）天敌影响　玉米螟天敌种类很多，最主要的是赤眼蜂，条件适宜时，玉米螟卵被寄生率可达 80.3%。

（4）栽培制度　2019 年北票市总计玉米的种植面积达 95.5 万亩，占农作物总播种面积的 90% 以上，为玉米螟的生存提供了良好的寄主条件。

玉米螟危害雌穗（彩图）

（5）玉米品种　玉米因品种间长势及叶色等不同，被害率显著不同，玉米植株高大，吸引大量的玉米螟产卵，被害率也较其他品种高出很多。

4. 玉米螟的历史资料调查情况

玉米螟近几年来在北票市发生呈逐年加重趋势，2010～2019年连续10年田间均为大发生年。第一代玉米螟卵发生盛期在6月下旬至7月初，主要表现为玉米心叶受害重，给植株造成花叶、连珠孔、断头和折叶。第二代玉米螟卵及幼虫发生期在8月上中旬，主要为钻蛀危害，钻蛀玉米茎秆和雌穗，造成折秆，严重影响玉米的产量。其发生的基本特点主要表现为"一早三大"，即发生时间早、成虫的蛾量大、田间危害大、农民的损失大。

2017年玉米螟成虫蛾量高峰日出现在8月3日，单灯诱蛾为640头，危害造成田间花叶率为55%，严重地块达75%，二代玉米螟在泉巨永乡调查造成田间蛀孔率为64%，严重地块高达90%以上。全年百株累计卵块数达63块。2018年玉米螟成虫蛾量高峰日出现在8月6日，单灯诱蛾为763头，其中一代玉米螟危害调查造成的田间花叶率为48%，严重地块高达70%以上，百株累计卵块数为38块。二代玉米螟在北塔子乡调查造成田间蛀孔率为54%，严重地块高达85%以上。全年百株累计卵块数高达68块。2019年玉米螟成虫蛾量高峰日出现在7月30日，单灯诱蛾为842头，创近十年来日诱蛾量的最高值，其中一代玉米螟危害调查造成的田间花叶率为 52%，严重地块高达 85% 以上，一代玉米螟百株累计卵块数为 32 块。二代玉米螟在上园镇调查造成田间蛀孔率为 58%，严重地块高达 90% 以上，二代玉米螟百株累计卵块数为 37 块。全年百株累计卵块数高达 69 块。2014—2016 年北票市积极推行了"赤眼蜂玉米螟绿色防控技术"86.8 万亩（2014 年）、99 万亩（2015 年）、90 万亩（2016 年）每年能够挽回玉米损失 6500 万千克左右，收到了很好的防治效果。

5. 玉米螟的综合防治技术

加强对玉米螟田间发生情况调查、准确把握防治适期。大力推广"蜂、菌、药"相结合的综防措施，采取"田内与田外""生防与化防""一代与二代"防治相结合的防治办法，达到"全力、全面、全程"进行防治。

（1）加大宣传力度　提高人们对玉米螟"哑巴灾害"的认识，扩大防控面积，最大限度压缩弃防面积，及时有效地指导防治，推进玉米螟防治工作向纵深方向发展。同时通过电视、互联网等新闻媒体向群众及时发布玉米螟发生与防治预警信息，为玉米螟的防治决策提供科学依据，将玉米螟的危害损失降到最低。

（2）选育抗虫品种　这是控制玉米螟危害的经济、安全、有效的根本措施，主要选育含抗螟素高的品种，抗螟素对玉米螟幼虫的发育有抑制作用，而抗螟素高低是一种可以遗传的特性。因此应多选用抗玉米螟的新品种。

（3）及时处理玉米的秸秆、有效压低虫口基数　在玉米螟成虫羽化前，根据当地使用秸秆的习惯，采用烧、扎、沤、封等措施，可使越冬的虫口明显下降。

（4）物理防治　可用 20 瓦频振式杀虫灯或 500 瓦高压汞灯进行诱杀防治，每台灯可以控制 50 亩以上，且防治效果明显。

（5）投放药剂进行防治　心叶期用药：以颗粒剂效果较好，在玉米的大喇叭期投撒苏云金杆菌（Bt）或白僵菌颗粒剂。投入心叶内，能使心叶内部保持较长期的着药状态，在心叶末期使用，可使药效保持至抽穗以后。穗期防治，剪花丝，抹药泥，即在玉米授粉基本结束、幼虫集中在花丝上未分散转移时，将干花丝剪去，并带出田外深埋处理或烧毁，同时将配好的药泥（可选用 90% 的晶体敌百虫进行配置）抹在雌穗顶部。雌穗期灌药，将药液由穗顶注入，灌前剪去干枯花丝，灌时用手轻轻捏穗部，以助药液下流。常用药剂有 50% 敌敌畏乳剂或 90% 晶体敌百虫 2000 倍液。

（6）生物防治　赤眼蜂防治，当田间玉米百株卵块达 1~2 块时释放赤眼蜂，每亩设 4~5 个放蜂点，第一次亩放蜂 7000~8000 头，隔 5~7 天再放第二次，亩放蜂 12000~13000 头，1 亩总放蜂量 20000 头。其防治效果可达 80% 以上。性诱剂防治玉米螟，即利用玉米螟雌蛾性成熟后放出来的激素引诱雄蛾前来。现在应用的人工合成聚乙烯为载体制成的管状诱芯，具体使用方法为：以直径约为

33.3厘米（1尺）以上的水盆作诱捕器，即诱捕器用粗铁丝做成 30cm 圆圈、用塑料膜自制的水盆，使用时用三根木杆支架在田间，盆面与地面距离为 1.2 米，盆内倒入清水，水面距盆沿 2 厘米，为增加黏着性，防止诱获的雄蛾脱逃，盆内加入少许洗衣粉。昼夜挂在田间，一般每公顷设 15～23 个诱捕器，诱捕时间在 6 月 20 日至 8 月 30 日。

（7）化学防治　可选用 30％高氯・马乳油 2000 倍液或 20％马氰乳油 1000～1500 倍液，也可选用 4.5％高效氯氰菊酯乳油 1200 倍液喷雾，注意重点喷施于玉米的心叶内，防治效果比较明显。喷药应在晴天上午 10 点以前或下午 4 点以后，同时禁止使用高毒、高残留的农药进行防治虫害，以免造成中毒事件发生。

参考文献

[1] 徐慧. 现代农业实用新技术 [M]. 长春：吉林大学出版社，2008.

[2] 史东梅. 玉米高产优质栽培技术 [M]. 呼和浩特：内蒙古人民出版社，2009.

[3] 李少昆，王振华，等. 北方春玉米田间种植手册 [M]. 第3版. 北京：中国农业出版社，2011.

[4] 何振昌. 中国北方农业害虫原色图鉴 [M]. 沈阳：辽宁科学技术出版社，1997.

[5] 许志刚. 普通植物病理学 [M]. 北京：中国农业出版社，1997.

[6] Agrios G N. 植物病理学（中译本）[M]. 北京：中国农业出版社，1995.

[7] 张中义，冷怀琼，张志铭，等. 植物病原真菌学 [M]. 成都：四川科学技术出版社，1988.

[8] 成卓敏. 新编植物医生手册 [M]. 北京：化学工业出版社，2008.

[9] 周继汤. 新编农药使用手册 [M]. 哈尔滨：黑龙江科学技术出版社，1999.

[10] 郑乐怡等. 昆虫分类 [M]. 南京：南京师范大学出版社，1999.

[11] 方红，赵颖. 沈阳地区农作物主要害虫识别与防治 [M]. 沈阳：辽宁民族出版社，2008.

[12] 郭金胜. 北票市主要农作物产能规划及主推广技术 [M]. 沈阳：东北大学出版社，2015.

[13] 李喜国. 新编绿色农林牧草业知识 [M]. 沈阳：辽宁科学技术出版社，2017.

[14] 王久兴. 无公害辣椒安全生产手册 [M]. 北京：中国农业出版社，2007.

[15] 赵建立. 辽宁地区红干椒高产栽培技术 [J]. 吉林蔬菜，2012，(6)：38-39.

[16] 季力. 辽红二号红干椒高产栽培技术 [J]. 农业开发与装备，2016，(5)：140.

[17] 杨淑兰. 浅谈农药的科学使用 [J]. 南方农业，2010，(1)：83.